T0225104

Aufgaben zu Technische Mechanik 1–3

Über die Autoren

Prof. Dr. Werner Hauger studierte Angewandte Mathematik und Mechanik an der Universität Karlsruhe und promovierte an der Northwestern University in Evanston/Illinois. Er war mehrere Jahre in der Industrie tätig, hatte eine Professur an der Helmut-Schmidt-Universität in Hamburg und wurde 1978 an die TU Darmstadt berufen. Sein Arbeitsgebiet ist die Festkörpermechanik mit den Schwerpunkten Stabilitätstheorie, Plastodynamik und Biomechanik. Er ist Autor von Lehrbüchern und war Mitherausgeber internationaler Fachzeitschriften.

PD Dr.-Ing. Christian Krempaszky studierte Maschinenwesen, promovierte und habilitierte an der Technischen Universität München. Seit 2016 ist er Privatdozent mit Lehrbefugnis für das Fachgebiet Werkstoffmechanik an der Technischen Universität München. Sein Arbeitsgebiet ist die Festkörpermechanik mit den Schwerpunkten Mikro-Kontiuumsmechanik auf Gefügeebene, Eigenspannungsanalyse und mechanische Werkstoffprüfung.

Prof. Dr.-Ing. Wolfgang A. Wall studierte Bauingenieurwesen an der Universität Innsbruck und promovierte an der Universität Stuttgart. Seit 2003 leitet er den Lehrstuhl für Numerische Mechanik an der Fakultät Maschinenwesen der TU München. Seine Arbeitsgebiete sind unter anderen die numerische Strömungs- und Strukturmechanik. Schwerpunkte dabei sind gekoppelte Mehrfeld- und Mehrskalenprobleme mit Anwendungen, die sich von der Aeroelastik bis zur Biomechanik erstrecken.

Prof. Dr. mont. DDr. h.c. Ewald Werner studierte Werkstoffwissenschaften, promovierte und habilitierte an der Montanuniversität Leoben. Er forschte am Erich Schmid Institut für Festkörperphysik der österreichischen Akademie der Wissenschaften und an der ETH Zürich. Von 1997 bis 2002 war er Professor für Mechanik an der TU München, seit 2002 leitet er dort den Lehrstuhl für Werkstoffkunde und Werkstoffmechanik. Seine Arbeitsgebiete sind die Metallphysik und die Werkstoffmechanik. Er ist Koautor von Lehrbüchern und Mitherausgeber mehrerer internationaler Fachzeitschriften.

Werner Hauger • Christian Krempaszky
Wolfgang A. Wall • Ewald Werner

Aufgaben zu Technische Mechanik 1–3

Statik, Elastostatik, Kinetik

10. Auflage

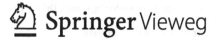
Springer Vieweg

Werner Hauger
Gunzenhausen, Deutschland

Wolfgang A. Wall
Technische Universität München
Garching, Deutschland

Christian Krempaszky
Technische Universität München
Garching, Deutschland

Ewald Werner
Technische Universität München
Garching, Deutschland

ISBN 978-3-662-61300-9   ISBN 978-3-662-61301-6   (eBook)
https://doi.org/10.1007/978-3-662-61301-6

Die Deutsche Nationalbibliothek verzeichnet diese Publikation in der Deutschen Nationalbiblio-
grafie; detaillierte bibliografische Daten sind im Internet über http://dnb.d-nb.de abrufbar.

Springer Vieweg
© Springer-Verlag GmbH Deutschland, ein Teil von Springer Nature 1991, 1994, 2001, 2005, 2006,
2008, 2012, 2014, 2017, 2020, korrigierte Publikation 2020

Springer Vieweg ist ein Imprint der eingetragenen Gesellschaft Springer-Verlag GmbH, DE und ist
ein Teil von Springer Nature.
Die Anschrift der Gesellschaft ist: Heidelberger Platz 3, 14197 Berlin, Germany

Vorwort

Ein wirkliches Verständnis der Mechanik kann man nur durch das selbständige Lösen von Aufgaben erlangen. In diesem Sinne ist die vorliegende Aufgabensammlung als studienbegleitendes Übungsbuch konzipiert, dessen Inhalt sich am Stoff der Vorlesungen in Technischer Mechanik an deutschsprachigen Hochschulen orientiert. Sie bietet den Studierenden die Möglichkeit, über die Lehrveranstaltungen hinaus ihren Kenntnisstand zu überprüfen und zu verbessern.

Die Aufgaben dienen dem Zweck, die prinzipielle Anwendung der Grundgleichungen der Mechanik zuüben. Die Lösung wird für jede Aufgabe stichwortartig erläutert. Dabei haben wir uns meist auf einen Lösungsweg beschränkt (auf die Anwendung der graphischen Verfahren haben wir verzichtet). Wir raten den Studierenden allerdings dringend, die Lösungen nicht nur nachzuvollziehen, sondern die Aufgaben selbständig zu bearbeiten und auch andere als die von uns gewählten Lösungswege zu gehen. Die zum Lösen der Aufgaben benötigten Formeln wurden kapitelweise zusammengestellt. Sie geben dem Leser die bequeme Möglichkeit zum Nachschlagen, können aber keinesfalls ein Lehrbuch ersetzen. Die Terminologie und die Symbole stimmen weitestgehend mit denjenigen überein, die in den Springer-Lehrbüchern über Technische Mechanik verwendet werden.

Der erfreulich rasche Ausverkauf der vorigen Auflage erforderte die Vorbereitung einer Neuauflage. Dies haben wir genutzt, um neue Aufgaben zum Schwerpunkt und zur Knickung elastischer Strukturen auszuarbeiten sowie einige redaktionelle Verbesserungen durchzuführen.

Wir danken an dieser Stelle allen Kollegen und Mitarbeitern, die uns bei der Abfassung, Gestaltung und Durchsicht der Auflagen bis zur jetzigen unterstützt haben. Dem Springer-Verlag danken wir für die Berücksichtigung unserer Wünsche und für die ansprechende Ausstattung des Buches.

Darmstadt und München, im Februar 2020

W. Hauger
C. Krempaszky
W. Wall
E. Werner

Inhaltsverzeichnis

Die Originalversion des Buchs wurde revidiert. Ein Erratum ist verfügbar unter
https://doi.org/10.1007/978-3-662-61301-6_4

Kapitel I

Statik

I

I Statik

Formelsammlung

I.1 Zentrale Kraftsysteme

Gleichgewichtsbedingungen:

$$\sum_i F_i = 0\,.$$

Komponentenschreibweise:

$$\sum_i F_{ix} = 0\,, \qquad \sum_i F_{iy} = 0\,, \qquad \sum_i F_{iz} = 0\,.$$

I.2 Allgemeine Kraftsysteme

a) Momentenvektor einer Kraft F bezüglich eines Punktes A:

$$M^{(A)} = r \times F\,;$$

r: Vektor von A zu einem Punkt auf der Wirkungslinie von F.

Komponentenschreibweise:

$$M_x^{(A)} = r_y F_z - r_z F_y\,,$$
$$M_y^{(A)} = r_z F_x - r_x F_z\,,$$
$$M_z^{(A)} = r_x F_y - r_y F_x\,.$$

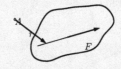

b) Gleichgewichtsbedingungen:

$$\sum_i F_i = 0 \,, \qquad \sum_i M_i^{(A)} = 0 \,.$$

(Die Momentensumme enthält auch eingeprägte und Reaktions-
momente).

Komponentenschreibweise:

$$\sum_i F_{ix} = 0 \,, \qquad \sum_i F_{iy} = 0 \,, \qquad \sum_i F_{iz} = 0 \,,$$

$$\sum_i M_{ix}^{(A)} = 0 \,, \qquad \sum_i M_{iy}^{(A)} = 0 \,, \qquad \sum_i M_{iz}^{(A)} = 0 \,.$$

Hinweis: Die Kräftegleichgewichtsbedingungen können ganz oder teilweise
durch Momentengleichgewichtsbedingungen bezüglich geeigneter Punkte
ersetzt werden.

I.3 Schwerpunkt

a) Volumenschwerpunkt:

$$x_s = \frac{1}{V} \int x \, dV \,, \qquad y_s = \frac{1}{V} \int y \, dV \,, \qquad z_s = \frac{1}{V} \int z \, dV \,.$$

Zusammengesetzter Körper:

$$x_s = \frac{\sum_i x_i V_i}{\sum_i V_i} \,, \qquad y_s = \frac{\sum_i y_i V_i}{\sum_i V_i} \,, \qquad z_s = \frac{\sum_i z_i V_i}{\sum_i V_i} \,;$$

x_i, y_i, z_i: Schwerpunktskoordinaten der Teilkörper,

V_i: Teilvolumina.

b) Flächenschwerpunkt (ebene Flächen):

$$x_s = \frac{1}{A} \int x \, dA \quad \text{bzw.} \quad x_s = \frac{\sum_i x_i A_i}{\sum_i A_i}, \quad y_s: \text{entsprechend.}$$

Flächenmomente erster Ordnung (statische Momente):

$$S_y = \int x \, dA, \qquad S_x = \int y \, dA.$$

c) Linienschwerpunkt (ebene Kurven):

$$x_s = \frac{1}{l} \int x \, dl \quad \text{bzw.} \quad x_s = \frac{\sum_i x_i l_i}{\sum_i l_i}, \quad y_s: \text{entsprechend.}$$

d) Guldinsche Regeln:

Die Guldinschen Regeln (auch Regeln von Guldin-Pappus) stellen Zusammenhänge zwischen dem Volumen eines Rotationskörpers V, der Fläche des erzeugenden Flächenstückes A und dessen Schwerpunkt bzw. der Oberfläche eines Rotationskörpers O, der Länge der erzeugenden Linie L und deren Schwerpunkt her. Dabei ist zu beachten, dass die Rotationsachse die rotierende Fläche bzw. die rotierende Linie nicht schneiden (aber wohl berühren) darf.

Es gelten die Beziehungen:

$$V = 2\pi r_s A \qquad \text{1. Guldinsche Regel,}$$

bzw.

$$O = 2\pi r_s L \qquad \text{2. Guldinsche Regel.}$$

Die Größe r_s ist der Abstand des Flächenschwerpunkts bzw. des Linienschwerpunkts von der Rotationsachse. Sind V und A bzw. O und L bekannt, lassen sich durch Umstellen der Beziehungen die jeweiligen Schwerpunkte berechnen.

Tabelle I.3.1: Schwerpunktskoordinaten

Halbkugel		$V = \dfrac{2\pi}{3}\, r^3$	$z_\mathrm{s} = \dfrac{3}{8}\, r$
Kreiskegel		$V = \dfrac{\pi}{3}\, h\, r^2$	$z_\mathrm{s} = \dfrac{1}{4}\, h$
rechtwinkeliges Dreieck		$A = \dfrac{1}{2}\, a\, h$	$x_\mathrm{s} = \dfrac{2}{3}\, a\,,\ y_\mathrm{s} = \dfrac{1}{3}\, h$
Kreisausschnitt		$A = \alpha\, r^2$	$x_\mathrm{s} = \dfrac{2}{3}\, r\, \dfrac{\sin\alpha}{\alpha}$
Kreisbogen		$l = 2\,\alpha\, r$	$x_\mathrm{s} = r\, \dfrac{\sin\alpha}{\alpha}$

I.4 Lagerreaktionen

Tabelle I.4.1: Lagerungen für ebene Tragwerke (Auswahl)

	Symbol	Schnittbild
Pendelstütze (einwertig)		
gelenkiges Lager (einwertig)		A_V
gelenkiges Lager (zweiwertig)		A_H, A_V
Parallelführung (zweiwertig)		M^A, A_H
Schiebehülse (zweiwertig)		M^A, A_V
Einspannung (dreiwertig)		M^A, A_H, A_V

Tabelle I.4.2: Lagerungen für räumliche Tragwerke (Auswahl)

	Symbol	Schnittbild
gelenkiges Lager (einwertig)		A_z
gelenkiges Lager (dreiwertig)		A_x, A_y, A_z
Loslager (vierwertig)		M_z^A, M_y^A, A_y, A_z
Einspannung (sechswertig)		M_z^A, M_x^A, M_y^A, A_x, A_y, A_z

Systeme, deren Reaktionen sich mit Hilfe der Gleichgewichtsbedingungen eindeutig ermitteln lassen, nennt man statisch bestimmt. Andernfalls heißen sie statisch unbestimmt.

I.5 Fachwerke

An Knoten von Fachwerken sind die Beziehungen zentraler Kraftsysteme (s. Abschn. I.1) anzuwenden. Für ein Gesamtfachwerk gelten die Beziehungen für allgemeine Kraftsysteme und Lagerreaktionen (s. Abschn. I.2 und I.4).

I.6 Schnittgrößen

a) Vorzeichenkonvention: Positive Schnittgrößen zeigen am positiven Schnittufer in die positiven Koordinatenrichtungen.

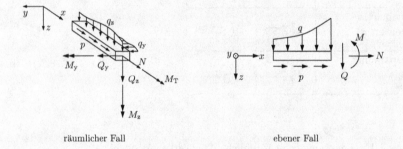

räumlicher Fall   ebener Fall

b) Zusammenhang zwischen der Belastung und den Schnittgrößen:

$$\frac{\mathrm{d}N}{\mathrm{d}x} = -p\,, \qquad \frac{\mathrm{d}M_y}{\mathrm{d}x} = Q_z\,, \qquad \frac{\mathrm{d}Q_z}{\mathrm{d}x} = -q_z\,,$$

$$\frac{\mathrm{d}M_z}{\mathrm{d}x} = -Q_y\,, \qquad \frac{\mathrm{d}Q_y}{\mathrm{d}x} = -q_y\,.$$

Ebener Sonderfall
($q_y \equiv 0$, $q_z = q$, $Q_y \equiv 0$, $Q_z = Q$, $M_y = M$, $M_z \equiv 0$):

$$\frac{\mathrm{d}N}{\mathrm{d}x} = -p\,,$$

$$\frac{\mathrm{d}M}{\mathrm{d}x} = Q\,, \qquad \frac{\mathrm{d}Q}{\mathrm{d}x} = -q \qquad \rightarrow \qquad \frac{\mathrm{d}^2 M}{\mathrm{d}x^2} = -q\,.$$

Tabelle I.6.1: Randbedingungen (ebener Fall)

		N	Q	M
freies Ende (ohne eingeprägte Lasten)		0	0	0
gelenkiges Lager		$\neq 0$		
		0	$\neq 0$	0
Parallelführung		$\neq 0$	0	$\neq 0$
Schiebehülse		0	$\neq 0$	$\neq 0$
Einspannung		$\neq 0$	$\neq 0$	$\neq 0$

c) Föppl-Symbol:

$$\langle x - a \rangle^n = \begin{cases} 0 & \text{für} \quad x < a \,, \\ (x-a)^n & \text{für} \quad x > a \,. \end{cases}$$

Rechenregeln:

$$\frac{\mathrm{d}}{\mathrm{d}x}\langle x - a \rangle^n = n\langle x - a \rangle^{n-1} \,,$$

$$\int \langle x - a \rangle^n \, \mathrm{d}x = \frac{1}{n+1}\langle x - a \rangle^{n+1} + C \,.$$

I.7   Arbeit

a) Prinzip der virtuellen Arbeit

Wenn die virtuelle Arbeit der äußeren Lasten (Kräfte und Momente) bei einer beliebigen virtuellen Starrkörperverrückung eines mechanischen Systems aus seiner Lage veschwindet, ist diese Lage eine Gleichgewichtslage:

$$\delta W = 0: \quad \sum_i \boldsymbol{F}_i \cdot \delta \boldsymbol{r}_i + \sum_j \boldsymbol{M}_j \cdot \delta \boldsymbol{\varphi}_j = 0 \,;$$

$\delta \boldsymbol{r}_i$:   virtuelle Verrückung des Kraftangriffspunkts,

$\delta \boldsymbol{\varphi}_j$:   virtuelle Verdrehung des Körpers, an dem das Moment angreift.

b) Gleichgewichtslagen eines konservativen Systems mit einem Freiheitsgrad und ihre Stabilität

Die Potentialkurve hat an der Stelle, die einer Gleichgewichtslage zugeordnet
ist, eine waagerechte Tangente:

$$E_p' = 0 \; ; \qquad E_p: \text{potentielle Energie};$$

$(\ )'$: Ableitung nach der Koordinate des Freiheitsgrads.

Stabilitätskriterium:

$E_p'' > 0$: stabile Gleichgewichtslage,

$E_p'' < 0$: instabile Gleichgewichtslage,

$E_p'' = 0$: höhere Ableitungen entscheiden über die Stabilität.

Beispiele für Potentiale:

1) Potential einer Federkraft / eines Drehfedermoments

$$E_p = \tfrac{1}{2} c x^2 , \qquad E_p = \tfrac{1}{2} c_T \varphi^2 \; ;$$

c: Federkonstante, x: Längenänderung der (ungespannten) Feder,
c_T: Drehfederkonstante, φ: Verdrehwinkel.

2) Potential einer Gewichtskraft

$$E_p = G z \; ;$$

z: Höhe des Schwerpunkts über einem Nullniveau.

I.8 Haftung und Reibung

a) Bedingung für Haften:

$$|H| \leq \mu_0 N \; ;$$

H: Haftungskraft, μ_0: Haftungskoeffizient, N: Normalkraft.

Die Haftungskraft ist eine Reaktionskraft. Ihre Orientierung ergibt sich bei
statischer Bestimmtheit aus den Gleichgewichtsbedingungen.

b) Coulombsches Reibungsgesetz:

$$R = \mu N;$$

R: Reibungskraft, μ: Reibungskoeffizient.

Die Reibungskraft wirkt entgegen der Richtung der Geschwindigkeit.

c) Seilhaftung:

$$S_1\,\mathrm{e}^{-\mu_0\alpha} \leq S_2 \leq S_1\,\mathrm{e}^{\mu_0\alpha};\qquad \alpha:\ \text{Umschlingungswinkel.}$$

d) Seilreibung:

$$S_2 = S_1\,\mathrm{e}^{\mu\alpha}\qquad (S_2 > S_1).$$

Das Seil bewegt sich relativ zur Rolle in Richtung von S_2.

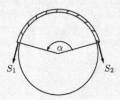

I.9 Seil unter Eigengewicht

Differenzialgleichung der Kettenlinie (Seillinie):

$$y'' = \frac{q_0}{H}\sqrt{1 + y'^{\,2}}\,;$$

q_0: Gewicht pro Längeneinheit des Seils; H: Horizontalzug (= Horizontalkomponente $S\cos\alpha$ der Seilkraft S bzw. Seilkraft im Scheitelpunkt).

Gleichung der Kettenlinie:

$$y = y_0\cosh\frac{x}{y_0}\quad\text{mit}\quad y_0 = \frac{H}{q_0}.$$

Anmerkung: Die willkürliche Wahl von $y_0 = H/q_0$ legt den Scheitel der Kettenlinie in den Punkt $x = 0, y = y_0$.

Neigung der Kettenlinie:

$$y' = \tan\alpha = \sinh\frac{x}{y_0} = \frac{s}{y_0} \; ;$$

s: vom Scheitelpunkt gezählte Bogenlänge.

Durchhang:

$$f = y_0\left(\cosh\frac{x_2}{y_0} - 1\right).$$

Seilkraft:

$$S = \frac{H}{\cos\alpha} = H\sqrt{1 + \left(\frac{s}{y_0}\right)^2} = H\cosh\frac{x}{y_0} = q_0\, y \; ;$$

$$S_{\max} = H\cosh\frac{x_2}{y_0} = q_0\, y_{\max}.$$

Seillänge:

$$L = y_0\left(\sinh\frac{x_2}{y_0} - \sinh\frac{x_1}{y_0}\right).$$

Bei flachem Durchhang kann die Kettenlinie durch eine quadratische Parabel approximiert werden. Dann gilt näherungsweise für den Durchhang, die maximale Seilkraft und die Seillänge (beide Endpunkte auf gleicher Höhe):

$$f = \frac{q_0\, l^2}{8H}, \qquad S_{\max} = \frac{q_0\, l}{2}\sqrt{1 + \left(\frac{l}{4f}\right)^2}, \qquad L = l + \frac{8f^2}{3l}.$$

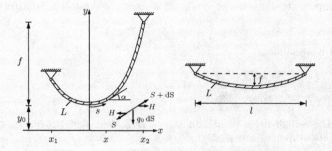

Aufgaben

I.1 Zentrale Kraftsysteme

Aufgabe I.1.1 Eine Kugel (Gewicht G) liegt auf einer glatten schiefen Ebene (Neigungswinkel α) und wird von einer glatten Wand gehalten. Wie groß sind die Kontaktkräfte?

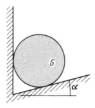

Aufgabe I.1.2 Eine glatte Walze (Gewicht G, Radius r) soll eine Stufe (Höhe h) hochgezogen werden. Welche Richtung muss die dazu erforderliche Kraft F haben, damit sie möglichst klein ist? Wie groß ist dieser Minimalwert?

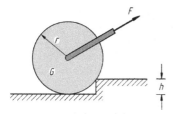

Aufgabe I.1.3 Das Seil einer Seilwinde wird reibungsfrei über den Knoten K eines Stabzweischlags geführt. Wie groß sind die Stabkräfte, wenn am Seil ein Klotz (Gewicht G) hängt?

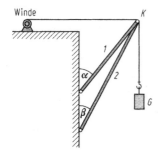

Aufgabe I.1.4 Ein masseloses Seil der Länge l ist in den Punkten A und B an zwei Wänden befestigt. An einer reibungsfreien Rolle (Radius vernachlässigbar) hängt ein Klotz (Gewicht G). Welchen Abstand d von der linken Wand hat die Rolle in der Gleichgewichtslage? Wie groß ist die Seilkraft?

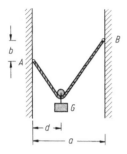

Aufgabe I.1.5 Am Knoten K eines Stabsystems hängt ein Fass (Gewicht G). Gesucht sind die Stabkräfte.

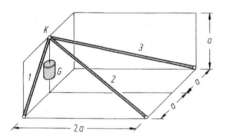

Aufgabe I.1.6 Ein Stabdreischlag ist an einer Wand befestigt. An einem Seil, das reibungsfrei durch eine Öse im Knoten K geführt wird, hängt eine Kiste (Gewicht G). Wie groß sind die Stabkräfte?

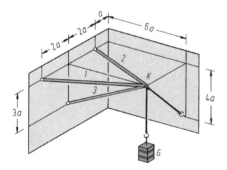

Aufgabe I.1.7 Auf einen Himmelskörper (Masse m) wirken die Anziehungskräfte (Gravitationskonstante γ) von 3 weiteren Himmelskörpern a, b, c mit den Massen $m_a = m_b$ und m_c. Der Himmelskörper c bewegt sich auf einer Kreisbahn vom Radius c um den Punkt O; die Achse der Kreisbahn ist die Diagonale $d - d$. Man bestimme für den Sonderfall $a = b = c$ die resultierende Kraft auf m.

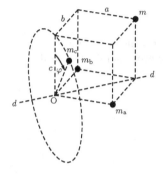

I.2 Allgemeine Kraftsysteme

Hinweis: Bei einigen Aufgaben dieses Abschnitts ist die Kenntnis des Schwerpunkts von Körpern erforderlich (s. Abschn. I.3).

Aufgabe I.2.1 Ein Balken (Länge l, Gewicht G) lehnt in der dargestellten Weise an einer Mauer. Er wird an seinem unteren Ende durch ein Seil S gehalten; die Berührflächen sind glatt. Wie groß ist die Seilkraft?

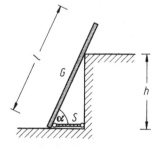

Aufgabe I.2.2 Eine homogene Stange (Länge l, Gewicht G) steckt in einem glatten Schlitz. Wie groß muss die horizontale Kraft F sein, damit Gleichgewicht herrscht?

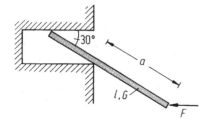

Aufgabe I.2.3 Eine mit drei Stäben abgestützte Scheibe (Radius r) wird durch ein eingeprägtes Moment M_0 belastet. Wie groß sind die Stabkräfte?

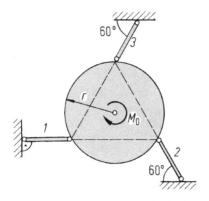

Aufgabe I.2.4 Die dargestellte quadratische Platte (Gewicht vernachlässigbar) wird von sechs Stäben gestützt und durch eine Kraft F belastet. Man bestimme die Stabkräfte.

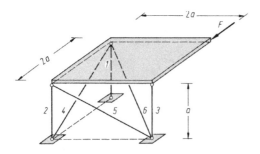

Aufgabe I.2.5 Eine homogene dreieckförmige Platte (Gewicht G) wird durch sechs Stäbe gehalten. Gesucht sind die Stabkräfte.

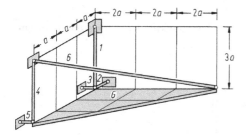

Aufgabe I.2.6 Eine homogene Tischplatte (Gewicht G_1) wird durch sechs Stäbe gestützt. Wie groß sind die Stabkräfte, wenn auf dem Tisch eine Last (Gewicht G_2) liegt?

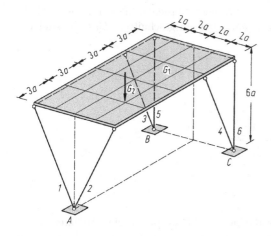

Aufgabe I.2.7 Auf einen Drittelkreisbogen (Radius r) wirkt die konstante tangentiale Streckenlast $p = p_0$. Man reduziere das Lastsystem auf den Kreismittelpunkt M. Man bestimme die Wirkungslinie der Resultierenden, wenn sich das Lastsystem auf eine Einzelkraft reduzieren lässt.

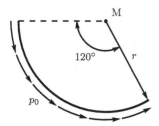

I.3 Schwerpunkt

Aufgabe I.3.1 Man bestimme die Schwerpunkte der dargestellten dünnwandigen Profile $(t \ll a)$.

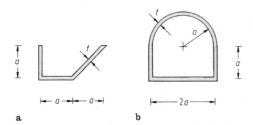

a   b

Aufgabe I.3.2 Aus einer kreis- bzw. einer ellipsenförmigen Fläche wurde in der dargestellten Weise jeweils ein Kreis ausgeschnitten. Gesucht sind die Schwerpunkte der Restflächen.

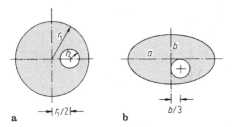

a   b

Aufgabe I.3.3 Man bestimme die Lage des Schwerpunkts einer Halbkreisfläche mittels Integration a) in kartesischen Koordinaten, b) in Polarkoordinaten und c) mit der zutreffenden Guldinschen Regel. Man vergleiche mit Tab. I.3.1.

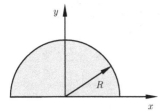

Aufgabe I.3.4 Berechnen Sie den Schwerpunkt eines Halbkreisbogens mit Radius R durch a) Integration und b) Anwendung der 2. Guldinschen Regel.

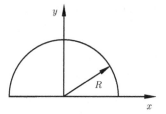

Aufgabe I.3.5 Man bestimme den Schwerpunkt der von den Kurven $f(x) = \sqrt{x\,a}$ und $g(x) = x^2/a$ begrenzten Fläche.

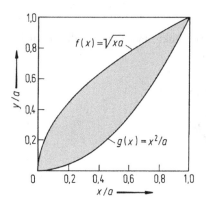

Aufgabe I.3.6 Man bestimme den Schwerpunkt der dargestellten Ziffer.

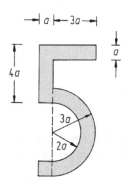

Aufgabe I.3.7 Ein homogenes Stehaufmännchen besteht aus einer Halb-kugel und einem aufgesetzten Kegel. Damit es nicht umkippt, darf sein Schwerpunkt nicht oberhalb der Trennebene zwischen Halbkugel und Kegel liegen (vgl. Abschn. I.7). Wie groß darf bei gegebenem Radius r die Höhe h des Kegels höchstens sein?

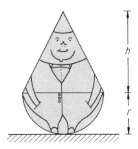

Aufgabe I.3.8 Man bestimme den Schwerpunkt einer dünnwandigen Kugel-schale (Radius R, Höhe H, Dicke $t \ll R$).

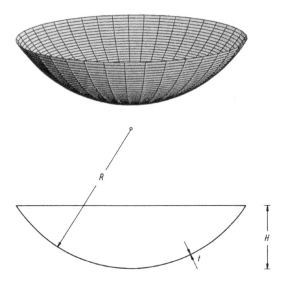

Aufgabe I.3.9 Man berechne die Lage des Schwerpunkts einer dickwan-digen Halbkugelschale (Innenradius R_i, Außenradius R_a) sowie den Schwer-punkt einer Halbkugel (Radius R).

Aufgabe I.3.10 Für die Analyse der Schwingbewegung einer Glocke in ihrem Gerüst wird die Position des Schwerpunkts benötigt. Die Glocke ist eine dünnwandige Rotationsschale mit konstantem Gewicht p_0 pro Flächeneinheit. Der obere Teil ist eine Halbkugelschale vom Radius R, der Meridianschnitt des unteren Teils ein Achtelkreisbogen mit Radius R und Mittelpunkt M.

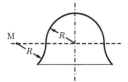

Aufgabe I.3.11 Berechnen Sie den Schwerpunkt des Flächenstückes zwischen der im Bild skizzierten Kurve $y = k x^n$, $n \geq 1$ und der x-Achse mittels a) Integration und b) Anwendung der zutreffenden Guldinschen Regel.

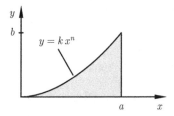

I.4 Lagerreaktionen

Aufgabe I.4.1 Ein Balken unter einer Dreiecksbelastung wird von drei Stäben gestützt. Wie groß sind die Stabkräfte?

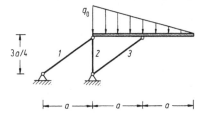

Aufgabe I.4.2 Ein Tragwerk aus einem Balken und drei Stäben wird durch eine Kraft F belastet. Wie groß sind die Lagerkraft in A und die Stabkräfte?

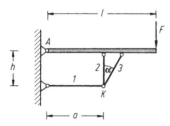

Aufgabe I.4.3 Ein Balken ist bei A gelenkig gelagert. Er wird von einem Seil gehalten, das bei B reibungsfrei umgelenkt wird. Wie groß sind die Seilkraft und die Lagerkräfte in A und B, wenn am rechten Ende des Balkens ein Stein (Gewicht G) hängt?

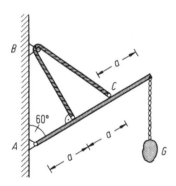

Aufgabe I.4.4 Das dargestellte Tragwerk wird durch die Kräfte $F_1 = F$ und $F_2 = 2F$ belastet. Man bestimme die Lagerreaktionen in A und C sowie die Gelenkkräfte in B und D.

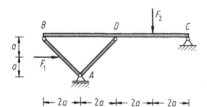

Aufgabe I.4.5 An einem Kran hängt ein homogener Baumstamm (Gewicht G). Wie groß sind die Kräfte in den Lagern A und B sowie die Gelenkkraft in C?

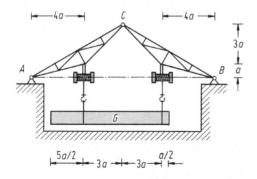

Aufgabe I.4.6 An einem Kran hängt ein Container (Gewicht G). Wie groß sind die Lagerreaktionen in A und B sowie die Gelenkkraft in C, wenn das Seil über eine reibungsfreie Rolle R (Radius vernachlässigbar) geführt wird?

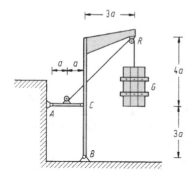

Aufgabe I.4.7 Für den dargestellten Gerber-Träger bestimme man die Lagerreaktionen und die Gelenkkraft.

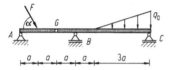

Aufgabe I.4.8 An einem Gelenkbalken ist unmittelbar rechts vom Gelenk G_1 ein Querarm angeschweißt, der durch ein Kräftepaar belastet wird. Außerdem greift unmittelbar rechts vom Gelenk G_2 eine Kraft P an. Wie groß sind die Lagerreaktionen und die Gelenkkräfte? Wie ändern sie sich, wenn die Kraft P unmittelbar links vom Gelenk G_2 angreift?

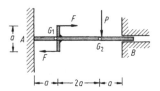

Aufgabe I.4.9 Ein Mast (Gewicht G_1) ist in A gelenkig gelagert und wird durch zwei Stäbe gestützt. An seiner Spitze hängt eine Kiste (Gewicht G_2). Wie groß sind die Lagerkraft in A und die Stabkräfte?

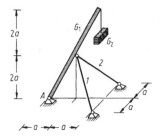

Aufgabe I.4.10 Das dargestellte Tragwerk wird durch eine Kraft F (Richtung parallel zu AB) belastet. Die Schiebehülse E ist mit dem Balken CD fest verbunden. Sie lässt eine axiale Verdrehung und Verschiebung des Balkens $GHAB$ zu. Man bestimme die Lagerreaktionen.

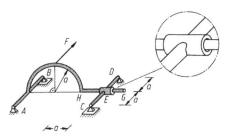

Aufgabe I.4.11 Zwei glatte Kreiszylinderwalzen (Radius R, Gewicht mg) werden durch einen symmetrischen U-förmigen Bügel (Gewicht Mg) zusammengehalten und so auf eine glatte horizontale Unterlage gestellt. Man bestimme alle Kontaktkräfte. Welche Bedeutung hat das Verhältnis M/m für die Kontaktkraft im Aufstandspunkt A (s. auch Aufgabe I.7.10)?

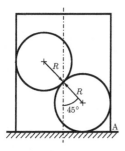

I.5 Fachwerke

Aufgabe I.5.1 Das dargestellte Fachwerk wird durch eine Kraft P belastet. Man identifiziere die Nullstäbe. Wie groß sind die Lagerreaktionen und die Kraft im Stab 4?

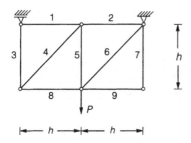

Aufgabe I.5.2 Das dargestellte Fachwerk wird durch die Kräfte $F_1 = F$ und $F_2 = 3F$ belastet. Wie groß sind die Stabkräfte S_1, S_2 und S_3?

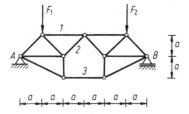

Aufgabe I.5.3 Die Stäbe 2, 8 und 9 des dargestellten symmetrischen Fachwerks haben die gleiche Länge. Der Stab 5 ist orthogonal zu den ebenfalls gleich langen Stäben 1 und 7. Das Fachwerk wird durch eine Kraft F belastet. Man bestimme die Lagerreaktionen. Welche Stäbe sind Nullstäbe? Wie groß sind die Stabkräfte S_9 und S_{10}?

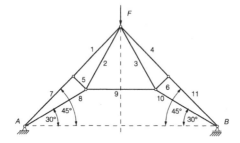

Aufgabe I.5.4 Das dargestellte Fachwerk wird durch eine Kraft F belastet. Wie groß sind die Kräfte in den Stäben 1 bis 4?

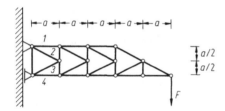

Aufgabe I.5.5 Das dargestellte System ist bei A gelenkig gelagert und hängt bei B an einem Seil. Über eine reibungsfreie Rolle (Radius $a/2$, Gewicht vernachlässigbar) wird ein weiteres Seil geführt, das eine Kiste (Gewicht G) trägt. Wie groß sind die Stabkräfte?

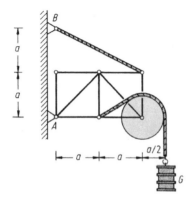

Aufgabe I.5.6 Ein Tragwerk aus einem Gelenkbalken und fünf Stäben wird durch die Gleichstreckenlast q_0 belastet. Wie groß sind die Stabkräfte?

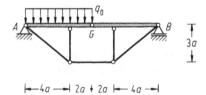

Aufgabe I.5.7 Das skizzierte räumliche Fachwerk wird durch zwei Kräfte $F_1 = F_2 = F$ belastet. Die Stäbe 5, 7 und 8 haben die Längen $l_5 = l_7 = l_8 = \sqrt{2}\,a$; alle anderen Stäbe haben die Länge a. Man bestimme die Kräfte in den Stäben 1 bis 9.

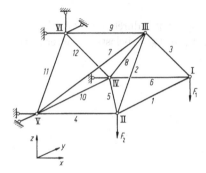

I.6 Schnittgrößen

Aufgabe I.6.1 Ein Balken wird durch zwei eingeprägte Kräfte $F_1 = 5F$ und $F_2 = 2F$ sowie ein eingeprägtes Moment $M_0 = 3Fa$ belastet. Gesucht sind die Schnittgrößenverläufe.

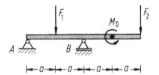

Aufgabe I.6.2 Eine Laufkatze auf zwei Rädern kann auf einem Balken (Gewicht vernachlässigbar) fahren. Ihr Gewicht G ist dreieckförmig verteilt. Für welchen Wert $\xi = \xi^*$ nimmt das Biegemoment den größtmöglichen Wert M_{max} an? Wie groß ist M_{max}?

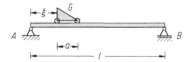

Aufgabe I.6.3 Ein beidseitig gelenkig gelagerter Balken trägt eine Gleichstreckenlast und eine Dreieckslast. Gesucht sind die Schnittgrößenverläufe und die Lagerkräfte.

Aufgabe I.6.4 Der dargestellte Kragträger wird durch eine Gleichstreckenlast q_0 und ein eingeprägtes Moment $M_0 = 4q_0\,a^2$ belastet. Man ermittle die Querkraft- und die Momentenlinie.

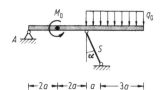

Aufgabe I.6.5 Für den dargestellten Gerber-Träger bestimme man die Schnittgrößenverläufe.

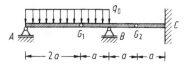

Aufgabe I.6.6 Ein Gerber-Träger wird durch ein Moment M_0 und eine Kraft F belastet. Man skizziere den Momentenverlauf.

Aufgabe I.6.7 An einem Gelenkbalken ist unmittelbar rechts vom Gelenk G_1 ein Querarm angeschweißt, der durch ein Kräftepaar Fa belastet wird. Am Gelenk G_2 wirkt eine weitere Kraft F (vgl. Aufgabe I.4.8). Man bestimme die Schnittgrößenverläufe.

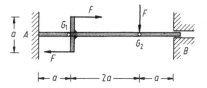

Aufgabe I.6.8 Man ermittle die Schnittgrößenverläufe im Gelenkbalken AGB des dargestellten Tragwerks (vgl. Aufgabe I.5.6).

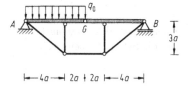

Aufgabe I.6.9 Man ermittle den Verlauf des Biegemoments im dargestellten Tragwerk.

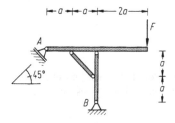

Aufgabe I.6.10 Man ermittle die Schnittgrößenverläufe für den dargestellten Rahmen.

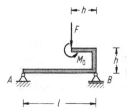

Aufgabe I.6.11 An einem Balken BC ist bei D ein Querarm angeschweißt. Ein in C befestigtes Seil wird reibungsfrei über eine Rolle (Radius vernachlässigbar) in E geführt. Man bestimme die Schnittgrößenverläufe im Tragwerk, wenn am Seil eine Kiste (Gewicht G) hängt.

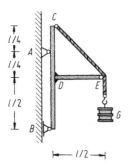

Aufgabe I.6.12 Eine Laubsäge wird zum Einspannen des Sägeblatts mit der Kraft F zusammengedrückt. Man bestimme die Schnittgrößenverläufe.

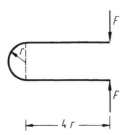

Aufgabe I.6.13 Man bestimme die Schnittgrößen für einen einseitig eingespannten Viertelkreisbogen (Radius r) unter einer Gleichstreckenlast q_0.

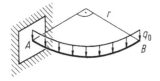

Aufgabe I.6.14 Ein bei A eingespannter Rahmen wird durch zwei Kräfte und zwei eingeprägte Momente belastet. Die Momentenvektoren liegen in der Rahmenebene, F_1 steht senkrecht auf ihr und F_2 liegt in der zu M_2 senkrechten Ebene. Man bestimme die Lagerreaktionen und die Schnittgrößenverläufe für $F_1 = F_2 = F$ und $M_1 = M_2 = F\,a$.

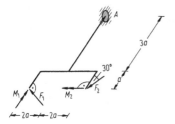

Aufgabe I.6.15 Ein Affe (Gewicht G) klammert sich an einen vertikalen, fest verwurzelten Stamm (spez. Gewicht γ), dessen Querschnittsradius sich von $2r_0$ am Boden linear auf r_0 am oberen Ende verjüngt. Der Körperschwerpunkt des Affen hat den Abstand a von der Stammachse, seine Körpermuskulatur ist kräftig, seine Handgelenk- und Fußgelenkmuskulatur sehr schwach. Man bestimme die Schnittgrößen im Stamm.

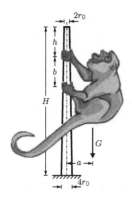

I.7 Arbeit

Hinweis: Weitere Aufgaben zum Prinzip der virtuellen Arbeit finden sich in Abschn. III.2.

Aufgabe I.7.1 Drei gelenkig verbundene Stangen (Eigengewicht vernachlässigbar) werden durch eine Kraft F und ein Moment M_0 belastet. Mit Hilfe des Prinzips der virtuellen Arbeit bestimme man den Winkel $\varphi = \varphi^*$, unter dem das System im Gleichgewicht ist.

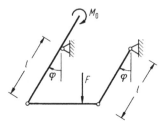

Aufgabe I.7.2 Die Montageplattform einer Autohebebühne wird von zwei Trägern der Länge l gehalten, die in ihrer Mitte (Punkt M) durch einen Bolzen gelenkig miteinander verbunden sind. Im Punkt A ist an einem der Träger unter einem Winkel von 30° ein Hebel (Länge a) angeschweißt, der mit der Kolbenstange des Hydraulikzylinders verbunden ist. Alle Gelenke können als reibungsfrei angesehen werden; das Eigengewicht der Konstruktion sei vernachlässigbar. Man bestimme die Kraft F auf den Hydraulikkolben, welche der Last (Gewicht G) das Gleichgewicht hält.

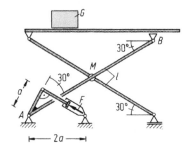

Aufgabe I.7.3 Man bestimme die Lagerkraft B des dargestellten Gelenkbalkens mit Hilfe des Prinzips der virtuellen Arbeit.

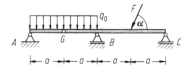

Aufgabe I.7.4 Ein beidseitig gelenkig gelagerter Balken wird durch eine Kraft F belastet. Man bestimme im Bereich $0 < x < a$ mit Hilfe des Prinzips der virtuellen Arbeit a) das Biegemoment $M(x)$ und b) die Querkraft $Q(x)$.

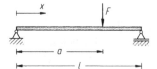

Aufgabe I.7.5 Eine Walze (Gewicht G, Radius r), die auf einem Zylinder (Radius R) abrollen kann, wird durch eine parallel geführte Feder (Federsteifigkeit c) gehalten. Die Feder ist in der dargestellten Lage entspannt. Man bestimme die Gleichgewichtslagen und untersuche ihre Stabilität.

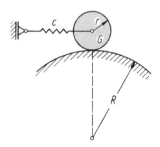

Aufgabe I.7.6 An einer homogenen Scheibe (Radius R, Masse M) ist im Abstand r vom Mittelpunkt eine Einzelmasse m angebracht. Die Scheibe kann auf einer schiefen Ebene (Neigungswinkel α) rollen, jedoch nicht rutschen. Man bestimme die Gleichgewichtslagen und untersuche ihre Stabilität.

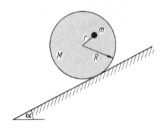

Aufgabe I.7.7 Um eine homogene Scheibe (Gewicht G_1, Radius r) ist ein Seil geschlungen, an dem ein Klotz (Gewicht G_2) hängt. Die Scheibe kann auf einer kreisförmigen Bahn (Radius R) rollen. Welche Gleichgewichtslage stellt sich für $G_1 = G_2 = G$ ein?

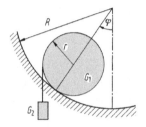

Aufgabe I.7.8 Zwei gelenkig miteinander verbundene Stangen (Länge l, Gewicht G) tragen einen vertikal reibungsfrei geführten Kolben (Gewicht Q). Die bei A und B angebrachten Drehfedern (Federkonstante c_T) sind in der vertikalen Lage der Stangen entspannt. Man bestimme die Gleichgewichtslagen und untersuche ihre Stabilität.

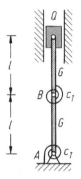

Aufgabe I.7.9 Zwei gleiche homogene Stäbe (jeweils Gewicht G, Länge $2L$), die im reibungsfreien Gelenk B verbunden sind, werden symmetrisch auf zwei gleich hohe Schneiden im Abstand $2a$ gelegt. Man bestimme für reibungsfreie Schneidenberührung die Gleichgewichtslagen und ihre Stabilität.

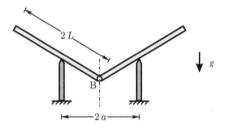

Aufgabe I.7.10 Man bestimme die Auflagerreaktion im Punkt A des Bügels von Aufgabe I.4.11 nach dem Prinzip der virtuellen Arbeiten.

I.8 Haftung und Reibung

Aufgabe I.8.1 Eine raue Seiltrommel ist bei B reibungsfrei gelagert. Der Haftungskoeffizient zwischen der Trommel und dem Klotz ist μ_0. Am Ende des Seils hängt eine Last (Gewicht G). Wie groß muß die Kraft F am Ende des Hebels mindestens sein, damit sich die Trommel nicht dreht?

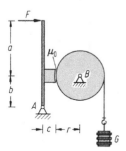

Aufgabe I.8.2 Eine Walze (Gewicht $G_1 = 3G$) wird durch eine Wand und einen Balken (Gewicht $G_2 = G$) in der dargestellten Lage gehalten. Der Balken haftet am Boden; alle anderen Berührungsflächen sind glatt. Wie groß muß der Haftungskoeffizient μ_0 zwischen Balken und Boden mindestens sein, damit Gleichgewicht besteht?

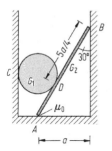

Aufgabe I.8.3 Ein Zylinder (Radius $2r$, Gewicht G_1) liegt auf zwei weiteren Zylindern (Radius r, Gewicht G_2). Welchen Wert muss der für alle Berührflächen gleich große Haftungskoeffizient μ_0 mindestens haben, damit kein Rutschen auftritt?

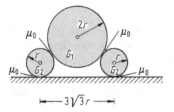

Aufgabe I.8.4 Zwischen zwei vertikalen rauen Wänden sind eine Kugel (Gewicht G_1) und ein Keil (Gewicht G_2) eingeklemmt. Der Haftungskoeffizient zwischen Kugel und linker Wand bzw. zwischen Keil und rechter Wand ist jeweils durch μ_0 gegeben. Die schräge Oberfläche O des Keils ist glatt. Wie groß muss μ_0 mindestens sein, damit sich das System im Gleichgewicht befindet?

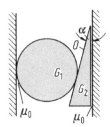

Aufgabe I.8.5 Eine Klemmvorrichtung besteht aus einer Stange (Gewicht vernachlässigbar) und einem Klotz (Gewicht G_1). Wie schwer darf eine Platte (Gewicht G_2) höchstens sein, damit sie von der Vorrichtung (Haftungskoeffizient μ_0) gehalten wird?

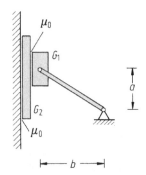

Aufgabe I.8.6 An einem Bügel (Gewicht G) befinden sich ein reibunsfrei drehbarer Zapfen A und ein fester zylindrischer Zapfen B. Der Bügel wird in ein Seil eingeklinkt, an dem ein Klotz (Gewicht $G_K = G/5$) hängt. Wie oft muss das Seil um den Zapfen B geschlungen werden (Haftungskoeffizient $\mu_0 = 0,1$), damit der Bügel nicht abrutscht? Unter welchem Winkel β zur Vertikalen stellt sich der Bügel ein?

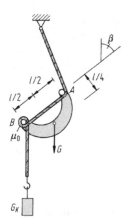

Aufgabe I.8.7 Bei der skizzierten Simplex-Trommelbremse sind die beiden Bremsbacken in A gelenkig gelagert. Sie werden beim Bremsen durch den Radbremszylinder jeweils mit der Kraft F belastet. Man berechne das Bremsmoment M_B als Funktion des Reibungskoeffizienten μ unter der Annahme, dass die Normalkräfte und die Reibungskräfte jeweils in der Backenmitte angreifen.

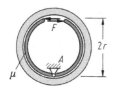

I.9 Seil unter Eigengewicht

Aufgabe I.9.1 Ein Kabel (Eigengewicht $q_0 = 100$ N/m) der Länge $L = 150$ m wird an zwei gleich hohen Masten im Abstand von $l = 100$ m aufgehängt. Wie groß sind der Durchhang f und die maximale Seilkraft S_{max}?

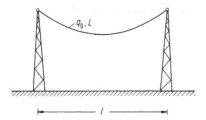

Aufgabe I.9.2 Ein Seil hängt zwischen zwei Punkten, die sich in der gleichen Höhe befinden. a) Bis zu welchem Verhältnis $v = f/l$ darf man den Parabelansatz verwenden, wenn für die maximale Seilkraft S_max ein Fehler von 5% zugelassen wird? b) Zu welchem Fehler führt dann die Näherungsformel für die Seillänge?

Aufgabe I.9.3 Der linke Teil AB des Seils $ABCD$ (Eigengewicht q_0 pro Längeneinheit) liegt auf einer rauen Ebene, der rechte Teil CD wird über eine reibungsfreie Rolle (Radius vernachlässigbar) in der Höhe b umgelenkt. Die Kraft P hält das Seil im Gleichgewicht. Man bestimme die horizontale Länge l, über der das Seil angehoben ist.

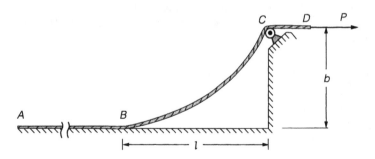

Aufgabe I.9.4 Das rechte Ende eines Seils (Länge L, Eigengewicht q_0 pro Längeneinheit) ist an einem Klotz (Gewicht vernachlässigbar) befestigt, der auf einer rauen Unterlage liegt. Der Haftungskoeffizient zwischen dem Klotz und der Unterlage ist durch μ_0 gegeben. Wie groß darf der Abstand a der beiden Seilenden höchstens sein, wenn der Klotz haften soll? Wie groß sind im Haftgrenzfall der Durchhang und die maximale Seilkraft?

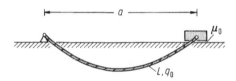

Aufgabe I.9.5 Ein Seil (Länge l, Gewicht q_0 pro Längeneinheit) ist im Punkt A fest aufgehängt. Es wird bei B über eine reibungsfreie Rolle (Durchmesser vernachlässigbar) geführt und bei D mit einer Feder verbunden. Die Feder hat im entspannten Zustand die Länge d_0. Wie muss die Federkonstante c gewählt werden, damit die kleinste im Bereich AB auftretende Seilkraft den vorgegebenen Wert S^* hat?

Gegeben: b, d_0, h, l, q_0, S^*.

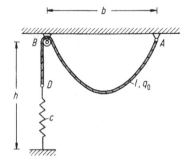

Aufgabe I.9.6 Man bestimme die Schwerpunktlage eines beidseitig in gleicher Höhe im Abstand $2r$ befestigten schweren Seils der Länge $L = \pi r$ und vergleiche mit den Schwerpunktlagen eines gleich langen Kreisbogens zwischen A und B bzw. eines gleich langen, straff gezogenen Seils (gestrichelt gezeichnet).

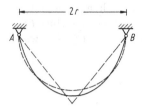

Aufgabe I.9.7 Ein Seil (Eigengewicht $q_0 = 10$ N/m) wird in zwei Punkten A und B befestigt. Wie groß müssen der horizontale und der vertikale Abstand zwischen A und B gewählt werden, wenn die maximale Seilkraft, der Horizontalzug und der Neigungswinkel bei A durch $S_{\max} = 2000$ N, $S_0 = 1200$ N und $\alpha_A = 45°$ vorgegeben sind? Welche Neigung besitzt das Seil bei B? Wie lang ist das Seil?

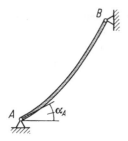

Aufgabe I.9.8 Man bestimme die Länge des in den Lagern A und B befestigten Seils.

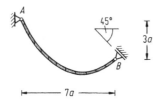

Aufgabe I.9.9 Ein Seil (Eigengewicht q_0 pro Längeneinheit) ist im Punkt A auf einer horizontal reibungsfrei gleitenden Schiebehülse befestigt und in gleicher Höhe um eine Stange gelegt, auf der es nicht durchrutscht. Es wird durch die horizontal auf die Schiebehülse wirkende Kraft F im Gleichgewicht gehalten. Der Haftungskoeffizient μ_0 zwischen Seil und Stange, die Seillänge L zwischen A und B sowie der Durchhang f sind gegeben. Wie groß muss die Kraft F sein, um das System im Gleichgewicht zu halten? Wie groß ist der Umschlingungswinkel β? Innerhalb welcher Grenzen muss die Länge l des Seilstücks zwischen C und D liegen, damit das Seil nicht rutscht (das Gewicht des Seils zwischen B und C ist zu vernachlässigen)?

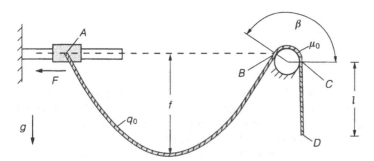

Aufgabe I.9.10 Für die Hochspannungsleitung zwischen zwei gleich hohen Masten im Abstand $2a$ steht ein beliebig langes Kabel (Eigengewicht q_0 pro Längeneinheit) zur Verfügung, so dass ein beliebiger Durchhang realisierbar ist. Jedoch soll die maximale Seilkraft minimal werden. Für welchen Neigungswinkel φ_1 ist dies der Fall? Welche Seillänge ist dabei zu wählen? Welcher Durchhang f stellt sich dann ein?

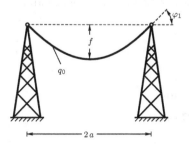

Lösungen

I.1   Zentrale Kraftsysteme

Lösung I.1.1 Die schiefe Ebene und die Wand sind glatt. Daher wirken in den Kontaktpunkten nur Normalkräfte, die mit der Gewichtskraft ein zentrales Kräftesystem bilden.

Gleichgewichtsbedingungen:

$$\uparrow:\quad N_2 \cos\alpha - G = 0 \quad\rightarrow\quad \boxed{N_2 = \frac{G}{\cos\alpha}}\,,$$

$$\rightarrow:\quad N_1 - N_2 \sin\alpha = 0 \quad\rightarrow\quad \boxed{N_1 = G \tan\alpha}\,.$$

Die Kontaktkraft N_2 ist größer als die Gewichtskraft.

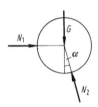

Lösung I.1.2 Die Kontaktkräfte sind Normalkräfte, da die Walze glatt ist. Beim Hochziehen geht der Kontakt der Walze mit dem Boden verloren, und es gilt $N_2 = 0$. Die dafür benötigte Kraft F wird zunächst für einen beliebigen Winkel φ bestimmt. Anschließend wird der Winkel φ^* gesucht, für den die Kraft minimal wird.

Gleichgewichtsbedingungen:

$$\rightarrow:\quad F \cos\varphi - N_1 \sin\alpha = 0\,,$$

$$\uparrow:\quad F \sin\varphi + N_1 \cos\alpha - G = 0\,.$$

Auflösen liefert:

$$F = \frac{\sin\alpha}{\sin\alpha \sin\varphi + \cos\alpha \cos\varphi}\, G = \frac{\sin\alpha}{\cos(\alpha - \varphi)}\, G\,.$$

Die Kraft F wird minimal, wenn der Nenner maximal wird:

$$\cos(\alpha - \varphi^*) = 1 \quad \rightarrow \quad \boxed{\varphi^* = \alpha}\,.$$

Minimale Kraft:

$$\boxed{F_{\min} = G \sin \alpha}\,.$$

Geometrie:

$$\alpha = \arccos \frac{r - h}{r}\,.$$

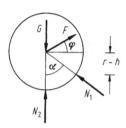

Lösung I.1.3 Die Stäbe werden als Zugstäbe angenommen.

Gleichgewicht am Klotz:

$$\uparrow: \quad S - G = 0 \quad \rightarrow \quad S = G\,.$$

Gleichgewicht am Knoten:

$$\leftarrow: \quad S + S_1 \sin \alpha + S_2 \sin \beta = 0\,,$$

$$\downarrow: \quad S + S_1 \cos \alpha + S_2 \cos \beta = 0\,.$$

Auflösen liefert:

$$\boxed{S_1 = \frac{\sin \beta - \cos \beta}{\sin(\alpha - \beta)}\, G\,,} \qquad \boxed{S_2 = \frac{\cos \alpha - \sin \alpha}{\sin(\alpha - \beta)}\, G\,.}$$

Ist einer der beiden Stäbe unter einem Winkel von $45°$ geneigt, so ist der andere Stab ein Nullstab.

Lösung I.1.4 Es werden die Hilfsgrößen α, β, l_1 und l_2 eingeführt.

Gleichgewichtsbedingungen:

$$\rightarrow: \quad -S \sin \alpha + S \sin \beta = 0 \qquad \rightarrow \quad \alpha = \beta \,,$$

$$\uparrow: \quad S \cos \alpha + S \cos \beta - G = 0 \quad \rightarrow \quad S = \frac{G}{2 \cos \alpha} \,.$$

Geometrie zur Bestimmung von α:

$$\sin \alpha = \frac{a}{l} \,, \qquad \cos \alpha = \sqrt{1 - \left(\frac{a}{l}\right)^2} \,.$$

Geometrie zur Bestimmung von d:

$$d = l_1 \sin \alpha \,,$$

$$a = l_1 \sin \alpha + l_2 \sin \alpha \,,$$

$$b = -l_1 \cos \alpha + l_2 \cos \alpha \,.$$

Auflösen liefert:

$$d = a(1 - b/\sqrt{l^2 - a^2})/2 \,.$$

Der Winkel α und damit auch die Seilkraft S sind unabhängig von b.

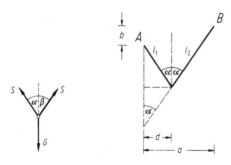

Lösung I.1.5 Bei räumlichen Problemen ist es häufig zweckmäßig, die Kräfte in vektorieller Form anzugeben.

Gleichgewichtsbedingungen (vektorielle Schreibweise):

$$\boldsymbol{S}_1 + \boldsymbol{S}_2 + \boldsymbol{S}_3 + \boldsymbol{G} = \boldsymbol{0}$$

mit

$$\boldsymbol{S}_1 = \frac{S_1}{\sqrt{2}} \begin{bmatrix} 1 \\ 0 \\ -1 \end{bmatrix} , \quad \boldsymbol{S}_2 = \frac{S_2}{\sqrt{6}} \begin{bmatrix} 1 \\ 2 \\ -1 \end{bmatrix} , \quad \boldsymbol{S}_3 = \frac{S_3}{\sqrt{6}} \begin{bmatrix} -1 \\ 2 \\ -1 \end{bmatrix} ,$$

$$\boldsymbol{G} = G \begin{bmatrix} 0 \\ 0 \\ -1 \end{bmatrix} .$$

Gleichgewichtsbedingungen (Komponentenschreibweise):

$$\frac{1}{\sqrt{2}} S_1 + \frac{1}{\sqrt{6}} S_2 - \frac{1}{\sqrt{6}} S_3 = 0 ,$$

$$\frac{2}{\sqrt{6}} S_2 + \frac{2}{\sqrt{6}} S_3 = 0 ,$$

$$-\frac{1}{\sqrt{2}} S_1 - \frac{1}{\sqrt{6}} S_2 - \frac{1}{\sqrt{6}} S_3 - G = 0 .$$

Auflösen liefert:

$$S_1 = -\sqrt{2}\,G \quad \text{(Druck)}, \quad S_2 = \frac{\sqrt{6}}{2}\,G \quad \text{(Zug)},$$

$$S_3 = -\frac{\sqrt{6}}{2}\,G \quad \text{(Druck)} .$$

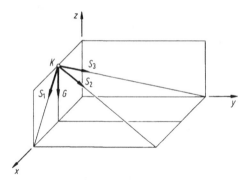

Lösung I.1.6

Gleichgewichtsbedingungen (vektorielle Schreibweise):

$$\boldsymbol{S}_1 + \boldsymbol{S}_2 + \boldsymbol{S}_3 + \boldsymbol{F} = 0$$

mit

$$\boldsymbol{S}_1 = \frac{S_1}{\sqrt{10}} \begin{bmatrix} 1 \\ -3 \\ 0 \end{bmatrix}, \quad \boldsymbol{S}_2 = \frac{S_2}{\sqrt{10}} \begin{bmatrix} -1 \\ -3 \\ 0 \end{bmatrix}, \quad \boldsymbol{S}_3 = \frac{S_3}{\sqrt{5}} \begin{bmatrix} 0 \\ -2 \\ -1 \end{bmatrix},$$

$$\boldsymbol{F} = G \begin{bmatrix} 0 \\ 0 \\ -1 \end{bmatrix} + \frac{G}{5} \begin{bmatrix} -3 \\ 0 \\ -4 \end{bmatrix}.$$

Gleichgewichtsbedingungen (Komponentenschreibweise):

$$\frac{1}{\sqrt{10}} S_1 - \frac{1}{\sqrt{10}} S_2 - \frac{3}{5} G = 0,$$

$$-\frac{3}{\sqrt{10}} S_1 - \frac{3}{\sqrt{10}} S_2 - \frac{2}{\sqrt{5}} S_3 = 0,$$

$$-\frac{1}{\sqrt{5}} S_3 - \frac{9}{5} G = 0.$$

Auflösen liefert:

$$S_1 = \frac{9\sqrt{10}}{10}\,G \quad \text{(Zug)}, \quad S_2 = \frac{3\sqrt{10}}{10}\,G \quad \text{(Zug)},$$

$$S_3 = -\frac{9\sqrt{5}}{5}\,G \quad \text{(Druck)}.$$

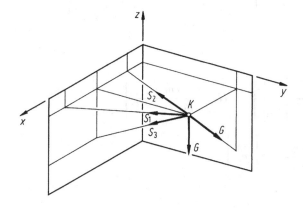

Lösung I.1.7

Gravitationsgesetz (Gravitationskonstante γ):

$$K = \gamma\,\frac{Mm}{|r|^2}\,\frac{r}{|r|}\,.$$

Ortsvektoren von m_c und m:

$$\frac{a'}{c\sin\varphi} = \frac{b}{\sqrt{a^2+b^2}} \quad \rightarrow \quad a' = \frac{b\,c\sin\varphi}{\sqrt{a^2+b^2}}, \quad b' = \frac{a\,c\sin\varphi}{\sqrt{a^2+b^2}},$$

$$r_c = c\begin{bmatrix} b\sin\varphi/\sqrt{a^2+b^2} \\ -a\sin\varphi/\sqrt{a^2+b^2} \\ \cos\varphi \end{bmatrix}, \quad r_m = \begin{bmatrix} a \\ b \\ c \end{bmatrix},$$

$$\boldsymbol{\varrho} = \boldsymbol{r}_\text{c} - \boldsymbol{r}_\text{m} = \begin{bmatrix} c\,b\sin\varphi/\sqrt{a^2 + b^2} - a \\ -c\,a\sin\varphi/\sqrt{a^2 + b^2} - b \\ c(\cos\varphi - 1) \end{bmatrix} = \begin{bmatrix} \varrho_\text{x} \\ \varrho_\text{y} \\ \varrho_\text{z} \end{bmatrix} ;$$

im Sonderfall:

$$\boldsymbol{\varrho} = a \begin{bmatrix} \sin\varphi/\sqrt{2} - 1 \\ -\sin\varphi/\sqrt{2} - 1 \\ \cos\varphi - 1 \end{bmatrix} .$$

Anziehungskräfte:

$$\boldsymbol{K}_\text{a} = \frac{\gamma\,m\,m_\text{a}}{(b^2 + c^2)^{3/2}} \begin{bmatrix} 0 \\ -b \\ -c \end{bmatrix} , \quad \boldsymbol{K}_\text{b} = \frac{\gamma\,m\,m_\text{b}}{(a^2 + c^2)^{3/2}} \begin{bmatrix} -a \\ 0 \\ -c \end{bmatrix} ,$$

$$\boldsymbol{K}_\text{c} = \frac{\gamma\,m\,m_\text{c}}{(\varrho_\text{x}^2 + \varrho_\text{y}^2 + \varrho_\text{z}^2)^{3/2}} \begin{bmatrix} \varrho_\text{x} \\ \varrho_\text{y} \\ \varrho_\text{z} \end{bmatrix} ;$$

im Sonderfall:

$$\boldsymbol{K}_\text{a} = \frac{\gamma\,m\,m_\text{a}}{2\sqrt{2}\,a^2} \begin{bmatrix} 0 \\ -1 \\ -1 \end{bmatrix} , \quad \boldsymbol{K}_\text{b} = \frac{\gamma\,m\,m_\text{b}}{2\sqrt{2}\,a^2} \begin{bmatrix} -1 \\ 0 \\ -1 \end{bmatrix} ,$$

$$\boldsymbol{K}_\text{c} = \frac{\gamma\,m\,m_\text{c}}{a^2\,(4 - 2\cos\varphi)^{3/2}} \begin{bmatrix} \sin\varphi/\sqrt{2} - 1 \\ -\sin\varphi/\sqrt{2} - 1 \\ \cos\varphi - 1 \end{bmatrix} .$$

Resultierende im Sonderfall:

$$\boldsymbol{R} = \boldsymbol{K}_\text{a} + \boldsymbol{K}_\text{b} + \boldsymbol{K}_\text{c}$$

$$\rightarrow \quad \boldsymbol{R} = \frac{\gamma\,m}{a^2} \left(\frac{m_\text{a}}{2\sqrt{2}} \begin{bmatrix} -1 \\ -1 \\ -2 \end{bmatrix} + \frac{m_\text{c}}{(4 - 2\cos\varphi)^{3/2}} \begin{bmatrix} \sin\varphi/\sqrt{2} - 1 \\ -\sin\varphi/\sqrt{2} - 1 \\ \cos\varphi - 1 \end{bmatrix} \right) .$$

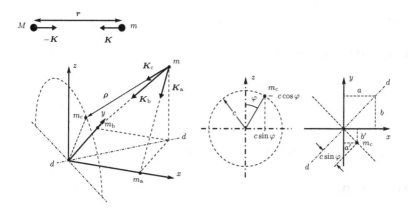

I.2 Allgemeine Kraftsysteme

Lösung I.2.1 Die Kontaktkräfte N_1 und N_2 stehen senkrecht zu den jeweiligen Berührungsebenen.

Gleichgewichtsbedingungen:

$$\overset{\frown}{A}: \quad -\frac{Gl}{2}\cos\alpha + \frac{h}{\sin\alpha}N_2 = 0 \quad \rightarrow \quad N_2 = \frac{Gl}{2h}\sin\alpha\cos\alpha,$$

$$\rightarrow: \quad S - N_2\sin\alpha = 0 \quad\quad\quad \rightarrow \quad S = \frac{Gl}{2h}\sin^2\alpha\cos\alpha.$$

Anm.: Mit der Gleichgewichtsbedingung in vertikaler Richtung wäre zu prüfen, ob $N_1 < 0$ gilt; dann wäre die Lösung physikalisch nicht sinnvoll, sondern der Balken würde abheben.

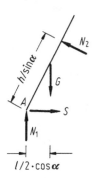

Lösung I.2.2

Gleichgewichtsbedingungen:

$$\rightarrow: \quad N_2 \sin 30° - F = 0,$$

$$\downarrow: \quad N_1 - N_2 \cos 30° + G = 0,$$

$$\stackrel{\curvearrowright}{A}: \quad N_2(l - a) - G\frac{l}{2}\cos 30° - F\,l \sin 30° = 0.$$

Auflösen liefert:

$$F = \frac{\sqrt{3}}{6 - 8a/l}\,G, \qquad N_1 = \frac{8a/l - 3}{6 - 8a/l}\,G, \qquad N_2 = 2F.$$

Die Lösung ist nur für $N_1 > 0$ und $N_2 > 0$ physikalisch sinnvoll. Dies führt auf die Bedingung $3/8 < a/l < 3/4$.

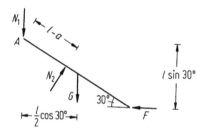

Lösung I.2.3 Aus Symmetriegründen sind alle Stabkräfte gleich groß.

Gleichgewichtsbedingung:

$$\stackrel{\curvearrowright}{C}: \quad M_0 + h\,S_1 = 0 \quad \rightarrow \quad S_1 = S_2 = S_3 = -\frac{M_0}{h}.$$

Geometrie:

$$h = \frac{3}{2}\,r.$$

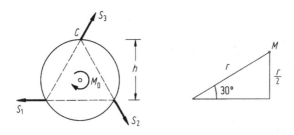

Lösung I.2.4

Gleichgewichtsbedingungen (vektorielle Schreibweise):

$$\sum_i \boldsymbol{S}_i + \boldsymbol{F} = 0\,, \quad \sum_i \boldsymbol{r}_i \times \boldsymbol{S}_i + \boldsymbol{r}_{\mathrm{F}} \times \boldsymbol{F} = 0\,.$$

Ortsvektoren:

$$\boldsymbol{r}_1 = \boldsymbol{r}_4 = \boldsymbol{r}_6 = 0\,, \quad \boldsymbol{r}_2 = \boldsymbol{r}_5 = \begin{bmatrix} 2a \\ 0 \\ 0 \end{bmatrix}\,, \quad \boldsymbol{r}_3 = \begin{bmatrix} 2a \\ 2a \\ 0 \end{bmatrix}\,, \quad \boldsymbol{r}_{\mathrm{F}} = \begin{bmatrix} 0 \\ 2a \\ 0 \end{bmatrix}\,.$$

Kraftvektoren:

$$\boldsymbol{S}_1 = S_1 \begin{bmatrix} 0 \\ 0 \\ -1 \end{bmatrix}\,, \quad \boldsymbol{S}_2 = S_2 \begin{bmatrix} 0 \\ 0 \\ -1 \end{bmatrix}\,, \quad \boldsymbol{S}_3 = S_3 \begin{bmatrix} 0 \\ 0 \\ -1 \end{bmatrix}\,,$$

$$\boldsymbol{S}_4 = \frac{S_4}{\sqrt{5}} \begin{bmatrix} 2 \\ 0 \\ -1 \end{bmatrix}\,, \quad \boldsymbol{S}_5 = \frac{S_5}{\sqrt{5}} \begin{bmatrix} 0 \\ 2 \\ -1 \end{bmatrix}\,, \quad \boldsymbol{S}_6 = \frac{S_6}{3} \begin{bmatrix} 2 \\ 2 \\ -1 \end{bmatrix}\,,$$

$$\boldsymbol{F} = F \begin{bmatrix} 1 \\ 0 \\ 0 \end{bmatrix}\,.$$

Gleichgewichtsbedingungen (Komponentenschreibweise):

$$\frac{2}{\sqrt{5}} S_4 + \frac{2}{3} S_6 + F = 0\,,$$

$$\frac{2}{\sqrt{5}} S_5 + \frac{2}{3} S_6 = 0 \,,$$

$$S_1 + S_2 + S_3 + \frac{1}{\sqrt{5}} S_4 + \frac{1}{\sqrt{5}} S_5 + \frac{1}{3} S_6 = 0 \,,$$

$$2a \, S_3 = 0 \,,$$

$$2a \, S_2 + 2a \, S_3 + \frac{2}{\sqrt{5}} a \, S_5 = 0 \,,$$

$$\frac{4}{\sqrt{5}} a \, S_5 - 2a \, F = 0 \,.$$

Auflösen liefert:

$$S_1 = \frac{1}{2} F \,, \qquad S_2 = -\frac{1}{2} F \,, \qquad S_3 = S_4 = 0 \,, \qquad S_5 = \frac{\sqrt{5}}{2} F \,,$$

$$S_6 = -\frac{3}{2} F \,.$$

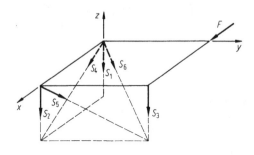

Lösung I.2.5 Als Gleichgewichtsbedingungen werden nur Momentengleichungen um geeignet gewählte Achsen verwendet. Damit lassen sich die Stabkräfte rekursiv bestimmen.

Komponenten der schräg wirkenden Kraft S_6:

$$S_{6x} = \frac{1}{\sqrt{6}} S_6 \,, \qquad S_{6y} = -\frac{2}{\sqrt{6}} S_6 \,, \qquad S_{6z} = \frac{1}{\sqrt{6}} S_6 \,.$$

Gleichgewichtsbedingungen:

$$\sum M_{iz}^{(A)} = 0: \quad 3a\,S_3 = 0 \qquad \rightarrow \quad \boxed{S_3 = 0\,,}$$

$$\sum M_{ix}^{(A)} = 0: \quad 6a\,S_{6z} - 2a\,G = 0 \qquad \rightarrow \quad \boxed{S_6 = \sqrt{6}\,G/3\,,}$$

$$\sum M_{iy}^{(0)} = 0: \quad -3a\,S_4 + a\,G = 0 \qquad \rightarrow \quad \boxed{S_4 = G/3\,,}$$

$$\sum M_{iz}^{(0)} = 0: \quad -3a\,S_5 - 6a\,S_{6x} = 0 \qquad \rightarrow \quad \boxed{S_5 = -2G/3\,,}$$

$$\sum M_{ix}^{(B)} = 0: \quad -6a\,S_1 - 6a\,S_4 + 4a\,G = 0 \qquad \rightarrow \quad \boxed{S_1 = G/3\,,}$$

$$\sum M_{iz}^{(B)} = 0: \quad -6a\,S_2 - 3a\,S_5 = 0 \qquad \rightarrow \quad \boxed{S_2 = G/3\,.}$$

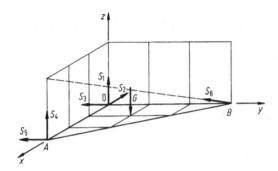

Lösung I.2.6 Eine rekursive Bestimmung der Stabkräfte ist bei diesem Beispiel nicht möglich. Die Aufgabe wird ohne Vektorformalismus gelöst.

Geometrie:

$$\frac{S_{1x}}{S_{2x}} = \frac{S_{1z}}{S_{2z}} = \frac{S_1}{S_2}\,, \qquad \frac{S_{3y}}{S_{4y}} = \frac{S_3}{S_4}\,, \qquad \frac{S_{1x}}{S_{1z}} = \frac{4a}{6a}\,.$$

Gleichgewichtsbedingungen:

$$\sum F_{ix} = 0:$$

$$S_{1x} - S_{2x} = 0 \qquad \rightarrow \quad \boxed{S_1 = S_2\,,}$$

$$\sum F_{iy} = 0:$$

$$S_{3y} + S_{4y} = 0 \qquad \rightarrow \quad \boxed{S_3 = -S_4\,,}$$

$$\sum M_{ix}^{(B)} = 0:$$

$$12a\,S_{1z} + 12a\,S_{2z} + 6a\,G_1 + 9a\,G_2 = 0 \qquad \rightarrow \quad S_2 = -\sqrt{13}(2G_1 + 3G_2)/24\,,$$

$$\sum M_{iz}^{(0)} = 0:$$

$$-12a\,S_{1x} + 12a\,S_{2x} - 8a\,S_{4y} = 0 \qquad \rightarrow \quad S_4 = 0\,,$$

$$\sum M_{iy}^{(0)} = 0:$$

$$-8a\,S_{2z} - 8a\,S_6 - 4a\,G_1 - 6a\,G_2 = 0 \qquad \rightarrow \quad S_6 = -(2G_1 + 3G_2)/8\,,$$

$$\sum M_{iy}^{(D)} = 0:$$

$$8a\,S_{1z} + 8a\,S_5 + 4a\,G_1 + 2a\,G_2 = 0 \qquad \rightarrow \quad S_5 = -(2G_1 - G_2)/8\,.$$

Der Stab 5 ist für $G_2 < 2G_1$ ein Druckstab und für $G_2 > 2G_1$ ein Zugstab.

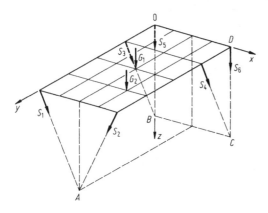

Lösung I.2.7

Infinitesimale Kraft am Bogenelement:

$$dR_x(-\varphi) = -dR_x(\varphi)\,, \qquad dR_y = p_0 \cos\varphi\, r\, d\varphi\,.$$

Resultierende:

$$R_x = \int_{-60°}^{60°} dR_x = 0\,, \qquad R_y = 2\int_{0}^{60°} dR_y = 2p_0 r \int_{0}^{60°} \cos\varphi\, d\varphi = \sqrt{3}p_0 r\,.$$

Moment um M:

$$\overset{\curvearrowright}{\mathrm{M}}: \quad M_{\mathrm{M}} = p_0 \frac{2\pi}{3} r\, r = 2\pi\, p_0 r^2/3\,.$$

Äquivalentes Lastsystem in M:

$$\boldsymbol{R} = \begin{bmatrix} 0 \\ \sqrt{3}\,p_0 r \end{bmatrix}, \qquad M_{\mathrm{M}} = 2\pi\, p_0 r^2/3\,.$$

Bedingung für resultierende Einzelkraft auf Wirkungslinie durch B:

$$\overset{\curvearrowright}{\mathrm{B}}: \quad M_{\mathrm{B}} = M_{\mathrm{M}} - R_y\, b = 0 \quad \rightarrow \quad b = \frac{M_{\mathrm{M}}}{R_y} = \frac{2\pi\, r}{3\sqrt{3}} \cong 1,21r\,.$$

Resultierende Einzelkraft und Wirkungslinie:

$$\boldsymbol{R} = \begin{bmatrix} 0 \\ \sqrt{3}p_0 r \end{bmatrix}, \qquad x_{\mathrm{B}} = 1,21r\,, \quad y_{\mathrm{B}} \text{ beliebig.}$$

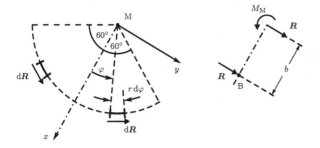

I.3 Schwerpunkt

Lösung I.3.1 Wegen $t \ll a$ kann man die Schwerpunkte mit Hilfe der Formeln für Linienschwerpunkte berechnen.

a) Gesamtschwerpunkt:

$$x_{\mathrm{s}} = \frac{\sum x_i\, l_i}{\sum l_i}\,, \qquad y_{\mathrm{s}} = \frac{\sum y_i\, l_i}{\sum l_i}\,.$$

Teilprofile:

①: $x_1 = 0$, $y_1 = a/2$, $l_1 = a$,

②: $x_2 = a/2$, $y_2 = 0$, $l_2 = a$,

③: $x_3 = 3\,a/2$, $y_3 = a/2$, $l_3 = \sqrt{2}\,a$.

Einsetzen liefert:

$$x_s = (5\sqrt{2}/4 - 1)\,a\,, \qquad y_s = \sqrt{2}\,a/4\,.$$

b) Gesamtschwerpunkt:

$$x_s = 0 \quad \text{(Symmetrie)}, \qquad y_s = \frac{\sum y_i\, l_i}{\sum l_i}\,.$$

Teilprofile:

①: $y_1 = \dfrac{1}{2}\,a$, $l_1 = 2a$,

②: $y_2 = 0$, $l_2 = 2a$,

③: $y_3 = a + \dfrac{2}{\pi}\,a$, $l_3 = \pi a$.

Einsetzen liefert:

$$y_s = \frac{3 + \pi}{4 + \pi}\,a\,.$$

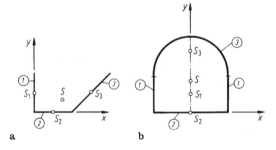

a   b

Lösung I.3.2 Die ausgeschnittenen Kreisflächen gehen in die Formeln für die Schwerpunktskoordinaten als „negative" Flächen ein. Der Gesamtschwerpunkt liegt auf der Verbindungsgeraden der Teilschwerpunkte.

a) Gesamtschwerpunkt:

$$x_\text{s} = \frac{\sum x_i A_i}{\sum A_i}, \qquad \boxed{y_\text{s} = 0} \quad \text{(Symmetrie)}.$$

Teilflächen:

$$x_1 = 0, \qquad A_1 = \pi r_1^2, \qquad x_2 = r_1/2, \qquad A_2 = -\pi r_2^2.$$

Einsetzen liefert:

$$\boxed{x_\text{s} = -\frac{r_1 r_2^2}{2(r_1^2 - r_2^2)}.}$$

b) Gesamtschwerpunkt:

$$x_\text{s} = \frac{\sum x_i A_i}{\sum A_i}, \qquad \boxed{y_\text{s} = -x_\text{s}.}$$

Teilflächen:

$$x_1 = 0, \qquad A_1 = \pi a b, \qquad x_2 = b/3, \qquad A_2 = -\pi b^2/9.$$

Einsetzen liefert:

$$\boxed{x_\text{s} = -\frac{b^2}{3(9a - b)}.}$$

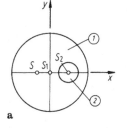

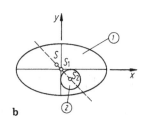

a   b

Lösung I.3.3

Schwerpunktskoordinaten:

$$x_s = 0 \quad \text{(Symmetrie)}, \qquad y_s = \frac{1}{A}\int y\,\mathrm{d}A = \frac{2}{\pi R^2}\int y\,\mathrm{d}A\,.$$

a) Wir integrieren zuerst über y mit den Integrationsgrenzen $y = 0$ und $y = \sqrt{R^2 - x^2}$ (die variable obere Grenze folgt aus der Kreisgleichung). Anschließend erfolgt die Integration über x mit den Grenzen $x = -R$ und $x = R$.

Flächenelement:

$$\mathrm{d}A = \mathrm{d}x\,\mathrm{d}y\,.$$

Statisches Moment:

$$\int y\,\mathrm{d}A = \int\limits_{x=-R}^{R}\int\limits_{y=0}^{\sqrt{R^2-x^2}} y\,\mathrm{d}y\,\mathrm{d}x$$

$$= \int\limits_{x=-R}^{R}\frac{1}{2}y^2\Big|_0^{\sqrt{R^2-x^2}}\mathrm{d}x = \frac{1}{2}\int\limits_{x=-R}^{R}(R^2 - x^2)\,\mathrm{d}x$$

$$= \int\limits_0^R (R^2 - x^2)\,\mathrm{d}x = \frac{2}{3}R^3\,.$$

Einsetzen liefert:

$$y_s = \frac{4R}{3\pi}\,.$$

b) Flächenelement:

$$\mathrm{d}A = r\,\mathrm{d}\varphi\,\mathrm{d}r\,.$$

Zusammenhang zwischen y, r und φ:

$$y = r\sin\varphi\,.$$

Statisches Moment:

$$\int y\,\mathrm{d}A = \int\limits_{\varphi=0}^{\pi} \int\limits_{r=0}^{R} r^2 \sin\varphi\,\mathrm{d}r\,\mathrm{d}\varphi = \frac{R^3}{3} \int\limits_{\varphi=0}^{\pi} \sin\varphi\,\mathrm{d}\varphi = \frac{2}{3}R^3\,.$$

Einsetzen liefert:

$$y_\mathrm{s} = \frac{4R}{3\pi}\,.$$

c) Die Fläche des Halbkreises mit Radius R beträgt

$$A = \frac{1}{2}R^2\,\pi\,.$$

Bei Rotation der Halbkreisfläche um die x-Achse entsteht eine Kugel mit dem Volumen

$$V = \frac{4}{3}R^3\,\pi\,.$$

Umstellen der 1. Guldinschen Regel ergibt für die y-Koordinate des Schwerpunkts

$$y_\mathrm{s} = r_\mathrm{s} = \frac{1}{2\pi}\cdot\frac{V}{A} = \frac{1}{2\pi}\cdot\frac{4}{3}R^3\,\pi\cdot\frac{2}{R^2\,\pi} = \frac{4R}{3\pi}\,.$$

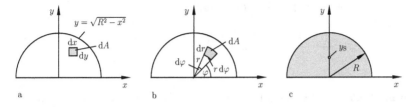

Lösung I.3.4

Schwerpunktskoordinaten:

$$x_\mathrm{s} = 0 \quad \text{(Symmetrie)}, \quad y_\mathrm{s} = \frac{1}{L}\int y\,\mathrm{d}L.$$

a) Das Linienelement in kartesischen Koordinaten ist:

$$\mathrm{d}L = ((\mathrm{d}x)^2 + (\mathrm{d}y)^2)^{\frac{1}{2}}.$$

Mit Kreispolarkoordinaten $x = R\cos\varphi$, $y = R\sin\varphi$ ergibt sich:

$$\mathrm{d}L = \left(R^2 \sin^2\varphi + R^2 \cos^2\varphi\right)^{\frac{1}{2}} \mathrm{d}\varphi = R\,\mathrm{d}\varphi.$$

Das statische Moment des Kreisbogens bezüglich der x-Achse ist

$$S_x = \int y\,\mathrm{d}L = \int_0^\pi R\sin\varphi\, R\,\mathrm{d}\varphi = R^2 \left(-\cos\varphi\right)\Big|_0^\pi = 2\,R^2.$$

Einsetzen ergibt für die y-Koordinate des Schwerpunkts mit $L = R\,\pi$ (halber Kreisumfang):

$$y_s = \frac{2\,R}{\pi}.$$

b) Länge des Kreisbogens:

$$L = R\,\pi.$$

Oberfläche der Kugel, die durch Rotation des Kreisbogens um die x-Achse entsteht:

$$O = 4\,R^2\,\pi.$$

Anwendung der 2. Guldinschen Regel ergibt:

$$y_s = r_s = \frac{1}{2\,\pi} \cdot \frac{O}{L} \quad \rightarrow \quad y_s = \frac{2\,R}{\pi}.$$

Lösung I.3.5 Wir wählen ein Flächenelement $\mathrm{d}A = \mathrm{d}x\,\mathrm{d}y$ und integrieren zuerst über y mit den Integrationsgrenzen $y = g(x)$ und $y = f(x)$. Anschließend erfolgt die Integration über x mit den Grenzen $x = 0$ und $x = a$.

Schwerpunktskoordinaten:

$$x_s = \frac{1}{A} \int x\,\mathrm{d}A, \quad y_s = x_s \quad \text{(Symmetrie).}$$

Fläche:

$$A = \int \mathrm{d}A = \int\limits_{x=0}^{a} \int\limits_{y=g(x)}^{f(x)} \mathrm{d}y \, \mathrm{d}x = \int\limits_{x=0}^{a} [y|_{g(x)}^{f(x)}] \, \mathrm{d}x$$

$$= \int\limits_{x=0}^{a} [f(x) - g(x)] \, \mathrm{d}x = \int\limits_{x=0}^{a} (\sqrt{x\,a} - x^2/a) \, \mathrm{d}x = a^2/3 \,.$$

Statisches Moment:

$$\int x \, \mathrm{d}A = \int\limits_{x=0}^{a} \int\limits_{y=g(x)}^{f(x)} x \, \mathrm{d}y \, \mathrm{d}x = \int\limits_{x=0}^{a} x[f(x) - g(x)] \, \mathrm{d}x$$

$$= \int\limits_{x=0}^{a} (x\sqrt{x\,a} - x^3/a) \, \mathrm{d}x = 3a^3/20 \,.$$

Einsetzen liefert:

$$x_{\mathrm{s}} = 9a/20 \,.$$

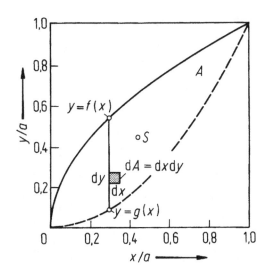

Lösung I.3.6 Wir zerlegen die Ziffer in fünf Teilflächen. Die ausgeschnittene Halbkreisfläche ④ geht negativ in die Formeln für die Schwerpunktskoordinaten ein.

i	x_i/a	y_i/a	A_i/a^2	$x_i\,A_i/a^3$	$y_i\,A_i/a^3$
1	2,5	8,5	3	7,5	25,5
2	0,5	7	4	2	28
3	$\dfrac{4}{\pi}+1$	3	$\dfrac{9}{2}\pi$	$18+\dfrac{9}{2}\pi$	$\dfrac{27}{2}\pi$
4	$\dfrac{8}{3\pi}+1$	3	-2π	$-\dfrac{16}{3}-2\pi$	-6π
5	0,5	0,5	1	0,5	0,5
Summen:			$8+\dfrac{5}{2}\pi$	$\dfrac{68}{3}+\dfrac{5}{2}\pi$	$54+\dfrac{15}{2}\pi$

$$\rightarrow \quad x_\mathrm{s}=1{,}93a\,,\qquad y_\mathrm{s}=4{,}89a\,.$$

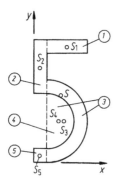

Lösung I.3.7

Schwerpunktskoordinate:

$$y_\mathrm{s}=\frac{\sum y_i\,V_i}{\sum V_i}\,.$$

Teilkörper:

$$y_1 = \frac{1}{4}\,h\,, \qquad V_1 = \frac{\pi}{3}\,hr^2\,, \qquad y_2 = -\frac{3}{8}\,r\,, \qquad V_2 = \frac{2\pi}{3}\,r^3\,.$$

Forderung:

$$y_s \le 0 \quad \rightarrow \quad \boxed{h \le \sqrt{3}\,r\,.}$$

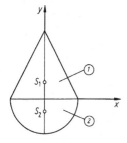

Lösung I.3.8

Schwerpunktskoordinate:

$$z_s = \frac{\int z\,\mathrm{d}V}{\int \mathrm{d}V}\,.$$

Volumenelement:

$$\mathrm{d}V = 2\pi(R\,\sin\varphi)\,(R\,\mathrm{d}\varphi)\,t = 2\pi\,t\,R^2\,\sin\varphi\,\mathrm{d}\varphi\,.$$

Statisches Moment:

$$\int z\,\mathrm{d}V = \int R\cos\varphi\,\mathrm{d}V = 2\pi\,t\,R^3 \int\limits_0^\alpha \sin\varphi\cos\varphi\,\mathrm{d}\varphi = \pi\,t\,R^3(1-\cos^2\alpha)\,.$$

Volumen:

$$V = \int \mathrm{d}V = 2\pi\,t\,R^2 \int\limits_0^\alpha \sin\varphi\,\mathrm{d}\varphi = 2\pi\,t\,R^2(1-\cos\alpha)\,.$$

Einsetzen liefert:

$$z_\mathrm{s} = (1 + \cos\alpha)\,R/2 \quad \rightarrow \quad \boxed{z_\mathrm{s} = R - H/2}\,.$$

Sonderfall $\alpha = \pi/2$ (Halbkugelschale):

$$\boxed{z_\mathrm{s} = R/2}\,.$$

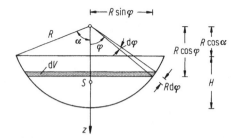

Lösung I.3.9 Wir wählen eine dünnwandige Halbkugelschale mit dem Radius r und der Dicke $\mathrm{d}r$ als Volumenelement: $\mathrm{d}V = 2\pi\,r^2\,\mathrm{d}r$. Die Schwerpunktskoordinate dieses Elements ist nach Aufgabe I.3.7 durch $z = r/2$ gegeben.

Schwerpunktskoordinate:

$$z_\mathrm{s} = \frac{\int z\,\mathrm{d}V}{\int \mathrm{d}V}\,.$$

Volumen:

$$V = 2\pi \int\limits_{R_\mathrm{i}}^{R_\mathrm{a}} r^2\,\mathrm{d}r = 2\pi(R_\mathrm{a}^3 - R_\mathrm{i}^3)/3\,.$$

Statisches Moment:

$$\int z\,\mathrm{d}V = \int\limits_{R_\mathrm{i}}^{R_\mathrm{a}} (r/2)\,2\pi\,r^2\,\mathrm{d}r = \pi(R_\mathrm{a}^4 - R_\mathrm{i}^4)/4\,.$$

Einsetzen liefert:

$$z_s = \frac{3(R_a^4 - R_i^4)}{8(R_a^3 - R_i^3)} \, .$$

Halbkugel ($R_a = R$, $R_i = 0$):

$$z_s = 3R/8 \qquad \text{(siehe Tabelle I.3.1).}$$

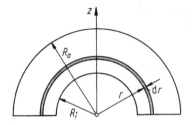

Lösung I.3.10 Der Schwerpunkt liegt auf der Rotationsachse, die Teilungsebene der Glocke liegt bei $z = 0$.

Oberer Teilschwerpunkt:

$$z_o = \frac{\int z \, dA}{A_o} \, , \quad A_o = \int\limits_0^{\pi/2} 2\pi R \cos\varphi \, R \, d\varphi = 2\pi R^2 \, ,$$

$$z_o A_o = - \int\limits_0^{\pi/2} 2\pi R \cos\varphi R \sin\varphi \, d\varphi = -\pi R^3 \, .$$

Unterer Teilschwerpunkt:

$$A_u = \int\limits_0^{\pi/4} 2\pi R (2 - \cos\psi) R \, d\psi = \pi R^2 (\pi - \sqrt{2}) \, ,$$

$$z_u A_u = \int\limits_0^{\pi/4} 2\pi R (2 - \cos\psi) \sin\psi \, R \, d\psi = 2\pi R^3 (\frac{7}{4} - \sqrt{2}) \, .$$

Gesamtschwerpunkt:

$$z_s = \frac{z_o A_o + z_u A_u}{A_o + A_u} \quad \rightarrow \quad z_s = \frac{5/2 - 2\sqrt{2}}{\pi + 2 - \sqrt{2}} R.$$

Da das Gewicht pro Flächeneinheit konstant ist, geht es nicht in die Rechnung ein.

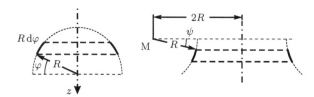

Lösung I.3.11

a) Berechnung von k:

$$b = k a^n \quad \rightarrow \quad k = \frac{b}{a^n} \quad \rightarrow \quad y = \frac{b}{a^n} x^n.$$

Fläche zwischen Kurve und x-Achse:

$$A = \int dA = \int\limits_0^a \left(\int\limits_0^{\frac{b}{a^n} x^n} dy \right) dx = \frac{b}{a^n} \int\limits_0^a x^n dx = \frac{b a^{n+1}}{(n+1) a^n} = \frac{a b}{n+1}.$$

Statische Momente:

$$S_y = \int x \, dA = \int\limits_0^a \left(\int\limits_0^{\frac{b}{a^n} x^n} x \, dy \right) dx = \frac{b}{a^n} \int\limits_0^a x^{n+1} dx = \frac{b a^{n+2}}{(n+2) a^n} = \frac{a^2 b}{n+2},$$

$$S_x = \int y \, dA = \int\limits_0^a \left(\int\limits_0^{\frac{b}{a^n} x^n} y \, dy \right) dx = \frac{b^2}{2 a^{2n}} \int\limits_0^a x^{2n} dx = \frac{a b^2}{2(2n+1)}.$$

Schwerpunkt:

$$x_s \, A = S_y \quad \rightarrow \quad x_s = \frac{n+1}{n+2} \, a \, ,$$

$$y_s \, A = S_x \quad \rightarrow \quad y_s = \frac{n+1}{2(n+1)} \, b \, .$$

b) Da der Flächenschwerpunkt gesucht ist, wird die erste Guldinsche Regel angewendet.

Volumen des Rotationskörpers, der durch Rotation des Flächenstücks um die y-Achse entsteht:

$$V_y = \int_0^a \mathrm{d}V_y = 2\,\pi \int_0^a x\,y\,\mathrm{d}x = 2\,\pi \frac{b}{a^n} \int_0^a x^{n+1}\,\mathrm{d}x = \frac{2\,a^2\,b\,\pi}{n+2} \, .$$

Einsetzen in die erste Guldinsche Regel ergibt mit $A = a\,b/(n+1)$ (siehe Teilaufgabe a)):

$$V_y = 2\,\pi\,x_s \cdot A \quad \rightarrow \quad x_s = \frac{n+1}{n+2}\,a \, .$$

Volumen des Rotationskörpers, der durch Rotation des Flächenstücks um die x-Achse entsteht:

$$V_x = \int_0^a \mathrm{d}V_x = \pi \int_0^a y^2\,\mathrm{d}x = 2\,\pi \frac{b^2}{a^{2n}} \int_0^a x^{2n}\,\mathrm{d}x = \frac{a\,b^2\,\pi}{2n+1} \, .$$

Einsetzen ergibt:

$$V_x = 2\,\pi\,y_S \cdot A \quad \rightarrow \quad y_s = \frac{n+1}{2(2n+1)}\,b \, .$$

I.4 Lagerreaktionen

Lösung I.4.1 Die Streckenlast wird durch ihre Resultierende $R = q_0\,a$ ersetzt.

Geometrie:

$$\sin\alpha = 3/5\,.$$

Gleichgewichtsbedingungen:

$\overset{\curvearrowright}{A}$: $\quad a\,S_3\sin\alpha + 2a\,R/3 = 0 \qquad\qquad \rightarrow \quad \boxed{S_3 = -10q_0\,a/9\,,}$

$\leftarrow$: $\quad S_1\cos\alpha + S_3\cos\alpha = 0 \qquad\qquad \rightarrow \quad \boxed{S_1 = 10q_0\,a/9\,,}$

$\downarrow$: $\quad S_1\sin\alpha + S_2 + S_3\sin\alpha + R = 0 \quad \rightarrow \quad \boxed{S_2 = -q_0\,a\,.}$

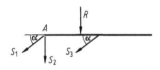

Lösung I.4.2 Wir bilden zunächst Gleichgewicht am Gesamtsystem und anschließend am Knoten K.

Gleichgewicht am System aus dem Balken und den Stäben 2 und 3:

$\uparrow$: $\quad A_V - F = 0 \quad \rightarrow \quad \boxed{A_V = F\,,}$

$\overset{\curvearrowright}{A}$: $\quad l\,F + h\,S_1 = 0 \quad \rightarrow \quad \boxed{S_1 = -\dfrac{l}{h}F\,,}$

$\rightarrow$: $\quad A_H - S_1 = 0 \quad \rightarrow \quad \boxed{A_H = -\dfrac{l}{h}F\,.}$

Gleichgewicht am Knoten K:

$\rightarrow$: $\quad -S_1 + S_3\sin\alpha = 0 \quad \rightarrow \quad \boxed{S_3 = -\dfrac{l}{h\sin\alpha}F\,,}$

$\uparrow$: $\quad S_2 + S_3\cos\alpha = 0 \quad \rightarrow \quad \boxed{S_2 = \dfrac{l}{h\tan\alpha}F\,.}$

Die Lagerkraft und die Stabkräfte sind unabhängig von der Länge a des Stabes 1.

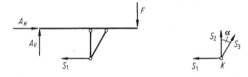

Lösung I.4.3

Gleichgewicht am Balken:

$\overset{\curvearrowright}{A}$: $\quad a\,S + 2a\,S\,\sin 60° - 3a\,G\,\sin 60° = 0 \quad \rightarrow \quad S = \dfrac{9 - 3\sqrt{3}}{4}\,G\,,$

$\nearrow$: $\quad A_x - S\cos 60° - G\cos 60° = 0 \qquad\qquad \rightarrow \quad A_x = \dfrac{13 - 3\sqrt{3}}{8}\,G\,,$

$\overset{\curvearrowright}{C}$: $\quad 2a\,A_y + a\,S + a\,G\,\sin 60° = 0 \qquad\qquad \rightarrow \quad A_y = -\dfrac{9 - \sqrt{3}}{8}\,G\,.$

Gleichgewicht am Lager B:

$\rightarrow$: $\quad -B_H + S\sin 30° + S\sin 60° = 0 \qquad\quad \rightarrow \quad B_H = \dfrac{3\sqrt{3}}{4}\,G\,,$

$\qquad$ Symmetrie: $\qquad\qquad\qquad\qquad\qquad\qquad\qquad B_V = \dfrac{3\sqrt{3}}{4}\,G\,.$

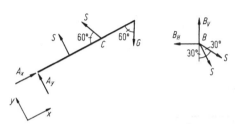

Lösung I.4.4 Wir bilden zunächst das Gleichgewicht am Gesamtsystem und anschließend am Balken BC. Das Bauteil AD ist ein Stab.

Gleichgewicht am Gesamtsystem:

$$\rightarrow: \quad F_1 - C_H = 0 \qquad\qquad \rightarrow \quad \boxed{C_H = F\,,}$$

$$\overset{\curvearrowright}{C}: \quad 6a\,A - a\,F_1 - 2a\,F_2 = 0 \qquad \rightarrow \quad \boxed{A = 5F/6\,,}$$

$$\overset{\curvearrowleft}{E}: \quad a\,F_1 - 4a\,F_2 + 6a\,C_V = 0 \qquad \rightarrow \quad \boxed{C_V = 7F/6\,.}$$

Gleichgewicht am Balken BC:

$$\overset{\curvearrowright}{B}: \quad 4a\frac{\sqrt{2}}{2}D + 6a\,F_2 - 8a\,C_V = 0 \qquad \rightarrow \quad \boxed{D = -\frac{2\sqrt{2}}{3}F\,,}$$

$$\overset{\curvearrowright}{D}: \quad 4a\,B_V + 2a\,F_2 - 4a\,C_V = 0 \qquad \rightarrow \quad \boxed{B_V = F/6\,,}$$

$$\rightarrow: \quad B_H - \frac{\sqrt{2}}{2}D - C_H = 0 \qquad \rightarrow \quad \boxed{B_H = F/3\,.}$$

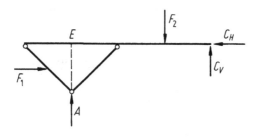

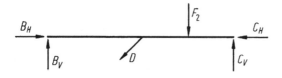

Lösung I.4.5

Gleichgewicht am Baumstamm:

$$\overset{\curvearrowleft}{D}: \quad 4aG - 6aS_1 = 0 \qquad\qquad \rightarrow \quad S_1 = 2G/3\,,$$

$$\overset{\curvearrowleft}{E}: \quad 2aG - 6aS_2 = 0 \qquad\qquad \rightarrow \quad S_2 = G/3\,.$$

Gleichgewicht am Gesamtsystem:

$$\overset{\curvearrowright}{B}: \quad 14aA_V - 8aG = 0 \qquad\qquad \rightarrow \quad A_V = 4G/7\,,$$

$$\overset{\curvearrowleft}{A}: \quad 14aB_V - 6aG = 0 \qquad\qquad \rightarrow \quad B_V = 3G/7\,.$$

Gleichgewicht am linken Teilkörper:

$$\uparrow: \quad A_V - S_1 + C_V = 0 \qquad\qquad \rightarrow \quad C_V = 2G/21\,,$$

$$\overset{\curvearrowright}{C}: \quad 7aA_V - 4aA_H - 3aS_1 = 0 \quad \rightarrow \quad A_H = G/2\,,$$

$$\rightarrow: \quad A_H + C_H = 0 \qquad\qquad \rightarrow \quad C_H = -G/2\,.$$

Gleichgewicht am Gesamtsystem:

$$\rightarrow: \quad A_H + B_H = 0 \qquad\qquad \rightarrow \quad B_H = -G/2\,.$$

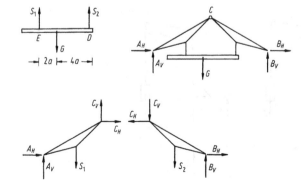

Lösung I.4.6

Gleichgewicht am Container:

$$\uparrow: \quad S - G = 0 \qquad\qquad \rightarrow \quad S = G \,.$$

Gleichgewicht am linken Teilkörper:

$$\overset{\frown}{C}: \quad 2a\,A_\mathrm{V} + a\,\frac{\sqrt{2}}{2}\,S = 0 \qquad\qquad \rightarrow \qquad A_\mathrm{V} = -\frac{\sqrt{2}}{4}\,G \,,$$

$$\overset{\frown}{A}: \quad 2a\,C_\mathrm{V} + a\,\frac{\sqrt{2}}{2}\,S = 0 \qquad\qquad \rightarrow \qquad C_\mathrm{V} = -\frac{\sqrt{2}}{4}\,G \,.$$

Gleichgewicht am rechten Teilkörper:

$$\overset{\frown}{C}: \quad 3a\,B_\mathrm{H} + 4a\,\frac{\sqrt{2}}{2}\,S - 3a\,S - 3a\,\frac{\sqrt{2}}{2}\,S = 0 \quad \rightarrow \quad B_\mathrm{H} = \frac{6 - \sqrt{2}}{6}\,G \,,$$

$$\overset{\frown}{B}: \quad 3a\,C_\mathrm{H} + 7a\,\frac{\sqrt{2}}{2}\,S - 3a\,S - 3a\,\frac{\sqrt{2}}{2}\,S = 0 \quad \rightarrow \quad C_\mathrm{H} = \frac{3 - 2\sqrt{2}}{3}\,G \,.$$

Gleichgewicht am Gesamtsystem:

$$\rightarrow: \quad A_\mathrm{H} + B_\mathrm{H} = 0 \qquad\qquad \rightarrow \qquad A_\mathrm{H} = -\frac{6 - \sqrt{2}}{6}\,G \,,$$

$$\uparrow: \quad A_\mathrm{V} + B_\mathrm{V} - G = 0 \qquad\qquad \rightarrow \qquad B_\mathrm{V} = \frac{4 + \sqrt{2}}{4}\,G \,.$$

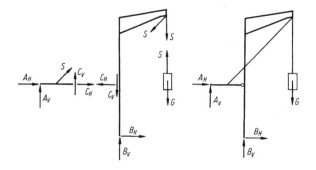

Lösung I.4.7 Am rechten Teilsystem ersetzen wir die Streckenlast durch ihre Resultierende $R = \frac{3}{2} q_0\, a$.

Gleichgewicht am Gesamtsystem:

$$\rightarrow: \quad -A_\mathrm{H} + F \cos\alpha = 0 \qquad \rightarrow \qquad \boxed{A_\mathrm{H} = F \cos\alpha\,.}$$

Gleichgewicht am linken Teilsystem:

$$\overset{\curvearrowright}{A}: \quad -a\,F \sin\alpha + 2a\,G_\mathrm{V} = 0 \qquad \rightarrow \qquad \boxed{G_\mathrm{V} = F/2 \sin\alpha\,,}$$

$$\overset{\curvearrowright}{G}: \quad -2a\,A_\mathrm{V} + a\,F \sin\alpha = 0 \qquad \rightarrow \qquad \boxed{A_\mathrm{V} = F/2 \sin\alpha\,,}$$

$$\rightarrow: \quad -A_\mathrm{H} + F \cos\alpha - G_\mathrm{H} = 0 \qquad \rightarrow \qquad \boxed{G_\mathrm{H} = 0\,.}$$

Gleichgewicht am rechten Teilsystem:

$$\overset{\curvearrowright}{B}: \quad a\,G_\mathrm{V} - 3a\,R + 4a\,C = 0 \qquad \rightarrow \qquad \boxed{C = (9q_0\, a - F \sin\alpha)/8\,,}$$

$$\overset{\curvearrowright}{C}: \quad 5a\,G_\mathrm{V} - 4a\,B + a\,R = 0 \qquad \rightarrow \qquad \boxed{B = (3q_0\, a + 5F \sin\alpha)/8\,.}$$

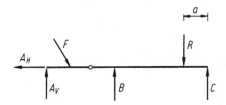

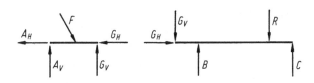

Lösung I.4.8 Das Kräftepaar ist einem eingeprägten Moment Fa gleichwertig, das am mittleren Teilbalken angreift. Aus den Gleichgewichtsbedingungen in horizontaler Richtung ergeben sich die Horizontalkomponenten der Lager- und der Gelenkkräfte zu Null.

Gleichgewicht am mittleren Teilbalken:

$$\widehat{G_1}: \quad aF - 2aG_2 = 0 \quad \rightarrow \quad \boxed{G_2 = F/2\,,}$$

$$\downarrow: \quad G_1 - G_2 = 0 \quad \rightarrow \quad \boxed{G_1 = F/2\,.}$$

Gleichgewicht am linken Teilbalken:

$$\widehat{A}: \quad M_A - aG_1 = 0 \qquad \rightarrow \quad \boxed{M_A = Fa/2\,,}$$

$$\uparrow: \quad A + G_1 = 0 \qquad \rightarrow \quad \boxed{A = -F/2\,.}$$

Gleichgewicht am rechten Teilbalken:

$$\widehat{B}: \quad a(G_2 + P) + M_B = 0 \quad \rightarrow \quad \boxed{M_B = -(F/2 + P)\,a\,,}$$

$$\widehat{G_2}: \quad M_B + aB = 0 \qquad \rightarrow \quad \boxed{B = F/2 + P\,.}$$

Wenn die Kraft P unmittelbar links vom Gelenk G_2 angreift, erhält man $G_2 = F/2 + P$. Alle Lagerreaktionen sowie G_1 ändern sich nicht.

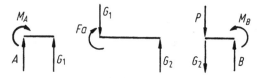

Lösung I.4.9

Geometrie:

$$S_{1x} : S_{1y} : S_{1z} = S_{2x} : S_{2y} : S_{2z} = 1 : 1 : 2\,.$$

Symmetrie:

$$\boxed{S_1 = S_2\,.}$$

Gleichgewichtsbedingungen:

$$\sum_i F_{ix} = 0: \quad A_x + S_{1x} - S_{2x} = 0 \quad \rightarrow \quad \boxed{A_x = 0\,,}$$

$$\sum_i M_{ix}^{(B)} = 0: \quad a\,G_1 - 2a\,A_z = 0 \quad \rightarrow \quad \boxed{A_z = G_1/2\,,}$$

$$\sum_i M_{ix}^{(A)} = 0: \quad -a\,S_{1z} - a\,S_{2z} - 2a\,S_{1y} - 2a\,S_{2y} - a\,G_1 - 2a\,G_2 = 0$$

$$\rightarrow \quad \boxed{S_1 = -\sqrt{6}(G_1 + 2G_2)/8\,,}$$

$$\sum_i F_{iy} = 0: \quad A_y + S_{1y} + S_{2y} = 0 \quad \rightarrow \quad \boxed{A_y = (G_1 + 2G_2)/4\,.}$$

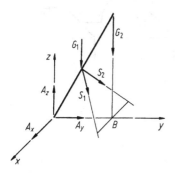

Lösung I.4.10

Gleichgewicht am rechten Teilkörper:

$$\sum_i F_{ix} = 0: \quad \boxed{D_x = 0\,,}$$

$$\sum_i M_{ix}^{(E)} = 0: \quad -a\,C + a\,D_z = 0 \quad \rightarrow \quad \boxed{C = D_z\,.}$$

Gleichgewicht am Gesamtsystem:

$$\sum_i M_{iy}^{(A)} = 0: \quad -3a\,C - 3a\,D_z = 0 \quad \rightarrow \quad \boxed{D_z = 0\,,}$$

$$\sum_i F_{ix} = 0: \quad A_x + D_x = 0 \quad \rightarrow \quad \boxed{A_x = 0\,,}$$

$$\sum_i M_{iz}^{(A)} = 0: \quad -2a\,D_x + 3a\,D_y + aF = 0 \qquad \rightarrow \qquad \boxed{D_y = -F/3\,,}$$

$$\sum_i F_{iy} = 0: \quad A_y + D_y + F = 0 \qquad \rightarrow \qquad \boxed{A_y = -2F/3\,,}$$

$$\sum_i M_{ix}^{(A)} = 0: \quad 2a\,B + 2a\,D_z - a\,F = 0 \qquad \rightarrow \qquad \boxed{B = F/2\,,}$$

$$\sum_i M_{iy}^{(D)} = 0: \quad 3a\,A_z + 3a\,B = 0 \qquad \rightarrow \qquad \boxed{A_z = -F/2\,.}$$

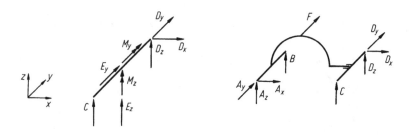

Lösung I.4.11

Geometrie:

$$a = \sqrt{2}\,R\,.$$

Gleichgewicht für oberen Zylinder (zentrales Kraftsystem):

$\uparrow$: $\boxed{N_2 = \sqrt{2}\,mg\,,}$ $\qquad$ $\rightarrow$: $\boxed{N_1 = mg\,.}$

Gleichgewicht für unteren Zylinder (zentrales Kraftsystem):

$\leftarrow$: $N_3 - N_2/\sqrt{2} = 0$ $\qquad \rightarrow \qquad$ $\boxed{N_3 = mg\,,}$

$\uparrow$: $N_4 - N_2/\sqrt{2} - mg = 0$ $\qquad \rightarrow \qquad$ $\boxed{N_4 = 2mg\,.}$

Gleichgewicht für Bügel:

$$\overset{\curvearrowleft}{B}: \quad N_1(a+R) - N_3 R - Mg(R + a/2) + A(2R+a) = 0$$

$$\rightarrow \quad A = \frac{Mg}{2} - mg\frac{\sqrt{2}}{2+\sqrt{2}},$$

$$\uparrow: \quad A + B - Mg = 0 \quad \rightarrow \quad B = \frac{Mg}{2} + mg\frac{\sqrt{2}}{2+\sqrt{2}} > 0,$$

$$\rightarrow: \quad -N_1 + N_3 = 0 \quad \rightarrow \quad \text{Gleichgewicht erfüllt}.$$

Die Bindung in A ist einseitig. Es können nur Druckkontaktkräfte $A > 0$ übertragen werden. Für $A < 0$ kippt die Anordnung gegen den Uhrzeigersinn um B:

$$\frac{M}{m} < \frac{\sqrt{2}}{1 + \sqrt{2}/2} \quad \rightarrow \quad \text{Kippen}.$$

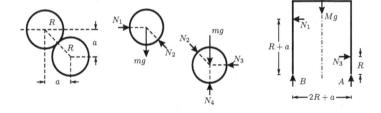

I.5 Fachwerke

Lösung I.5.1 Die Stäbe 1, 7 und 9 sind Nullstäbe. Die Lagerreaktionen erhalten wir aus den Gleichgewichtsbedingungen am gesamten Fachwerk. Die Stabkraft S_3 ist gleich der Lagerreaktion A.

Gleichgewicht am gesamten Fachwerk:

$$\overset{\curvearrowleft}{A}: \quad hP - 2h\,B_\mathrm{V} = 0 \quad \rightarrow \quad B_\mathrm{V} = P/2,$$

$$\overset{\curvearrowleft}{B}: \quad hP - 2h\,A = 0 \quad \rightarrow \quad A = P/2,$$

$$\rightarrow: \quad B_\mathrm{H} = 0.$$

Gleichgewicht am Knoten I:

$$\uparrow: \quad S_3 + \frac{\sqrt{2}}{2} S_4 = 0 \quad \rightarrow \quad S_4 = -\frac{\sqrt{2}}{2} P.$$

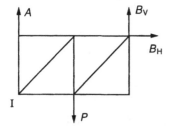

Lösung I.5.2 Wir berechnen zuerst die Lagerkraft A aus dem Gleichgewicht am Gesamtsystem. Anschließend trennen wir das Fachwerk mit einem Ritter-Schnitt durch die Stäbe 1, 2 und 3 und bilden Gleichgewicht am linken Teilsystem.

Gleichgewicht am Gesamtsystem:

$$\overset{\frown}{B}: \quad 6a\,A - 5a\,F_1 - a\,F_2 = 0 \quad \rightarrow \quad A = \frac{4}{3}\,F.$$

Gleichgewicht am linken Teilsystem:

$$\overset{\frown}{C}: \quad 3a\,A - 2a\,F_1 - 2a\,S_3 = 0 \quad \rightarrow \quad S_3 = F,$$

$$\overset{\frown}{D}: \quad a\,A + 2a\,S_1 = 0 \quad \rightarrow \quad S_1 = -\frac{2}{3}\,F,$$

$$\uparrow: \quad A - F_1 + \frac{\sqrt{2}}{2} S_2 = 0 \quad \rightarrow \quad S_2 = -\frac{\sqrt{2}}{3}\,F.$$

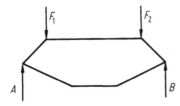 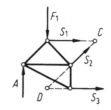

Lösung I.5.3 Die Lagerreaktionen folgen aus dem Gleichgewicht am Gesamtsystem. Die Stäbe 5 und 6 sind Nullstäbe. Die Kraft im Stab 9 bestimmen wir mit Hilfe eines Ritter-Schnitts aus dem Gleichgewicht am rechten Teilsystem. Die Stabkraft S_{10} erhalten wir aus den Gleichgewichtsbedingungen am Knoten B.

Gleichgewicht am Gesamtsystem:

$\overset{\curvearrowright}{A}: \quad a\,F - 2a\,B = 0 \quad \rightarrow \quad \boxed{B = F/2\,,}$

$\overset{\curvearrowleft}{B}: \quad a\,F - 2a\,A_\mathrm{V} = 0 \quad \rightarrow \quad \boxed{A_\mathrm{V} = F/2\,,}$

$\rightarrow: \quad \boxed{A_\mathrm{H} = 0\,.}$

Gleichgewicht am rechten Teilsystem:

$\overset{\curvearrowright}{K}: \quad c\,S_9 - a\,B = 0\,.$

Geometrie:

$$b/c = \tan 30° = \sqrt{3}/3\,, \quad a = b + c \quad \rightarrow \quad a = (\sqrt{3}/3 + 1)\,c\,.$$

Einsetzen liefert:

$$\boxed{S_9 = \frac{1}{2}\left(\frac{\sqrt{3}}{3} + 1\right) F\,.}$$

Gleichgewicht am Knoten B:

$\uparrow: \quad B + S_{10}\sin 30° + S_{11}\sin 45° = 0\,,$

$\leftarrow: \quad S_{10}\cos 30° + S_{11}\cos 45° = 0\,.$

Auflösen liefert:

$$\boxed{S_{10} = \frac{1}{2}(\sqrt{3} + 1)\,F\,.}$$

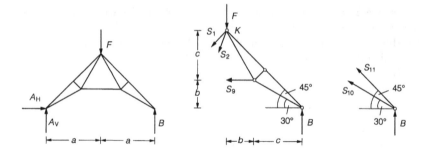

Lösung I.5.4

Geometrie:

$$\frac{S_{2H}}{S_2} = \frac{S_{3H}}{S_3} = \frac{2}{\sqrt{5}}, \quad \frac{S_{2V}}{S_2} = \frac{S_{3V}}{S_3} = \frac{1}{\sqrt{5}}.$$

Gleichgewicht am Knoten I:

$\leftarrow: \quad S_{2H} + S_{3H} = 0$ $\rightarrow$ $\boxed{S_2 = -S_3}$.

Gleichgewicht am rechten Teilsystem:

$\uparrow: \quad S_{2V} - S_{3V} - F = 0$ $\rightarrow$ $\boxed{S_3 = -\frac{\sqrt{5}}{2}F}$,

$\widehat{\text{II}}: \quad a\,S_1 + \frac{a}{2}\,S_{2H} + \frac{a}{2}\,S_{3H} - 4a\,F = 0$ $\rightarrow$ $\boxed{S_1 = 4F}$,

$\leftarrow: \quad S_1 + S_{2H} + S_{3H} + S_4 = 0$ $\rightarrow$ $\boxed{S_4 = -4F}$.

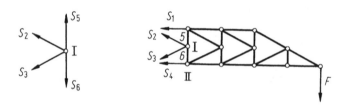

Lösung I.5.5 Die Lagerreaktionen folgen aus dem Gleichgewicht am Gesamtsystem. Die Stäbe 1 und 2 sind Nullstäbe.

Gleichgewicht am Gesamtsystem:

$$\overset{\curvearrowright}{A}: \quad \frac{5}{2}\,a\,G - 2a\frac{1}{\sqrt{5}}\,B - a\frac{2}{\sqrt{5}}\,B = 0 \quad \rightarrow \quad B = \frac{5\sqrt{5}}{8}\,G\,,$$

$$\rightarrow: \quad A_{\mathrm{H}} - \frac{2}{\sqrt{5}}\,B = 0 \qquad\qquad \rightarrow \quad A_{\mathrm{H}} = \frac{5}{4}\,G\,,$$

$$\uparrow: \quad A_{\mathrm{V}} + \frac{1}{\sqrt{5}}\,B - G = 0 \qquad\quad \rightarrow \quad A_{\mathrm{V}} = \frac{3}{8}\,G\,.$$

Gleichgewicht am Knoten II:

$$\uparrow: \quad A_{\mathrm{V}} + \frac{\sqrt{2}}{2}\,S_3 = 0 \qquad\qquad \rightarrow \quad S_3 = -\frac{3\sqrt{2}}{8}\,G\,,$$

$$\rightarrow: \quad A_{\mathrm{H}} + \frac{\sqrt{2}}{2}\,S_3 + S_4 = 0 \qquad \rightarrow \quad S_4 = -\frac{7}{8}\,G\,.$$

Gleichgewicht am Knoten IV:

$$\uparrow: \quad S_5 + \frac{1}{2}\,G = 0 \qquad\qquad\quad \rightarrow \quad S_5 = -\frac{1}{2}\,G\,,$$

$$\rightarrow: \quad -S_4 + S_8 + \frac{\sqrt{3}}{2}\,G = 0 \qquad \rightarrow \quad S_8 = -\frac{1}{8}\,(7 + 4\sqrt{3})\,G\,.$$

Gleichgewicht am Knoten III:

$$\downarrow: \quad \frac{\sqrt{2}}{2}\,S_3 + S_5 + \frac{\sqrt{2}}{2}\,S_7 = 0 \qquad \rightarrow \quad S_7 = \frac{7\sqrt{2}}{8}\,G\,.$$

Gleichgewicht am Knoten V:

$$\leftarrow: \quad S_6 + \frac{2}{\sqrt{5}}\,B = 0 \qquad\qquad \rightarrow \quad S_6 = -\frac{5}{4}\,G\,,$$

$$\downarrow: \quad S_9 - \frac{1}{\sqrt{5}}\,B = 0 \qquad\qquad \rightarrow \quad S_9 = \frac{5}{8}\,G\,.$$

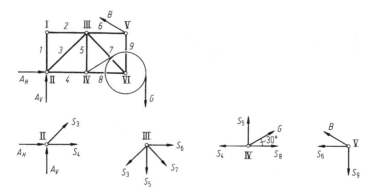

Lösung I.5.6

Gleichgewicht am Gesamtsystem:

$$\widehat{B}: \quad 12a\,A - 9a\,R = 0 \qquad \rightarrow \quad A = 9q_0\,a/2\,,$$

$$\widehat{A}: \quad 12a\,B - 3a\,R = 0 \qquad \rightarrow \quad B = 3q_0\,a/2\,.$$

Gleichgewicht am rechten Teilsystem:

$$\widehat{G}: \quad 6a\,B - 3a\,S_5 = 0 \qquad \rightarrow \quad \boxed{S_5 = 3q_0\,a\,.}$$

Gleichgewicht am Knoten II:

$$\rightarrow: \quad -S_5 + S_4\sin\alpha = 0 \qquad \rightarrow \quad \boxed{S_4 = 15q_0\,a/4\,,}$$

$$\uparrow: \quad S_3 + S_4\cos\alpha = 0 \qquad \rightarrow \quad \boxed{S_3 = -\,9q_0\,a/4\,.}$$

Symmetrie:

$$\boxed{S_1 = S_4\,,} \qquad \boxed{S_2 = S_3\,.}$$

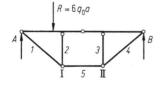
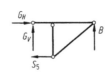

Lösung I.5.7 Vektorielle Darstellung der am Knoten III wirkenden Kräfte S_7 und S_8:

$$S_7 = -\frac{S_7}{2\sqrt{2}}\begin{bmatrix} 2 \\ 1 \\ \sqrt{3} \end{bmatrix}, \quad S_8 = -\frac{S_8}{2\sqrt{2}}\begin{bmatrix} 2 \\ -1 \\ \sqrt{3} \end{bmatrix}.$$

Gleichgewicht am Knoten I:

$$\sum F_{ix} = 0: \quad \boxed{S_6 = 0},$$

$$\sum F_{iz} = 0: \quad \frac{\sqrt{3}}{2}S_3 - F = 0 \qquad \rightarrow \qquad \boxed{S_3 = \frac{2\sqrt{3}}{3}F},$$

$$\sum F_{iy} = 0: \quad -S_1 - \frac{1}{2}S_3 = 0 \qquad \rightarrow \qquad \boxed{S_1 = -\frac{\sqrt{3}}{3}F}.$$

Gleichgewicht am Knoten II:

$$\sum F_{iz} = 0: \quad \frac{\sqrt{3}}{2}S_2 - F = 0 \qquad \rightarrow \qquad \boxed{S_2 = \frac{2\sqrt{3}}{3}F},$$

$$\sum F_{iy} = 0: \quad S_1 + \frac{1}{2}S_2 + \frac{\sqrt{2}}{2}S_5 = 0 \qquad \rightarrow \qquad \boxed{S_5 = 0},$$

$$\sum F_{ix} = 0: \quad -S_4 - \frac{\sqrt{2}}{2}S_5 = 0 \qquad \rightarrow \qquad \boxed{S_4 = 0}.$$

Gleichgewicht am Knoten III:

$$\sum F_{iy} = 0: \quad \frac{1}{2}S_3 - \frac{1}{2}S_2 - \frac{1}{2\sqrt{2}}S_7 + \frac{1}{2\sqrt{2}}S_8 = 0$$

$$\rightarrow \qquad \boxed{S_7 = S_8},$$

$$\sum F_{iz} = 0: \quad -\frac{\sqrt{3}}{2}S_2 - \frac{\sqrt{3}}{2}S_3 - \frac{\sqrt{3}}{2\sqrt{2}}S_7 - \frac{\sqrt{3}}{2\sqrt{2}}S_8 = 0$$

$$\rightarrow \qquad \boxed{S_8 = -\frac{2\sqrt{6}}{3}F},$$

$$\sum F_{ix} = 0: \quad -S_9 - \frac{1}{\sqrt{2}} S_7 - \frac{1}{\sqrt{2}} S_8 = 0 \quad \rightarrow \quad \boxed{S_9 = \frac{4\sqrt{3}}{3} F}.$$

I.6 Schnittgrößen

Lösung I.6.1 Da keine Streckenlast vorhanden ist, erhält man bereichsweise eine konstante Querkraft und ein linear veränderliches Biegemoment.

Lagerreaktionen:

$$A = 2F, \quad B = 5F.$$

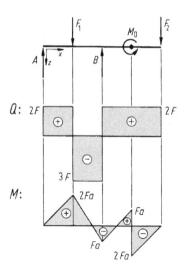

Lösung I.6.2 Die Momentenlinie ist bereichsweise linear veränderlich. Wir berechnen für beliebiges ξ die Biegemomente $M_1(\xi)$ und $M_2(\xi)$ an den Knickstellen der Momentenlinie. Anschließend werden die Werte ξ_1 bzw. ξ_2 bestimmt, für die M_1 bzw. M_2 maximal werden.

Lagerreaktionen:

$$A = \frac{G}{3l}(3l - 3\xi - a), \qquad B = \frac{G}{3l}(3\xi + a).$$

Biegemomente:

$$M_1(\xi) = A\,\xi = \frac{G}{3l}\left[(3l - a)\,\xi - 3\,\xi^2\right],$$

$$M_2(\xi) = B\,(l - \xi - a) = \frac{G}{3l}\left[(3l - 4a)\,\xi - 3\,\xi^2 + a\,l - a^2\right].$$

Extremwerte:

$$\frac{dM_1}{d\xi} = 0 \quad \rightarrow \quad \xi_1 = \frac{1}{6}\,(3l - a) \quad \rightarrow \quad M_{1\max} = \frac{1}{36}\left(3 - \frac{a}{l}\right)^2 Gl,$$

$$\frac{dM_2}{d\xi} = 0 \quad \rightarrow \quad \xi_2 = \frac{1}{6}\,(3l - 4a) \quad \rightarrow \quad M_{2\max} = \frac{1}{36}\left(3 - 2\,\frac{a}{l}\right)^2 Gl.$$

Es gilt:

$$M_{1\max} > M_{2\max} \quad \rightarrow \quad \boxed{M_{\max} = M_{1\max}, \qquad \xi^* = \xi_1.}$$

Die Lösung gilt nur für $\xi_1 + a < l$, d. h. für $a < 3l/5$.

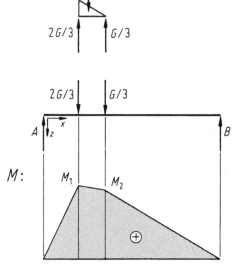

Lösung I.6.3 Wir bestimmen die Schnittgrößenverläufe mit Hilfe des Föppl-Symbols.

Belastung:

$$q(x) = q_0 - q_0 \langle x - a \rangle^0 + \frac{3q_0}{4a} \langle x - 2a \rangle^1 .$$

Schnittgrößenverläufe:

$$Q(x) = -q_0 \, x + q_0 \langle x - a \rangle^1 - \frac{3q_0}{8a} \langle x - 2a \rangle^2 + C_1 ,$$

$$M(x) = -\frac{1}{2} \, q_0 \, x^2 + \frac{1}{2} \, q_0 \langle x - a \rangle^2 - \frac{q_0}{8a} \langle x - 2a \rangle^3 + C_1 \, x + C_2 .$$

Randbedingungen:

$$M(0) = 0: \quad C_2 = 0 ,$$

$$M(4a) = 0: \; -8q_0 \, a^2 + 9q_0 \, a^2/2 - q_0 \, a^2 + 4a \, C_1 = 0 \quad \rightarrow \quad C_1 = 9q_0 \, a/8 .$$

Einsetzen liefert:

$$Q(x) \;= \frac{9}{8} \, q_0 \, a - q_0 \, x + q_0 \langle x - a \rangle^1 - \frac{3q_0}{8a} \langle x - 2a \rangle^2 ,$$

$$M(x) = \frac{9}{8} \, q_0 \, a \, x - \frac{1}{2} \, q_0 \, x^2 + \frac{1}{2} \, q_0 \langle x - a \rangle^2 - \frac{q_0}{8a} \langle x - 2a \rangle^3 .$$

Lagerkräfte:

$$A = Q(0) \qquad \rightarrow \qquad A = 9q_0 \, a/8 ,$$

$$B = -Q(4a) \quad \rightarrow \quad B = 11q_0 \, a/8 .$$

Maximales Moment (tritt auf bei $x > 2a$):

$$Q(x_0) = 0 \qquad \rightarrow \qquad x_0 = \left(2 + \frac{1}{\sqrt{3}} \right) a ,$$

$$M(x_0) = M_{\max} \quad \rightarrow \quad M_{\max} = 0{,}80 q_0 \, a^2 .$$

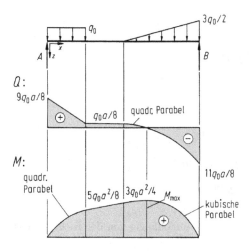

Lösung I.6.4 Für die Lösung mit Hilfe des Föppl-Symbols muss bei der Integration jeweils ein Sprung in der Querkraftlinie bzw. in der Momentenlinie durch die vertikale Komponente der Stabkraft S bzw. durch das eingeprägte Moment M_0 berücksichtigt werden.

Belastung:

$$q(x) = q_0 \langle x - 4a \rangle^0 .$$

Schnittgrößenverläufe:

$$Q(x) = -q_0 \langle x - 4a \rangle^1 - S \cos\alpha \langle x - 4a \rangle^0 + C_1 ,$$

$$M(x) = -q_0 \langle x - 4a \rangle^2 / 2 - S \cos\alpha \langle x - 4a \rangle^1$$
$$+ C_1 x - M_0 \langle x - 2a \rangle^0 + C_2 .$$

Randbedingungen:

$$M(0) \ = 0: \quad C_2 = 0 ,$$

$$Q(8a) \ = 0: \quad -4q_0 \, a - S \cos\alpha + C_1 = 0 ,$$

$$M(8a) = 0: \quad -8q_0 \, a^2 - 4a \, S \cos\alpha + 8a \, C_1 - M_0 = 0 .$$

Auflösen ergibt:

$$C_1 = -q_0\, a, \quad S\cos\alpha = -5q_0\, a\,.$$

Einsetzen liefert:

$$Q(x) = -q_0\,\langle x - 4a\rangle^1 + 5q_0\, a\,\langle x - 4a\rangle^0 - q_0\, a\,,$$

$$M(x) = -q_0\,\langle x - 4a\rangle^2/2 + 5q_0\, a\,\langle x - 4a\rangle^1$$

$$-q_0\, a\, x - 4q_0\, a^2\,\langle x - 2a\rangle^0\,.$$

Die Querkraft und das Biegemoment sind unabhängig von der Richtung des Stabes.

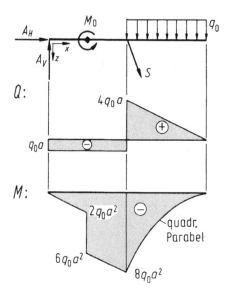

Lösung I.6.5

Lagerreaktionen:

$$A = q_0\, a\,, \quad B = 7q_0\, a/2\,, \quad C = -3q_0\, a/2\,, \quad M_C = 3q_0\, a^2/2\,.$$

Schnitt an der Stelle x_1:

$\downarrow:\quad Q(x_1) - A + R = 0 \qquad\qquad \rightarrow\quad Q(x_1) = q_0(a - x_1)\,,$

$\overset{\curvearrowright}{S}:\quad M(x_1) - Ax_1 + R\dfrac{x_1}{2} = 0 \quad \rightarrow\quad M(x_1) = \dfrac{1}{2}\,q_0\,a^2\left(2\dfrac{x_1}{a} - \dfrac{x_1^2}{a^2}\right)\,.$

Schnitt an der Stelle x_2:

$\uparrow:\quad Q(x_2) + C = 0 \qquad\qquad\quad \rightarrow\quad Q(x_2) = 3q_0\,a/2\,,$

$\overset{\curvearrowright}{S}:\quad M(x_2) - M_C - C(2a - x_2) = 0 \quad \rightarrow\quad M(x_2) = \dfrac{3}{2}\,q_0\,a^2\left(-1 + \dfrac{x_2}{a}\right)\,.$

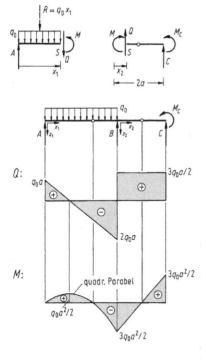

Lösung I.6.6 Die Momentenlinie wird vom freien Ende her skizziert. Zum Zeichnen des Momentenverlaufs werden folgende Werte benötigt:

$$M(2l) = 0\,, \qquad M(4l) = 0\,, \qquad M(3l) = -Fl\,.$$

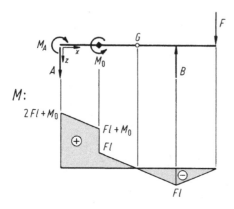

Lösung I.6.7

Lagerreaktionen (vgl. Aufgabe I.4.8):

$$A = -F/2, \qquad M_A = F\,a/2, \qquad B = 3F/2, \qquad M_B = -3F\,a/2.$$

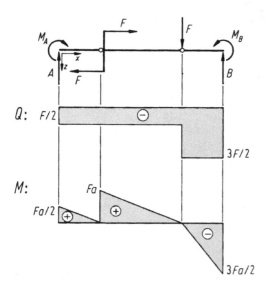

Lösung I.6.8

Lagerkräfte und Stabkräfte (s. Aufgabe I.5.6):

$$A = 9q_0\,a/2\,, \qquad B = 3q_0\,a/2\,, \qquad S_1 = S_4 = 15q_0\,a/4\,,$$

$$S_2 = S_3 = -9q_0\,a/4\,.$$

Lösung I.6.9

Lagerreaktionen:

$$A_V = -F/2\,, \qquad B_H = F/2\,.$$

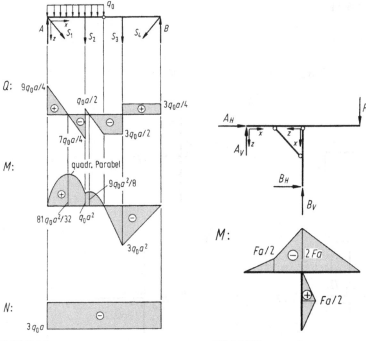

Bild I.6.8   Bild I.6.9

Lösung I.6.10 Die Momentenlinie kann ohne Berechnung der Lagerkräfte konstruiert werden. Der Querkraftverlauf folgt aus der Beziehung $Q = \mathrm{d}M/\mathrm{d}x$.

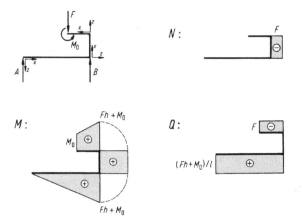

Lösung I.6.11

Lagerreaktionen:

$$A_{\mathrm{H}} = -2G/3\,, \qquad A_{\mathrm{V}} = G\,, \qquad B = 2G/3\,.$$

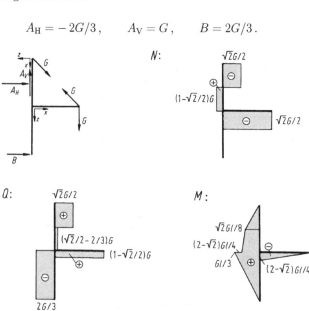

Lösung I.6.12 Zur Berechnung der Schnittgrößen im Bogen schneiden wir an einer beliebigen Stelle φ.

Gleichgewichtsbedingungen:

$\nwarrow:\quad N + F\sin\varphi = 0 \qquad\qquad \rightarrow\quad N = -F\sin\varphi\,,$

$\nearrow:\quad Q + F\cos\varphi = 0 \qquad\qquad \rightarrow\quad Q = -F\cos\varphi\,,$

$\overset{\frown}{S}:\quad M + F(r\sin\varphi + 4r) = 0 \quad \rightarrow\quad M = -Fr(4+\sin\varphi)\,.$

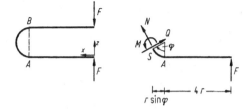

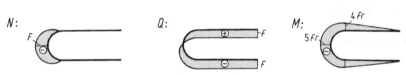

Lösung I.6.13 Die Lage des Schwerpunkts für einen Kreisbogen wird der Tabelle I.3.1 entnommen:

$$a = r\,\frac{2}{\varphi}\,\sin\frac{\varphi}{2}\,.$$

Gleichgewichtsbedingungen:

$\sum_i F_{iz} = 0:\quad Q_z + q_0\,r\,\varphi = 0 \qquad\qquad \rightarrow\quad Q_z = -q_0\,r\,\varphi\,,$

$\sum_i M_{ix}^{(0)} = 0:$

$M_{\mathrm{T}} + q_0\,r\,\varphi\left(r - a\cos\frac{\varphi}{2}\right) = 0 \qquad \rightarrow\quad M_{\mathrm{T}} = -q_0\,r^2(\varphi - \sin\varphi)\,,$

$$\sum_i M_{iy}^{(0)} = 0: \; M_y + q_0\, r\, \varphi\, a \sin\frac{\varphi}{2} = 0 \quad \rightarrow \quad \boxed{M_y = -q_0\, r^2(1 - \cos\varphi)\,.}$$

Alle anderen Schnittgrößen sind Null.

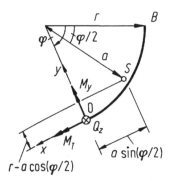

Lösung I.6.14

Lagerreaktionen:

$$A_x = -\frac{\sqrt{3}}{2}\, F\,, \qquad A_y = 0\,, \qquad A_z = \frac{3}{2}\, F\,,$$

$$M_{Ax} = 2F\, a\,, \qquad M_{Ay} = -7F\, a\,, \qquad M_{Az} = -\sqrt{3}F\, a\,.$$

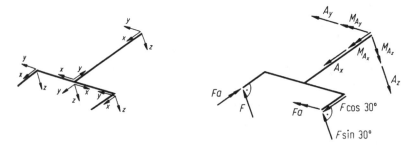

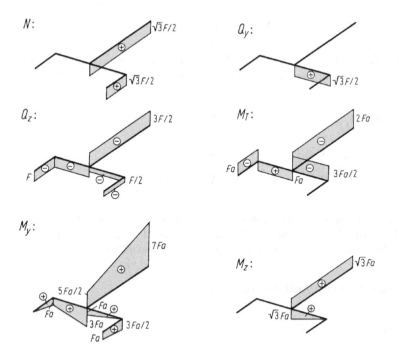

Lösung I.6.15 Wir betrachten getrennt die Schnittgrößen aus dem Stammgewicht und die Schnittgrößen aus dem Anklammern. Die Teillösungen können superponiert werden.

Kegelstumpfvolumen des Stamms oberhalb der Schnittstelle x:

$$r(x) = r_0 \left(2 - \frac{x}{H}\right),$$

$$V(x) = \frac{\pi}{3}[(2H - x)r^2(x) - H\,r_0^2] = \frac{\pi}{3}\,H\,r_0^2[(2 - \frac{x}{H})^3 - 1].$$

Schnittgrößen aus Stammgewicht:

$$N^{\text{st}}(x) = -\gamma\,V(x) \quad \rightarrow \quad N^{\text{st}} = -\gamma\frac{\pi}{3}\,H\,r_0^2[(2 - \frac{x}{H})^3 - 1],$$

$$Q^{\text{st}} = 0, \qquad M^{\text{st}} = 0.$$

Gleichgewicht am freigeschnittenen Affen:

Infolge der schwachen Gelenkmuskulatur können Klammerkräfte A_x, A_y, B_x und B_y aufgebracht werden, aber keine Klammermomente.

$$\overset{\frown}{B}: \quad A_y\, b - Ga = 0 \qquad \rightarrow \quad A_y = Ga/b\,,$$

$$\rightarrow: \quad B_y - A_y = 0 \qquad \rightarrow \quad B_y = A_y = Ga/b\,,$$

$$\uparrow: \quad A_x + B_x - G = 0 \qquad \rightarrow \quad A_x + B_x = G\,.$$

Die Klammerung ist statisch überbestimmt: Durch Strecken oder Kontraktion der Körpermuskulatur kann der Affe innerhalb der Haftungsgrenzen und der körperlichen Spannkraftgrenzen A_x bzw. B_x aktiv beeinflussen.

Schnittgrößen durch Anklammern:

Bereich $H - h < x \leq H$:

$$N^{\mathrm{an}} = 0\,, \qquad Q^{\mathrm{an}} = 0\,, \qquad M^{\mathrm{an}} = 0\,.$$

Bereich $H - h - b < x < H - h$:

$$N^{\mathrm{an}} = -A_x\,(\text{unbestimmt})\,, \qquad Q^{\mathrm{an}} = Ga/b\,, \qquad M^{\mathrm{an}} = G\frac{a}{b}\,(H - h - x)\,.$$

Bereich $0 \leq x < H - h - b$:

$$N^{\mathrm{an}} = -G\,, \qquad Q^{\mathrm{an}} = 0\,, \qquad M^{\mathrm{an}} = Ga\,.$$

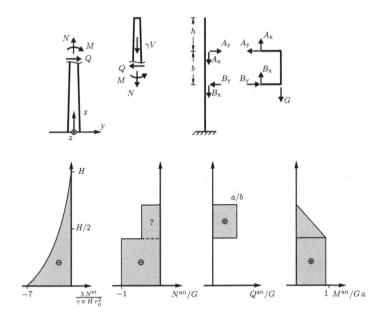

I.7   Arbeit

Lösung I.7.1 Wir denken uns das System aus einer beliebigen Lage φ durch eine virtuelle Verrückung $\delta\varphi$ ausgelenkt.

Prinzip der virtuellen Arbeit:

$$\delta W = 0: \quad M_0\,\delta\varphi - F\,l\,\delta\varphi\,\sin\varphi = 0 \quad \rightarrow \quad (M_0 - F\,l\,\sin\varphi)\,\delta\varphi = 0\,.$$

Auflösen liefert:

$$\varphi^* = \arcsin\frac{M_0}{F\,l}\,.$$

Gleichgewicht ist nur für $|M_0/Fl| \leq 1$ möglich.

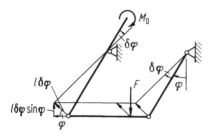

Lösung I.7.2 Wir führen die virtuelle Verdrehung $\delta\alpha$ des Trägers AB ein. Wegen der Symmetrie bleibt die Plattform beim Hochheben horizontal ($\delta w_G = \delta w_B$).

Prinzip der virtuellen Arbeit:

$$\delta W = 0: \quad F\,\delta f - G\,\delta w_G = 0\,.$$

Geometrie:

$$\delta w_G = \delta w_B = l\,\delta\alpha\,\cos 30° = \sqrt{3}\,l\,\delta\alpha/2\,, \qquad \delta f = a\,\delta\alpha\,.$$

Einsetzen liefert:

$$(F\,a - \sqrt{3}\,l\,G/2)\delta\alpha = 0 \quad \rightarrow \quad \boxed{F = \frac{\sqrt{3}\,l}{2a}\,G\,.}$$

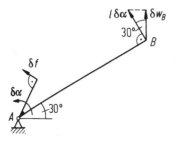

Lösung I.7.3 Durch Entfernen des Lagers in B machen wir den Balken beweglich. Anschließend denken wir uns das System durch eine virtuelle Verrückung ausgelenkt. Die Streckenlast wird durch die Teilresultierenden R_1 bzw. R_2 links bzw. rechts vom Gelenk ersetzt.

Prinzip der virtuellen Arbeit:

$$\delta W = 0: \quad R_1\,\delta w_{R_1} + R_2\,\delta w_{R_2} - B\,\delta w_B + F\,\sin\alpha\,\delta w_F = 0\,.$$

Geometrie:

$$\delta w_{R_1} = a\,\delta\varphi/2\,, \quad \delta w_{R_2} = 5a\,\delta\psi/2\,, \quad \delta w_B = 2a\,\delta\psi\,, \quad \delta w_F = a\,\delta\psi\,,$$

$$\delta w_G = a\,\delta\varphi = 3a\,\delta\psi \quad \rightarrow \quad \delta\varphi = 3\,\delta\psi\,.$$

Einsetzen liefert:

$$(3q_0\,a/2 + 5q_0\,a/2 - 2B + F\,\sin\alpha)a\,\delta\psi = 0$$

$$\rightarrow \quad \boxed{B = 2q_0\,a + F/2\,\sin\alpha\,.}$$

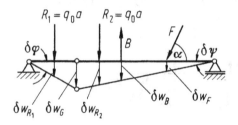

Lösung I.7.4 Durch einen Schnitt an der Stelle x legen wir die Schnittgrößen frei. Sie gehen wie eingeprägte Größen in das Prinzip der virtuellen Arbeit ein. Der Schnitt ermöglicht die virtuellen Verrückungen δw_l und δw_r (die ebenfalls mögliche horizontale virtuelle Verrückung des rechten Teilkörpers ist hier nicht von Interesse).

Kinematik:

$$\delta w_l = x\,\delta\alpha\,, \quad \delta w_r = (l - x)\delta\beta\,, \quad \delta w_F = (l - a)\delta\beta\,.$$

Prinzip der virtuellen Arbeit:

$$\delta W = 0: \quad -M\,\delta\alpha - M\,\delta\beta + Q\,\delta w_l - Q\,\delta w_r + F\,\delta w_F = 0\,.$$

a) Mögliche virtuelle Verrückung:

$$\delta w_\mathrm{l} = \delta w_\mathrm{r} \quad \rightarrow \quad \delta\alpha = (l/x - 1)\delta\beta\,.$$

Einsetzen liefert:

$$[-M(l/x - 1) - M + F(l - a)]\delta\beta = 0 \quad \rightarrow \quad \boxed{M = (1 - a/l)x\,F\,.}$$

b) Mögliche virtuelle Verrückung:

$$\delta\alpha = -\delta\beta \quad \rightarrow \quad \delta w_\mathrm{l} = -x\,\delta\beta\,.$$

Einsetzen liefert:

$$[-Q\,x - Q(l - x) + F(l - a)]\delta\beta = 0 \quad \rightarrow \quad \boxed{Q = (1 - a/l)F\,.}$$

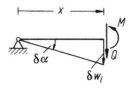 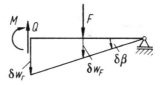

Lösung I.7.5

Potientielle Energie:

$$E_\mathrm{p} = G(R + r)\cos\varphi + \frac{1}{2}\,c(R + r)^2 \sin^2\varphi\,.$$

Ableitungen:

$$E_\mathrm{p}' = -\,G(R + r)\sin\varphi + c(R + r)^2 \sin\varphi\,\cos\varphi\,,$$

$$E_\mathrm{p}'' = -\,G(R + r)\cos\varphi + c(R + r)^2\,(2\cos^2\varphi - 1)\,.$$

Gleichgewichtslagen:

$$E_p' = 0 \quad \rightarrow \quad \sin\varphi \left[-G + c(R+r)\cos\varphi \right] = 0$$

$$\rightarrow \quad \varphi_1 = 0 \,, \qquad \varphi_{2,3} = \pm \arccos \frac{G}{c(R+r)} \,.$$

Die Gleichgewichtslagen $\varphi = \varphi_{2,3} \neq 0$ existieren nur für $G < c(R+r)$.

Stabilität:

a) $G < c(R+r)$:

$$E_p''(\varphi_1) = (R+r)[-G + c(R+r)] > 0 \quad \rightarrow \quad \text{stabile Gleichgewichtslage,}$$

$$E_p''(\varphi_{2,3}) = (R+r)[-G\cos\varphi_{2,3} + c(R+r)(2\cos^2\varphi_{2,3} - 1)]$$

$$= \frac{1}{c}[G^2 - c^2(R+r)^2] < 0 \quad \rightarrow \quad \text{instabile Gleichgewichtslage.}$$

b) $G > c(R+r)$:

$$E_p''(\varphi_1) < 0 \qquad\qquad\qquad\qquad \rightarrow \quad \text{instabile Gleichgewichtslage.}$$

c) $G = c(R+r)$:

$$E_p''(\varphi_1) = 0\,, \qquad E_p'''(\varphi_1) = 0\,,$$

$$E_p^{IV}(\varphi_1) = -3c(R+r)^2 < 0 \qquad \rightarrow \quad \text{instabile Gleichgewichtslage.}$$

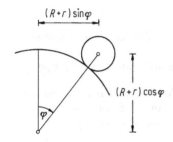

Lösung I.7.6 Wir wählen die Lage, für die die Einzelmasse auf gleicher Höhe wie der Mittelpunkt der Scheibe liegt, als Bezugslage. Die horizontale Ebene durch den zugehörigen Kontaktpunkt K ist das Bezugsniveau zur Aufstellung der potentiellen Energie.

Geometrie:

$$x = R\,\varphi\,.$$

Potentielle Energie:

$$E_{\mathrm{p}} = M\,g(R\cos\alpha - x\sin\alpha) + m\,g(R\cos\alpha - x\sin\alpha + r\sin\varphi)$$

$$\rightarrow\quad E_{\mathrm{p}} = (M+m)g\,R(\cos\alpha - \varphi\sin\alpha) + m\,g\,r\sin\varphi\,.$$

Ableitungen:

$$E_{\mathrm{p}}' = -(M+m)g\,R\sin\alpha + m\,g\,r\cos\varphi\,,$$

$$E_{\mathrm{p}}'' = -m\,g\,r\sin\varphi\,.$$

Gleichgewichtslagen:

$$E_{\mathrm{p}}' = 0 \quad\rightarrow\quad \cos\varphi = \frac{M+m}{m}\,\frac{R}{r}\,\sin\alpha =: k\,.$$

Gleichgewichtslagen existieren nur für $k \le 1$.

Fallunterscheidung:

a) $k < 1$ $\rightarrow$ $\boxed{\varphi_{1,2} = \pm\arccos k\,.}$

b) $k = 1$ $\rightarrow$ $\boxed{\varphi_1 = 0\,.}$

Stabilität:

a) $E_{\mathrm{p}}''(\varphi_1) = -m\,g\,r\,\sqrt{1-k^2} < 0$ $\rightarrow$ instabile Gleichgewichtslage,

  $E_{\mathrm{p}}''(\varphi_2) = m\,g\,r\,\sqrt{1-k^2} > 0$ $\rightarrow$ stabile Gleichgewichtslage.

b) $E_{\mathrm{p}}''(\varphi_1) = 0, E_{\mathrm{p}}'''(\varphi_1) = -m\,g\,r \ne 0$ $\rightarrow$ Wendepunkt mit horizontaler Tangente: instabile Gleichgewichtslage.

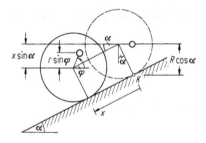

Lösung I.7.7

Geometrie:

$$R\varphi = r\psi.$$

Potentielle Energie:

$$E_{\mathrm{p}} = G_1[r + (R - r)(1 - \cos\varphi)] + G_2[r + (R - r)(1 - \cos\varphi)]$$

$$- G_2\, r(\psi - \varphi)$$

$$\rightarrow \quad E_{\mathrm{p}} = 2G[r + (R - r)(1 - \cos\varphi)] - G(R - r)\varphi.$$

Ableitungen:

$$E'_{\mathrm{p}} = 2G(R - r)\sin\varphi - G(R - r),$$

$$E''_{\mathrm{p}} = 2G(R - r)\cos\varphi.$$

Gleichgewichtslage:

$$E'_{\mathrm{p}} = 0 \quad \rightarrow \quad \boxed{\varphi_1 = \pi/6.}$$

Stabilität:

$$E''_{\mathrm{p}}(\varphi_1) = \sqrt{3}\,G(R - r) > 0 \quad \rightarrow \quad \text{stabile Gleichgewichtslage.}$$

Die Gleichgewichtslage ist unabhängig vom Verhältnis der Radien.

Alternativer Lösungsweg: Bei Gleichgewicht muss die Summe der Momente um den Kontaktpunkt K' verschwinden.

Geometrie:

$$\sin \varphi_1 = \frac{r/2}{r} \quad \rightarrow \quad \varphi_1 = \pi/6 \,.$$

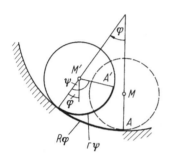 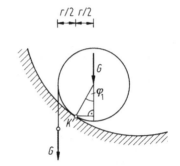

Lösung I.7.8

Potentielle Energie:

$$E_{\mathrm{p}} = G\,l/2\,\cos\varphi + 3G\,l/2\,\cos\varphi + 2Q\,l\,\cos\varphi + c_{\mathrm{T}}\,\varphi^2/2 + c_{\mathrm{T}}(2\varphi)^2/2$$

$$\rightarrow \quad E_{\mathrm{p}} = 2l(G+Q)\cos\varphi + 5c_{\mathrm{T}}\,\varphi^2/2 \,.$$

Ableitungen:

$$E_{\mathrm{p}}' = 2l(G+Q)(K\varphi - \sin\varphi)\,,$$

$$E_{\mathrm{p}}'' = 2l(G+Q)(K - \cos\varphi) \quad \text{mit} \quad K = \frac{5c_{\mathrm{T}}}{2l(G+Q)}\,.$$

Gleichgewichtslagen:

$$E_{\mathrm{p}}' = 0 \quad \rightarrow \quad K\varphi = \sin\varphi\,.$$

Fallunterscheidung:

a) $K \geq 1$: Es existiert nur die Gleichgewichtslage $\varphi_1 = 0$.

b) $K < 1$: Es existieren weitere Gleichgewichtslagen $\varphi_j \neq 0$,
      $j = 2, \ldots, N$.

Beispiel: Für $K = 0{,}1$ erhält man aus der zeichnerischen Lösung:

$$\varphi_1 = 0, \quad \varphi_2 = 0{,}9\pi, \quad \varphi_3 = 2{,}3\pi, \quad \varphi_4 = 2{,}7\pi\,.$$

Stabilität:

a) $K > 1$:

$$E_{\mathrm{p}}''(\varphi_1) = 2l(G + Q)(K - 1) > 0 \quad \rightarrow \quad \text{stabile Gleichgewichtslage,}$$

$K = 1$:

$$E_{\mathrm{p}}^{\mathrm{IV}}(\varphi_1) = 2l(G + Q) > 0 \qquad \rightarrow \quad \text{stabile Gleichgewichtslage.}$$

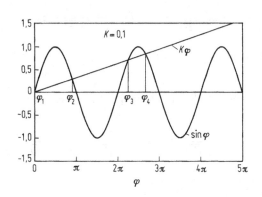

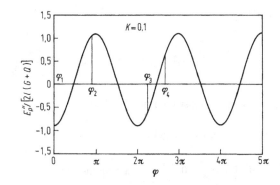

b) $K < 1$: $E_p''(\varphi_j) = 2l(G + Q)(K - \cos\varphi_j)$.

Beispiel: $K = 0{,}1$:

$E_p''(\varphi_1)$, $E_p''(\varphi_3) < 0$ →   instabile Gleichgewichtslagen,

$E_p''(\varphi_2)$, $E_p''(\varphi_4) > 0$ →   stabile Gleichgewichtslagen.

Die Gleichgewichtslagen sind abwechselnd stabil und instabil.

Lösung I.7.9

Schwerpunktshöhe:

$$\frac{z + h}{L} = \frac{z}{\sqrt{a^2 + z^2}} \quad \rightarrow \quad h = \frac{Lz}{\sqrt{a^2 + z^2}} - z\,.$$

Potential E_p und Ableitungen:

$$E_p = 2G\,h = 2G\,z\left(\frac{L}{\sqrt{a^2 + z^2}} - 1\right),$$

$$\frac{1}{2G}\frac{\mathrm{d}E_p}{\mathrm{d}z} = \frac{L}{\sqrt{a^2 + z^2}} - 1 - \frac{L\,z^2}{(\sqrt{a^2 + z^2})^3} = \frac{L\,a^2}{(\sqrt{a^2 + z^2})^3} - 1,$$

$$\frac{1}{2G}\frac{\mathrm{d}^2 E_p}{\mathrm{d}z^2} = -3\,\frac{L\,a^2\,z}{(\sqrt{a^2 + z^2})^5}\,.$$

Gleichgewichtslagen:

$$\frac{\mathrm{d}E_p}{\mathrm{d}z} = 0 \quad \rightarrow \quad (La^2)^2 = (a^2 + z_{\mathrm{gl}}^2)^3 \quad \rightarrow \quad \frac{z_{\mathrm{gl}}}{a} = \pm\sqrt{\left(\frac{L}{a}\right)^{2/3} - 1}\,.$$

Gleichgewichtslagen z_{gl} existieren nur für $L \geq a$.

Stabilität der Gleichgewichtslagen:

$$\frac{\mathrm{d}^2 E_p}{\mathrm{d}z^2} < 0 \quad \text{für } z_{\mathrm{gl}} > 0 \quad \rightarrow \quad z_{\mathrm{gl}} > 0\text{: instabil}\,,$$

$$\frac{\mathrm{d}^2 E_{\mathrm{p}}}{\mathrm{d}z^2} > 0 \ \text{für} \ z_{\mathrm{gl}} < 0 \quad \rightarrow \quad \boxed{z_{\mathrm{gl}} < 0 : \text{stabil}.}$$

(Anschaulich: Für $z_{\mathrm{gl}} < 0$ liegt der Schwerpunkt höher als für $z_{\mathrm{gl}} > 0$.)

Anmerkung: Wenn man die Symmetrieannahme fallen lässt, müssen die Schwerpunktshöhen und das Potential durch die vertikale und die seitliche Position (z und x) von B ausgedrückt werden. Anstelle der Potentialkurve $E_{\mathrm{p}}(z)$ erhält man dann eine Potentialfläche $E_{\mathrm{p}}(z, x)$.

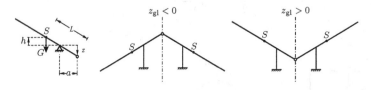

Lösung I.7.10 Eingeführt wird eine virtuelle Drehung um B mit dem Winkel $\delta\varphi_{\mathrm{B}}$. Sie führt zu horizontalen und vertikalen Verschiebungen δu bzw. δw in den Angriffspunkten der äußeren Kräfte am Gesamtsystem:

$$\delta u_{\mathrm{S1}} = (R + a)\delta\varphi_{\mathrm{B}}, \quad \delta w_{\mathrm{S1}} = R\,\delta\varphi_{\mathrm{B}},$$

$$\delta u_{\mathrm{S2}} = R\,\delta\varphi_{\mathrm{B}}, \quad \delta w_{\mathrm{S2}} = (R + a)\delta\varphi_{\mathrm{B}},$$

$$\delta u_{\mathrm{S}} = h\,\delta\varphi_{\mathrm{B}}, \quad \delta w_{\mathrm{S}} = (R + a/2)\delta\varphi_{\mathrm{B}},$$

$$\delta u_{\mathrm{N4}} = 0, \quad \delta w_{\mathrm{N4}} = (R + a)\delta\varphi_{\mathrm{B}},$$

$$\delta u_{\mathrm{A}} = 0, \quad \delta w_{\mathrm{A}} = (2R + a)\delta\varphi_{\mathrm{B}}.$$

Das ergibt eine virtuelle Arbeit von N_4:

$$\delta W_{\mathrm{N4}} = N_4\,\delta w_{\mathrm{N4}}$$

und verhindert zunächst die Bestimmung von A aus der Gleichgewichtsbedingung $\delta W = 0$. Wir führen zusätzlich eine vertikale virtuelle Verschiebung δv aller Punkte der beiden Zylinder ein:

$$\delta v = -\delta w_{\mathrm{N4}} = -(R + a)\delta\varphi_{\mathrm{B}}.$$

Dabei sind N_1 und N_3 äußere Kräfte, die senkrecht auf δv stehen; deshalb ist ihre virtuelle Arbeit mit δv Null.

Gesamte virtuelle Arbeit:

$$\delta W = A\,\delta w_{\mathrm{A}} - m\,g(\delta w_{\mathrm{S1}} + \delta v) - m\,g(\delta w_{\mathrm{S2}} + \delta v) - Mg\,\delta w_{\mathrm{S}}$$

$$= [A(2R + a) - mg(R + R + a - 2R - 2a) - Mg(R + a/2)]\delta\varphi_{\mathrm{B}}\,.$$

Gleichgewichtsbedingung:

$$\delta W = 0 \qquad \rightarrow \qquad \boxed{A = \frac{Mg}{2} - m\,g\frac{\sqrt{2}}{2 + \sqrt{2}}\,.}$$

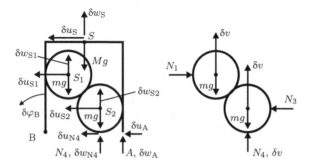

I.8 Haftung und Reibung

Lösung I.8.1 Ohne Haftung würde sich die Trommel im Uhrzeigersinn drehen. Die Haftungskraft ist so gerichtet, dass diese Bewegung verhindert wird.

Gleichgewicht an der Trommel:

$$\overset{\curvearrowleft}{B}: \quad r\,H - r\,G = 0 \qquad\qquad \rightarrow \quad H = G\,.$$

Gleichgewicht am Hebel:

$$\overset{\curvearrowleft}{A}: \quad b\,N + c\,H - (a + b)F = 0 \ \rightarrow \quad N = \frac{1}{b}[(a + b)\,F - c\,G]\,.$$

Haftbedingung:

$$H \le \mu_0\,N \qquad\qquad\qquad \rightarrow \quad \boxed{F \ge \frac{b + \mu_0\,c}{\mu_0(a + b)}\,G\,.}$$

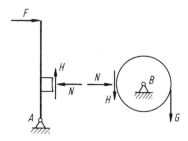

Lösung I.8.2

Gleichgewicht an der Walze:

$$\uparrow: \quad D \cos 60° - G_1 = 0 \qquad\qquad \rightarrow \quad D = 6G.$$

Gleichgewicht am Balken:

$$\uparrow: \quad N - D \cos 60° - G_2 = 0 \qquad\qquad \rightarrow \quad N = 4G,$$

$$\overset{\curvearrowright}{B}: \quad aN + \sqrt{3}\,aH - \frac{5}{4}\,aD - \frac{a}{2}\,G_2 = 0 \quad \rightarrow \quad H = \frac{4}{3}\,\sqrt{3}\,G.$$

Haftbedingung:

$$H \le \mu_0 N \quad \rightarrow \quad \boxed{\mu_0 \ge \frac{\sqrt{3}}{3}}.$$

Lösung I.8.3

Geometrie:

$$\cos\alpha = \sqrt{3}/2 \qquad\qquad \rightarrow \quad \alpha = 30°.$$

Gleichgewicht am mittleren Zylinder:

$\uparrow$: $2N_1 \sin\alpha + 2H_1 \cos\alpha - G_1 = 0$ $\rightarrow$ $N_1 + \sqrt{3}\,H_1 = G_1$.

Gleichgewicht am linken Zylinder:

$\uparrow$: $N_2 - N_1 \sin\alpha - H_1 \cos\alpha - G_2 = 0$,

$\rightarrow$: $H_2 - N_1 \cos\alpha + H_1 \sin\alpha = 0$,

$\overset{\frown}{S}$: $H_1 r - H_2 r = 0$ $\rightarrow$ $H_1 = H_2 = H$.

Auflösen liefert:

$$H = \sqrt{3}\,G_1/6\,, \qquad N_1 = G_1/2\,, \qquad N_2 = G_1/2 + G_2 > N_1\,.$$

Wesentliche Haftbedingung:

$H \leq \mu_0\,N_1$ $\rightarrow$ $\boxed{\mu_0 \geq \sqrt{3}/3}$.

Anm.: Da die Wirkungslinie der Resultierenden von G_2, N_2 und H_2 durch den Punkt B geht, muss bei Gleichgewicht auch die Resultierende von N_1 und H_1 durch diesen Punkt gehen (zentrales Kräftesystem).

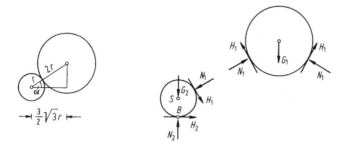

Lösung I.8.4

Gleichgewicht an der Kugel:

$\overset{\frown}{S}$: $H_1 = 0$,

$\uparrow$: $\quad N \sin \alpha - G_1 = 0$,

$\rightarrow$: $\quad N_l - N \cos \alpha = 0$ $\qquad \rightarrow \quad N_l = G_1 \cotan \alpha$.

Gleichgewicht am Gesamtsystem:

$\rightarrow$: $\quad N_l - N_r = 0$ $\qquad \rightarrow \quad N_r = N_l = G_1 \cotan \alpha$,

$\uparrow$: $\quad H_r - G_1 - G_2 = 0$ $\qquad \rightarrow \quad H_r = G_1 + G_2$.

Haftbedingung:

$H_r \leq \mu_0 N_r$ $\qquad\qquad \rightarrow \quad \boxed{\mu_0 \geq (1 + G_2/G_1) \tan \alpha}$.

Lösung I.8.5

Geometrie:

$$\frac{S_V}{S_H} = \frac{a}{b}.$$

Gleichgewicht an der Platte:

$\rightarrow$: $\quad N_1 - N_2 = 0$,

$\uparrow$: $\quad H_1 + H_2 - G_2 = 0$.

Gleichgewicht am Klotz:

$\rightarrow$: $\quad N_2 - S_H = 0$,

$\uparrow$: $\quad S_V - H_2 - G_1 = 0$.

Haftbedingungen:

$$H_1 \leq \mu_0 N_1 \,, \qquad H_2 \leq \mu_0 N_2 \,.$$

Auflösen liefert für $\mu_0 < a/b$:

$$G_2 \leq \frac{2\mu_0}{a/b - \mu_0}\, G_1\,.$$

Für $\mu_0 \to a/b$ gilt $G_2 \to \infty$. Im Fall $\mu_0 \geq a/b$ haftet die Platte bei beliebig kleinem Gewicht G_1 (Selbsthemmung).

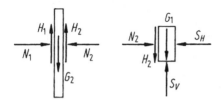

Lösung I.8.6 Aus dem Kräftegleichgewicht in horizontaler Richtung folgt, dass die Seilkraft oberhalb von A vertikal gerichtet ist.

Kräfte- und Momentengleichgewicht:

$$\uparrow:\quad S_A - G_K - G = 0 \qquad\qquad \to \quad S_A = 6G/5\,,$$

$$\overset{\frown}{B}:\quad a\,S_A - b\,G = 0 \qquad\qquad \to \quad 6a = 5b\,.$$

Geometrie:

$$a = l\sin\beta\,, \qquad b = \frac{l}{2}\sin\beta + \frac{l}{4}\cos\beta\,.$$

Einsetzen liefert:

$$\tan\beta = 5/14 \qquad\qquad \to \quad \boxed{\beta = 19{,}7^\circ}\,.$$

Seilhaftung:

$$S_2 \leq S_1\,e^{\mu_0\alpha} \quad\text{mit}\quad S_1 = G_K = G/5\,, \qquad S_2 = S_A = 6G/5\,.$$

Auflösen liefert:

$$\alpha \geq \frac{\ln 6}{\mu_0} \quad \rightarrow \quad \alpha \geq 17,9 = 2,85(2\pi)\,.$$

Wegen $360° - \beta \,\hat{=}\, 0,95(2\pi) > 0,85(2\pi)$ sind 3 Umschlingungen ausreichend.

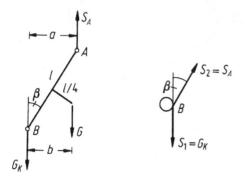

Lösung I.8.7 Wir nehmen an, dass sich die Trommel entgegen dem Uhrzeigersinn dreht. Die Reibungskräfte R_1 und R_2 wirken entgegen der Bewegungsrichtung.

Gleichgewicht an der linken Bremsbacke:

$$\overset{\frown}{A}\colon \quad r\,N_1 - r\,R_1 - 2r\,F = 0\,.$$

Gleichgewicht an der rechten Bremsbacke:

$$\overset{\frown}{A}\colon \quad -r\,N_2 - r\,R_2 + 2r\,F = 0\,.$$

Reibungsgesetze:

$$R_1 = \mu\,N_1\,, \qquad R_2 = \mu\,N_2\,.$$

Auflösen liefert:

$$R_1 = \frac{2\mu}{1-\mu}\,F\,, \qquad R_2 = \frac{2\mu}{1+\mu}\,F\,.$$

Die Bremskräfte für die auf- und die ablaufende Backe sind verschieden.

Bremsmoment:

$$M_B = r(R_1 + R_2) \quad \rightarrow \quad \boxed{M_B = \frac{4\mu}{1-\mu^2}\, r\, F\,.}$$

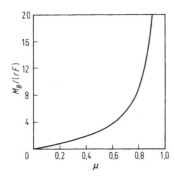

I.9 Seil unter Eigengewicht

Lösung I.9.1

Seillänge:

$$L = 2\,\frac{H}{q_0}\,\sinh\frac{q_0 l}{2H} \qquad\qquad \rightarrow \quad \frac{3}{2}\,u = \sinh u \quad \text{mit} \quad u = \frac{q_0\, l}{2H}\,.$$

Graphische Lösung:

$$u^* = 1,62 \qquad\qquad \rightarrow \quad H = \frac{q_0\, l}{2u^*} = 3080\,\text{N}\,.$$

Durchhang:

$$f = \frac{H}{q_0}\left(\cosh\frac{q_0\, l}{2H} - 1\right) \qquad \rightarrow \quad \boxed{f = 50,1\ \text{m}\,.}$$

Maximale Seilkraft:

$$S_{\max} = q_0\, y_{\max} = q_0 \left(\frac{H}{q_0} + f \right) \quad \rightarrow \quad \boxed{S_{\max} = 8090 \text{ N}}\,.$$

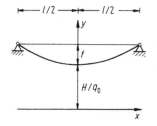 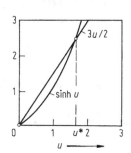

Lösung I.9.2

a) Wir bestimmen die maximale Seilkraft mit Hilfe der Kettenlinie bzw. des Parabelansatzes bei fest vorgewähltem Verhältnis $v = f/l$ (zum Beispiel $v = 0{,}1/0{,}15/0{,}2$) und stellen den Fehler als Funktion von v graphisch dar.

Durchhang (Kettenlinie):

$$f = \frac{H}{q_0} \left(\cosh \frac{q_0\, l}{2H} - 1 \right) \quad \rightarrow \quad 2v\, u + 1 = \cosh u \quad \text{mit} \quad u = \frac{q_0\, l}{2H}\,.$$

Graphische Lösung (zum Beispiel für $v = 1/5$):

$$u^* = 0{,}762\,.$$

Maximale Seilkraft:

$$S_{\max_{\mathrm{K}}} = H \cosh u^* = \frac{q_0\, l}{2u^*} \cosh u^* = 0{,}856 q_0\, l\,.$$

Maximale Seilkraft (Parabelansatz, zum Beispiel für $v = 1/5$):

$$S_{\max_{\mathrm{P}}} = \frac{q_0\, l}{2} \sqrt{1 + \left(\frac{l}{4f} \right)^2} = \frac{q_0\, l}{2} \sqrt{1 + \left(\frac{1}{4v} \right)^2} = 0{,}800 q_0\, l\,.$$

Fehler:

$$\frac{S_{\mathrm{max}_K} - S_{\mathrm{max}_P}}{S_{\mathrm{max}_K}} = \frac{0{,}056}{0{,}856} = 0{,}065 \hateq 6{,}5\% \, .$$

Ablesen liefert das gesuchte Verhältnis:

$$\frac{f}{l} = 0{,}175 \, .$$

b) Durchhang (Kettenlinie mit $v = 0{,}175$) :

$$f = \frac{H}{q_0} \left(\cosh \frac{q_0 \, l}{2H} - 1 \right) \quad \rightarrow \quad 0{,}35u + 1 = \cosh u$$

$$\rightarrow \quad u^* = 0{,}6741 \, .$$

Seillänge (Kettenlinie):

$$L_K = 2 \frac{H}{q_0} \sinh \frac{q_0 \, l}{2H} = \frac{l}{u^*} \sinh u^* \quad \rightarrow \quad L_K = 1{,}0775l \, .$$

Seillänge (Näherungsformel):

$$L_P = \left(1 + \frac{8f^2}{3l^2} \right) l \qquad \qquad \rightarrow \quad L_P = 1{,}0817l \, .$$

Fehler:

$$\frac{\Delta L}{L_K} = 0{,}004 \hateq 0{,}4\% \, .$$

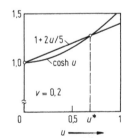
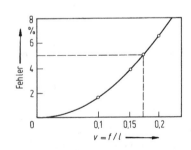

Lösung I.9.3

Kettenlinie:

$$y = y_0 \cosh\frac{x}{y_0} \quad \rightarrow \quad y_C = y_0 + b = y_0 \cosh\frac{l}{y_0} \,.$$

Umkehrfunktion:

$$l = y_0 \operatorname{arcosh}\frac{y_0 + b}{y_0} \,.$$

Seilkraft bei C:

$$S_C = P = q_0\, y_C \quad \rightarrow \quad P = q_0(y_0 + b) \quad \rightarrow \quad y_0 = P/q_0 - b \,.$$

Einsetzen liefert:

$$l = \frac{P - q_0\, b}{q_0}\operatorname{arcosh}\frac{P}{P - q_0\, b} \,.$$

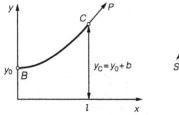

Lösung I.9.4 Wir bezeichnen den Grenzwert der Haftungskraft mit H_0 und die Horizontal- bzw. die Vertikalkomponente der Seilkraft mit S_0 bzw. V.

Gleichgewicht am Klotz:

$$H_0 = S_0, \qquad N = V \,.$$

Grenzhaftung:

$$H_0 = \mu_0\, N \,.$$

Neigungswinkel des Seils beim Klotz:

$$\text{a)}\, \tan\alpha = V/S_0 = N/H_0 \quad \rightarrow \quad \tan\alpha = 1/\mu_0 \,.$$

b) $\tan \alpha = \dfrac{L/2}{y_0}$ $\rightarrow$ $y_0 = \dfrac{L}{2 \tan \alpha} = \mu_0 L/2$.

c) $\tan \alpha = \sinh \dfrac{a}{2 y_0}$ $\rightarrow$ $\dfrac{1}{\mu_0} = \sinh \dfrac{a}{\mu_0 L}$

    $\rightarrow$ $a = \mu_0 L \, \mathrm{arsinh} \, 1/\mu_0$.

Durchhang:

$$f = y_0 \left(\cosh \frac{a}{2 y_0} - 1 \right) = \frac{\mu_0 L}{2} \left[\cosh \left(\mathrm{arsinh} \frac{1}{\mu_0} \right) - 1 \right]$$

$$= \frac{\mu_0 L}{2} \left\{ \cosh \left[\mathrm{arcosh} \sqrt{\left(\frac{1}{\mu_0} \right)^2 + 1} \right] - 1 \right\}$$

$$\rightarrow \quad f = (\sqrt{1 + \mu_0^2} - \mu_0) L/2 .$$

Maximale Seilkraft:

$$S_{\max} = q_0 \, y_{\max} = q_0 (y_0 + f) \quad \rightarrow \quad S_{\max} = q_0 L \sqrt{1 + \mu_0^2} / 2 .$$

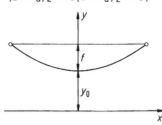 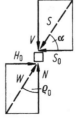

Lösung I.9.5 Die kleinste Seilkraft im Bereich AB tritt im Scheitel auf: $H = S^*$. Die Länge der gespannten Feder wird mit d bezeichnet.

Seilkraft bei B:

$$S_{\mathrm{B}} = H \cosh \frac{b \, q_0}{2 H} = S^* \cosh \frac{b \, q_0}{2 S^*} .$$

Seillänge und Länge der gespannten Feder:

$$l = h - d + \frac{2H}{q_0} \sinh \frac{b\,q_0}{2H} \quad \rightarrow \quad d = \frac{2S^*}{q_0} \sinh \frac{b\,q_0}{2S^*} + h - l\,.$$

Gleichgewicht am Seilstück BD:

$$\uparrow: \quad S_B - q_0(h - d) - F_C = 0$$

mit der Federkraft $F_C = c(d - d_0)$.

Auflösen und Einsetzen liefert:

$$c = \frac{S_B - q_0(h - d)}{d - d_0} \quad \rightarrow \quad c = \frac{S^* \cosh \dfrac{b\,q_0}{2S^*} + 2S^* \sinh \dfrac{b\,q_0}{2S^*} - l\,q_0}{\dfrac{2S^*}{q_0} \sinh \dfrac{b\,q_0}{2S^*} + h - d_0 - l}\,.$$

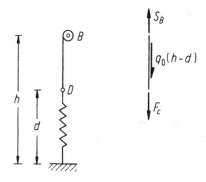

Lösung I.9.6

Seillänge:

$$L = \pi\,r = 2y_0 \sinh \frac{r}{y_0} \quad \rightarrow \quad \frac{\pi\,r}{2y_0} = \sinh \frac{r}{y_0} \quad \rightarrow \quad \frac{r}{y_0} = 1{,}72\,.$$

Kettenlinie:

$$y = y_0 \cosh \frac{x}{y_0} \quad \rightarrow \quad \frac{y_1}{y_0} = \cosh \frac{r}{y_0} = 2{,}88\,.$$

Bogenlänge:

$$s = y_0 \sinh \frac{x}{y_0} \qquad \rightarrow \qquad \mathrm{d}s = \cosh \frac{x}{y_0} \, \mathrm{d}x \, .$$

Schwerpunktskoordinate:

$$y_\mathrm{s} = \frac{\int y \, \mathrm{d}s}{L} = \frac{2y_0}{\pi r} \int\limits_0^r \cosh^2 \frac{x}{y_0} \, \mathrm{d}x = \frac{2y_0}{\pi r} \left(\frac{\pi r \, y_1}{4y_0} + \frac{r}{2} \right) = \frac{y_1}{2} + \frac{y_0}{\pi}$$

$$\rightarrow \qquad y_1 - y_\mathrm{s} = \frac{y_1}{2} - \frac{y_0}{\pi} = \left(\frac{y_1}{2y_0} - \frac{1}{\pi} \right) \frac{y_0}{r} \, r$$

$$\rightarrow \qquad \boxed{y_1 - y_\mathrm{s} = 0{,}652 r} \, .$$

Schwerpunkt eines Halbkreisbogens (vgl. Tabelle I.3.1):

$$y_1 - y_\mathrm{s} = r \frac{\sin \alpha}{\alpha} = \frac{2r}{\pi} \qquad \rightarrow \qquad \boxed{y_1 - y_\mathrm{s} = 0{,}637 r} \, .$$

Schwerpunkt eines straffen Seils:

$$y_1 - y_\mathrm{s} = \frac{h}{2} = \frac{r}{4} \sqrt{\pi^2 - 4} \qquad \rightarrow \qquad \boxed{y_1 - y_\mathrm{s} = 0{,}606 r} \, .$$

Von allen möglichen Kurven gleicher Länge zwischen zwei festen Aufhänge-punkten besitzt die Kettenlinie den tiefstmöglichen Schwerpunkt.

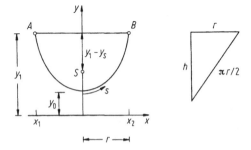

Lösung I.9.7 Wir wählen das Koordinatensystem so, dass der (gedachte) Scheitelpunkt bei $x = 0, y = y_0 = S_0/q_0 = 120\,\mathrm{m}$ liegt.

Seilkraft und Koordinaten (Punkt A):

$$S_A = S_0/\cos\alpha_A = 1697\,\mathrm{N}\,, \qquad y_A = S_A/q_0 = 169{,}7\,\mathrm{m}\,,$$

$$\tan\alpha_A = \sinh(x_A/y_0) \quad\rightarrow\quad x_A = y_0\,\mathrm{arsinh}(\tan\alpha_A) = 105{,}8\,\mathrm{m}\,.$$

Neigungswinkel und Koordinaten (Punkt B):

$$\cos\alpha_B = S_0/S_B = S_0/S_{\max} = 0{,}6 \quad\rightarrow\quad \boxed{\alpha_B = 53{,}1°}\,,$$

$$y_B = S_B/q_0 = S_{\max}/q_0 = 200\,\mathrm{m}\,,$$

$$\tan\alpha_B = \sinh(x_B/y_0) \quad\rightarrow\quad x_B = y_0\,\mathrm{arsinh}(\tan\alpha_B) = 131{,}8\,\mathrm{m}\,.$$

Horizontaler und vertikaler Abstand:

$$\boxed{x_B - x_A = 26{,}0\,\mathrm{m}\,,} \qquad \boxed{y_B - y_A = 30{,}3\,\mathrm{m}\,.}$$

Seillänge:

$$s = y_0\tan\alpha \quad\rightarrow\quad \Delta l = s_B - s_A = y_0(\tan\alpha_B - \tan\alpha_A)$$

$$\rightarrow\quad \boxed{\Delta l = 40{,}0\,\mathrm{m}\,.}$$

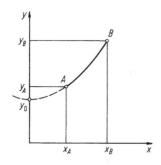

Lösung I.9.8

Neigungswinkel bei B:

$$\tan\alpha_B = \sinh\frac{x_B}{y_0} = 1 \quad\rightarrow\quad \frac{x_B}{y_0} = \mathrm{arsinh}\,1 = 0{,}881\,.$$

Beziehung zwischen sinh und cosh:

$$\cosh^2 \gamma - \sinh^2 \gamma = 1 \quad \rightarrow \quad \cosh \frac{x_B}{y_0} = \sqrt{1 + \sinh^2 \frac{x_B}{y_0}} = \sqrt{2}\,.$$

Gleichung der Kettenlinie:

$$\frac{y}{y_0} = \cosh \frac{x}{y_0} \quad \rightarrow \quad \frac{y_A}{y_0} - \frac{y_B}{y_0} = \cosh \frac{x_A}{y_0} - \cosh \frac{x_B}{y_0}$$

$$\rightarrow \quad 3\frac{a}{y_0} = \cosh \frac{x_A}{y_0} - \sqrt{2} \quad \text{bzw.} \quad \cosh \frac{x_A}{y_0} = 3\frac{a}{y_0} + \sqrt{2}\,.$$

Geometrie:

$$x_B - x_A = 7a \quad \rightarrow \quad \frac{a}{y_0} = \frac{1}{7}\left(\frac{x_B}{y_0} - \frac{x_A}{y_0}\right) = \frac{1}{7}\left(0,881 - \frac{x_A}{y_0}\right)\,.$$

Einsetzen liefert:

$$\cosh \frac{x_A}{y_0} = \frac{3}{7}\left(0,881 - \frac{x_A}{y_0}\right) + \sqrt{2} = 1,792 - 0,429\frac{x_A}{y_0}\,.$$

Graphisch-numerische Lösung:

$$\frac{x_A}{y_0} = -1,547\,, \qquad \left(\frac{x_A}{y_0} = 0,881\right)\,.$$

Seillänge:

$$L = \frac{y_0}{a}\,a\left(\sinh \frac{x_B}{y_0} - \sinh \frac{x_A}{y_0}\right) = 2,883(1 + 2,242)\,a$$

$$\rightarrow \quad \boxed{L = 9,35a\,.}$$

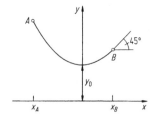
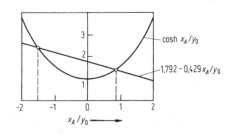

Lösung I.9.9

Durchhang:

$$f = y_0(\cosh x_B/y_0 - 1).$$

Seillänge:

$$L = 2y_0 \sinh x_B/y_0.$$

Beziehung zwischen sinh und cosh:

$$\cosh^2 \gamma - \sinh^2 \gamma = 1$$

$$\rightarrow \quad \left(\frac{f}{y_0} + 1\right)^2 - \left(\frac{L}{2y_0}\right)^2 = 1 \quad \rightarrow \quad y_0 = \frac{L^2 - 4f^2}{8f}.$$

Horizontalzug:

$$H = F = q_0 y_0 \qquad \rightarrow \quad F = \frac{L^2 - 4f^2}{8f} q_0.$$

Neigungswinkel bei B und Umschlingungswinkel β:

$$\tan \alpha_B = \frac{L}{2y_0} \quad \rightarrow \quad \tan \alpha_B = \frac{4fL}{L^2 - 4f^2},$$

$$\beta = \alpha_B + \pi/2 \quad \rightarrow \quad \beta = \arctan \frac{4fL}{L^2 - 4f^2} + \pi/2.$$

Seilkräfte bei B und C:

$$S_B = q_0 y_{\max} = q_0(y_0 + f) \quad \rightarrow \quad S_B = \frac{L^2 + 4f^2}{8f} q_0,$$

$$S_C = q_0 l.$$

Seilhaftung:

$$S_B e^{-\mu_0 \beta} \leq S_C \leq S_B e^{\mu_0 \beta} \quad \rightarrow \quad \frac{L^2 + 4f^2}{8f} e^{-\mu_0 \beta} \leq l \leq \frac{L^2 + 4f^2}{8f} e^{\mu_0 \beta}.$$

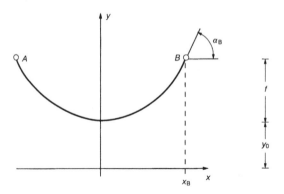

Lösung I.9.10 Die maximale Seilkraft tritt in den Aufhängepunkten „1" $(x = \pm a)$ auf:

$$N_1 = \frac{q_0\, y_0}{\cos \varphi_1}\,.$$

Neigung in „1":

$$\tan \varphi_1 = \sinh \frac{a}{y_0} \quad \rightarrow \quad \frac{a}{y_0} = \operatorname{arsinh}(\tan \varphi_1)\,.$$

Einsetzen liefert:

$$N_1 = \frac{a\, q_0}{\cos \varphi_1 \operatorname{arsinh}(\tan \varphi_1)} = \frac{a\, q_0}{\cos \varphi_1 \ln \dfrac{1 + \sin \varphi_1}{\cos \varphi_1}}\,.$$

Extremumsbedingung:

$$\frac{\mathrm{d}N_1}{\mathrm{d}\varphi_1} = 0\,.$$

Die Bedingung führt auf eine transzendente Gleichung $g(\varphi_1 = \varphi_1^*) = 0$ für φ_1^*. Die Nullstellenbestimmung ist nicht weniger aufwendig als die Suche nach einem Minimum in einem Wertevorrat $N_1(\varphi_1 = m\,\Delta\varphi)$, s. Tabelle und Diagramm:

φ_1	0°	10°	20°	30°	40°	50°	60°	70°	80°	90°
$N_1/(a\, q_0)$	∞	5,788	2,986	2,102	1,711	1,539	1,519	1,685	2,364	∞

φ_1	$55°$	$56°$	$57°$
$N_1/(a\,q_0)$	1,51048	1,50904	1,50909

$$\rightarrow \quad \boxed{\varphi_1^* \cong 56,44°}\,.$$

Erforderliche Seillänge:

$$L = 2y_0 \sinh \frac{a}{y_0} = 2y_0 \tan \varphi_1^* \quad \text{mit} \quad y_0 = \frac{a}{\operatorname{arsinh}(\tan \varphi_1^*)} = 0,834a$$

$$\rightarrow \quad \boxed{L = 2,515a}\,.$$

Durchhang:

$$f = y_0\left(\cosh \frac{a}{y_0} - 1\right) \quad \rightarrow \quad \boxed{f = 0,675a}\,.$$

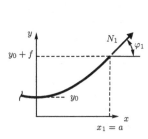
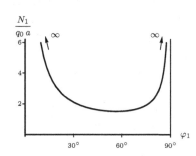

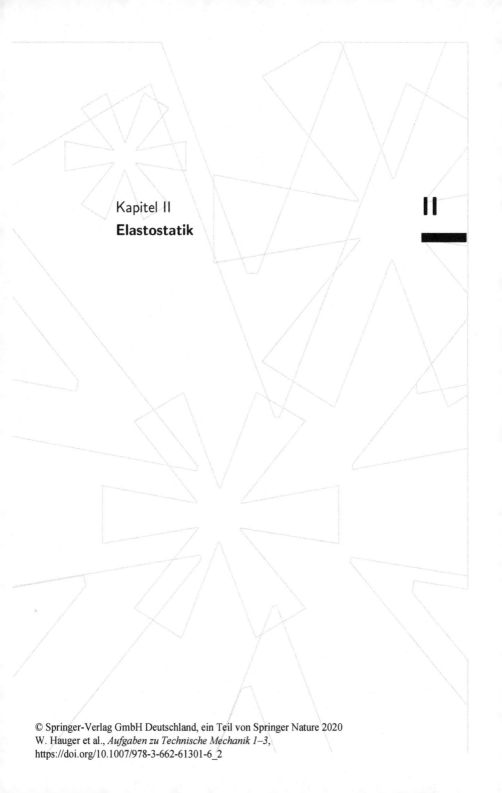

Kapitel II
Elastostatik

II

© Springer-Verlag GmbH Deutschland, ein Teil von Springer Nature 2020
W. Hauger et al., *Aufgaben zu Technische Mechanik 1–3*,
https://doi.org/10.1007/978-3-662-61301-6_2

II Elastostatik

Formelsammlung

II.1 Zug und Druck

Normalspannung:

$$\sigma(x) = \frac{N(x)}{A(x)} \; ; \qquad N(x)\text{: Normalkraft, } A(x)\text{: Querschnittsfläche.}$$

Kinematische Beziehung:

$$\varepsilon(x) = \frac{\mathrm{d}u(x)}{\mathrm{d}x} \; ; \qquad \varepsilon(x)\text{: Dehnung, } u(x)\text{: Verschiebung.}$$

Längenänderung:

$$\Delta l = \int\limits_0^l \varepsilon(x)\,\mathrm{d}x \; ; \qquad l\text{: Stablänge.}$$

Sonderfall gleichförmiger Dehnung ($\varepsilon = \text{konst}$):

$$\Delta l = \varepsilon\, l \, .$$

Hookesches Gesetz (Elastizitätsgesetz):

$$\varepsilon(x) = \frac{\sigma(x)}{E} + \alpha_{\mathrm{T}} \, \Delta T(x) = \frac{N(x)}{EA(x)} + \alpha_{\mathrm{T}} \, \Delta T(x);$$

E: Elastizitätsmodul, α_{T}: thermischer Ausdehnungskoeffizient,

$\Delta T(x)$: Temperaturänderung, $EA(x)$: Dehnsteifigkeit.

Sonderfall mit N = konst, A = konst, $\Delta T = 0$:

$$\Delta l = \frac{F \, l}{EA} \; ; \qquad F = N: \text{ axiale Last.}$$

„Federsteifigkeit" des Zugstabs:

$$c = \frac{F}{\Delta l} = \frac{EA}{l} \, .$$

Ersatzfedersteifigkeiten:

$$c^* = \sum_j c_j \quad \text{(Parallelschaltung)},$$

$$\frac{1}{c^*} = \sum_j \frac{1}{c_j} \quad \text{(Reihenschaltung)}.$$

II.2   Biegung

a) Querschnittsgrößen

Flächenträgheitsmomente (Flächenmomente 2. Ordnung, Lage des Koordinatenursprungs beliebig):

$$I_{\mathrm{y}} = \int z^2 \, \mathrm{d}A, \qquad I_{\mathrm{z}} = \int y^2 \, \mathrm{d}A, \qquad I_{\mathrm{yz}} = I_{\mathrm{zy}} = - \int yz \, \mathrm{d}A,$$

$$I_{\mathrm{p}} = \int r^2 \, \mathrm{d}A = \int (y^2 + z^2) \, \mathrm{d}A = I_{\mathrm{y}} + I_{\mathrm{z}};$$

$I_{\mathrm{y}}, I_{\mathrm{z}}$: axiale Flächenträgheitsmomente, I_{yz}: Deviationsmoment,
I_{p}: polares Flächenträgheitsmoment.

Zusammengesetzter Querschnitt:

$$I_y = \sum_i (I_y)_i, \qquad I_z = \sum_i (I_z)_i, \qquad I_{yz} = \sum_i (I_{yz})_i \,.$$

Tabelle II.2.1: Flächenträgheitsmomente

		I_y	I_z
Rechteck		$\dfrac{b\,h^3}{12}$	$\dfrac{b\,h^3}{12}$
Kreis		$\dfrac{\pi\,r^4}{4}$	$\dfrac{\pi\,r^4}{4}$
dünner Kreisring $(t \ll r)$		$\pi\,r^3\,t$	$\pi\,r^3\,t$

Drehung der Bezugsachsen:

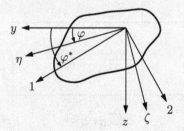

$$I_\eta = \frac{1}{2}\left(I_y + I_z\right) + \frac{1}{2}\left(I_y - I_z\right)\cos 2\varphi + I_{yz}\sin 2\varphi\,,$$

$$I_\zeta = \frac{1}{2}\left(I_y + I_z\right) - \frac{1}{2}\left(I_y - I_z\right)\cos 2\varphi - I_{yz}\sin 2\varphi\,,$$

$$I_{\eta\zeta} = \qquad\qquad -\frac{1}{2}\left(I_y - I_z\right)\sin 2\varphi + I_{yz}\cos 2\varphi\,.$$

Hauptträgheitsmomente:

$$I_{1,2} = \frac{I_y + I_z}{2} \pm \sqrt{\left(\frac{I_y - I_z}{2}\right)^2 + I_{yz}^2}\,.$$

Hauptrichtungen:

$$\tan 2\varphi^* = \frac{2I_{yz}}{I_y - I_z}\,.$$

Tabelle II.2.2: Biegelinien

Nr.	Lastfall	$EI\,w'_A$	$EI\,w'_B$
1		$\dfrac{F\,l^2}{6}(\beta - \beta^3)$	$-\dfrac{F\,l^2}{6}(\alpha - \alpha^3)$
2		$\dfrac{q_0\,l^3}{24}$	$-\dfrac{q_0\,l^3}{24}$
3		$\dfrac{q_0\,l^3}{24}(1-\beta^2)^2$	$\dfrac{q_0\,l^3}{24}[4(1-\beta^3)$ $-6(1-\beta^2)+(1-\beta^2)^2]$

Mohrscher Kreis:

Graphische Darstellung der Beziehungen von I_y, I_z, I_{yz} zu $I_\eta, I_\zeta, I_{\eta\zeta}$ und zu I_1, I_2 in Abhängigkeit von φ und φ^*. Auftragung der axialen Trägheitsmomente und des gegen Bezugsachsdrehungen invarianten Mittelpunkts $(I_y + I_z)/2 = (I_\eta + I_\zeta)/2 = (I_1 + I_2)/2$ auf der Abszisse, Auftragung der Deviationsmomente in Ordinatenrichtung. Drehungen der Bezugsachsen entsprechen entgegengesetzte zweifache Drehungen der Durchmesser des Mohrschen Kreises.

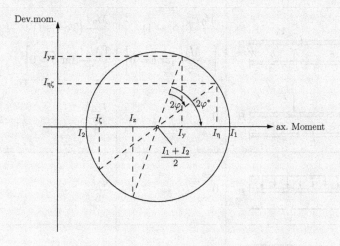

$EI\,w(x)$	$EI\,w_{\max}$
$\dfrac{F\,l^3}{6}[\beta\,\xi\,(1 - \beta^2 - \xi^2) + \langle \xi - \alpha \rangle^3]$	$\dfrac{F\,l^3}{48}$ für $a = b = l/2$
$\dfrac{q_0\,l^4}{24}(\xi - 2\,\xi^3 + \xi^4)$	$\dfrac{5\,q_0\,l^4}{384}$
$\dfrac{q_0\,l^4}{24}[\xi^4 - \langle \xi - \alpha \rangle^4 - 2\,(1 - \beta^2)\,\xi^3 + (1 - \beta^2)^2\,\xi]$	

Tabelle II.2.2 (Fortsetzung)

Nr.	Lastfall	$EI\,w'_A$	$EI\,w'_B$
4		$\dfrac{7\,q_0\,l^3}{360}$	$-\dfrac{q_0\,l^3}{45}$
5		$\dfrac{M_0\,l}{6}\,(3\,\beta^2 - 1)$ $\left[-\dfrac{M_0\,l}{6}\ \text{für}\ b=0\right]$	$\dfrac{M_0\,l}{6}\,(3\,\alpha^2 - 1)$ $\left[\dfrac{M_0\,l}{3}\ \text{für}\ b=0\right]$
6		0	$\dfrac{F\,a^2}{2}$
7		0	$\dfrac{q_0\,l^3}{6}$
8		0	$\dfrac{q_0\,l^3}{6}\,\beta\,(\beta^2 - 3\,\beta + 3)$
9		0	$\dfrac{q_0\,l^3}{24}$
10		0	$M_0\,a$

Erklärungen: $\xi = \dfrac{x}{l}$; $\alpha = \dfrac{a}{l}$; $\beta = \dfrac{b}{l}$; $EI = \text{const}$; $w' = \dfrac{\mathrm{d}w}{\mathrm{d}x}$.

$EI\,w(x)$	$EI\,w_{\max}$
$\dfrac{q_0\,l^4}{360}\,(7\,\xi - 10\,\xi^3 + 3\,\xi^5)$	
$\dfrac{M_0\,l^2}{6}\,[\xi\,(3\,\beta^2 - 1) + \xi^3 - 3\,\langle \xi - \alpha \rangle^2]$	$\dfrac{\sqrt{3}\,M_0\,l^2}{27}$ für $a = 0$
$\dfrac{F\,l^3}{6}\,[3\,\xi^2\,\alpha - \xi^3 + \langle \xi - \alpha \rangle^3]$	$\dfrac{F\,l^3}{3}$ für $a = l$
$\dfrac{q_0\,l^4}{24}\,(6\,\xi^2 - 4\,\xi^3 + \xi^4)$	$\dfrac{q_0\,l^4}{8}$
$\dfrac{q_0\,l^4}{24}\,[\langle \xi - \alpha \rangle^4 - 4\,\beta\,\xi^3 + 6\,\beta\,(2 - \beta)\,\xi^2]$	
$\dfrac{q_0\,l^4}{120}\,(10\,\xi^2 - 10\,\xi^3 + 5\,\xi^4 - \xi^5)$	$\dfrac{q_0\,l^4}{30}$
$\dfrac{M_0\,l^2}{2}\,(\xi^2 - \langle \xi - \alpha \rangle^2)$	$\dfrac{M_0\,l^2}{2}$ für $a = l$

$$\langle \xi - \alpha \rangle^n = \begin{cases} (\xi - \alpha)^n & \text{für } \xi > \alpha \\ 0 & \text{für } \xi < \alpha \end{cases}$$

Parallelverschiebung der Bezugsachsen (Satz von Steiner. Voraussetzung: Der Ursprung des (y, z)-Koordinatensystems ist der Flächenschwerpunkt S):

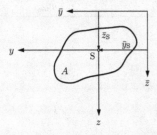

$$I_{\bar{y}} = I_y + \bar{z}_s^2 A , \qquad I_{\bar{z}} = I_z + \bar{y}_s^2 A , \qquad I_{\bar{y}\bar{z}} = I_{yz} - \bar{y}_s \, \bar{z}_s A .$$

Widerstandsmomente:

$$W_y = \frac{I_y}{|z|_{\max}} , \qquad W_z = \frac{I_z}{|y|_{\max}} .$$

b) Hookesches Gesetz und Biegelinie

Voraussetzung: y und z sind Hauptachsen durch den Flächenschwerpunkt.

Differenzialgleichungen der Biegung in z- und in y-Richtung:

$$\frac{\mathrm{d}^2 w(x)}{\mathrm{d}x^2} = -\frac{M_y(x)}{EI_y(x)} , \qquad \frac{d^2 v(x)}{dx^2} = \frac{M_z(x)}{EI_z(x)} ;$$

$$[EI_y(x)\, w''(x)]'' = q_z(x) , \qquad [EI_z(x)\, v''(x)]'' = q_y(x) ;$$

$EI_y(x)$, $EI_z(x)$: Biegesteifigkeiten; w bzw. v: Verschiebungen in z- bzw. in y-Richtung.

Sonderfall gerader Biegung ($M_z = 0$) mit $EI_y = EI = $ konst, $q_z = q$:

$$EIw^{IV}(x) = q(x).$$

c) Normalspannungsverteilung

Voraussetzung: y und z sind Achsen durch den Flächenschwerpunkt.

Normalspannung bei schiefer Biegung und Zug:

$$\sigma(x, y, z) = \frac{N(x)}{A(x)} + \frac{1}{\Delta(x)}\{[M_y(x)\, I_z(x) - M_z(x)\, I_{yz}(x)]\, z$$
$$-[M_z(x)\, I_y(x) - M_y(x)\, I_{yz}(x)]\, y\},$$

$(\Delta = I_y\, I_z - I_{yz}^2;$ neutrale Faser: $\sigma = 0)$.

Sonderfall: y und z sind Hauptachsen durch S:

$$\sigma(x, y, z) = \frac{N(x)}{A(x)} + \frac{M_y(x)}{I_y(x)}\, z - \frac{M_z(x)}{I_z(x)}\, y\,.$$

Maximalspannung:

$$|\sigma|_{\max}(x) = |\sigma(x, y^*, z^*)|\,;$$

y^*, z^*: Koordinaten des Querschnittspunkts mit dem maximalen Abstand von der neutralen Faser.

Sonderfall gerader Biegung ($M_z = 0, I_{yz} = 0$) ohne Längskraft ($N = 0$):

$$\sigma(x, z) = \frac{M_y(x)}{I_y(x)}\, z\,, \qquad |\sigma|_{\max}(x) = \frac{|M_y(x)|}{W_y(x)}\,.$$

II.3 Torsion

Tabelle II.3.1: Torsionswiderstandsmomente und Torsionsträgheitsmomente

		W_T	I_T
Vollkreisquerschnitt		$\dfrac{\pi}{2}\,r^3$	$\dfrac{\pi}{2}\,r^4$
dickwandiges Kreisrohr		$\dfrac{\pi}{2}\,\dfrac{r_\mathrm{a}^4 - r_\mathrm{i}^4}{r_\mathrm{a}}$	$\dfrac{\pi}{2}\left(r_\mathrm{a}^4 - r_\mathrm{i}^4\right)$
dünnwandige geschlossene Hohlquerschnitte		$2\,A_\mathrm{m}\,t_\mathrm{min}$	$\dfrac{4\,A_\mathrm{m}^2}{\oint \mathrm{d}s/t}$
dünnwandiges Kreisrohr $(t \ll r)$		$2\,\pi\,r^2\,t$	$2\,\pi\,r^3\,t$
schmales Rechteck $(t \ll h)$		$\dfrac{1}{3}\,h\,t^2$	$\dfrac{1}{3}\,h\,t^3$
dünnwandiger Kreisbogen $(t \ll r\,\alpha)$		$\dfrac{1}{3}\,r\,\alpha\,t^2$	$\dfrac{1}{3}\,r\,\alpha\,t^3$
aus schmalen Rechtecken zusammengesetzte Profile		$\approx \dfrac{1}{3}\,\dfrac{\sum_i h_i\,t_i^3}{t_\mathrm{max}}$	$\approx \dfrac{1}{3}\,\sum_i h_i\,t_i^3$

Maximale Schubspannung:

$$\tau_{max}(x) = \frac{M_T(x)}{W_T(x)};$$

$M_T(x)$: Torsionsmoment, $W_T(x)$: Torsionswiderstandsmoment.

Verdrehwinkel pro Längeneinheit:

$$\frac{d\vartheta(x)}{dx} = \frac{M_T(x)}{G\,I_T(x)};$$

G: Schubmodul, $I_T(x)$: Torsionsträgheitsmoment,
$GI_T(x)$: Torsionssteifigkeit.

Relative Verdrehung der Endquerschnitte:

$$\Delta\vartheta = \int\limits_0^l \frac{M_T(x)}{G\,I_T(x)}\,dx.$$

Sonderfall: $M_T = $ konst, $I_T = $ konst:

$$\Delta\vartheta = \frac{M_T\,l}{G\,I_T}.$$

II.4 Prinzip der virtuellen Kräfte

a) Verschiebung (Verdrehung) f an der Stelle i eines Systems:

$$f = \int \frac{N\bar{N}}{EA}\,dx + \int \frac{M\bar{M}}{EI}\,dx + \int \frac{M_T\bar{M}_T}{GI_T}\,dx;$$

N, M, M_T: Schnittgrößenverläufe infolge der gegebenen Belastung,

$\bar{N}, \bar{M}, \bar{M}_T$: Schnittgrößenverläufe infolge einer virtuellen Kraft (eines virtuellen Moments) „1" an der Stelle i in Richtung der gesuchten Verschiebung (Verdrehung).

Sonderfall Fachwerk:

$$f = \sum \frac{S_j\bar{S}_j l_j}{(EA)_j}.$$

Tabelle II.4.1: Tafel der Integrale (Koppeltafel)

M_i \ M_k	$\boxed{}_s^{\,k}$	$\triangle_s^{\,k}$	$k\diagdown_s$	$k_1\diagdown_s k_2$
1 $\boxed{}_s^{\,i}$	sik	$\frac{1}{2}sik$	$\frac{1}{2}sik$	$\frac{1}{2}si(k_1+k_2)$
2 $\triangle_s^{\,i}$	$\frac{1}{2}sik$	$\frac{1}{3}sik$	$\frac{1}{6}sik$	$\frac{1}{6}si(k_1+2k_2)$
3 $i_1\diagup_s i_2$	$\frac{1}{2}s(i_1+i_2)k$	$\frac{1}{6}s(i_1+2i_2)k$	$\frac{1}{6}s(2i_1+i_2)k$	$\frac{1}{6}s(2i_1k_1+2i_2k_2+i_1k_2+i_2k_1)$
4 quad. Parabel $\overset{\frown}{\triangle}{}_s^{\,i}$	$\frac{2}{3}sik$	$\frac{1}{3}sik$	$\frac{1}{3}sik$	$\frac{1}{3}si(k_1+k_2)$
5 quad. Parabel $\triangle_s^{\,i}$	$\frac{2}{3}sik$	$\frac{5}{12}sik$	$\frac{1}{4}sik$	$\frac{1}{12}si(3k_1+5k_2)$
6 quad. Parabel $\triangle_s^{\,i}$	$\frac{1}{3}sik$	$\frac{1}{4}sik$	$\frac{1}{12}sik$	$\frac{1}{12}si(k_1+3k_2)$
7 kub. Parabel $\triangle_s^{\,i}$	$\frac{1}{4}sik$	$\frac{1}{5}sik$	$\frac{1}{20}sik$	$\frac{1}{20}si(k_1+4k_2)$
8 kub. Parabel $\triangle_s^{\,i}$	$\frac{3}{8}sik$	$\frac{11}{40}sik$	$\frac{1}{10}sik$	$\frac{1}{40}si(4k_1+11k_2)$
9 kub. Parabel $\triangle_s^{\,i}$	$\frac{1}{4}sik$	$\frac{2}{15}sik$	$\frac{7}{60}sik$	$\frac{1}{60}si(7k_1+8k_2)$

Quadratische Parabeln: o kennzeichnet den Scheitelpunkt
Kubische Parabeln:　　o kennzeichnet die Nullstelle der Dreiecksbelastung
Trapeze: i_1 und i_2 (bzw. k_1 und k_2) können unterschiedliche Vorzeichen haben

b) Statisch unbestimmte Kraft (Moment) X bei einem einfach statisch unbestimmten System:

$$X = -\frac{\displaystyle\int \frac{\bar{N}_1 N_0}{EA}\,dx + \int \frac{\bar{M}_1 M_0}{EI}\,dx + \int \frac{\bar{M}_{T1} M_{T0}}{GI_T}\,dx}{\displaystyle\int \frac{\bar{N}_1^2}{EA}\,dx + \int \frac{\bar{M}_1^2}{EI}\,dx + \int \frac{\bar{M}_{T1}^2}{GI_T}\,dx}\,;$$

„0"-System: Statisch bestimmtes System mit gegebener Belastung,

„1"-System: Statisch bestimmtes System mit Belastung durch eine Kraft (ein Moment) „1" an der Stelle der statisch unbestimmten Reaktion,

N_0, M_0, M_{T0}:   Schnittgrößenverläufe im „0"-System,

$\bar{N}_1, \bar{M}_1, \bar{M}_{T1}$:   Schnittgrößenverläufe im „1"-System.

Sonderfall Fachwerk:

$$X = -\frac{\displaystyle\sum \frac{\bar{S}_j S_j^{(0)} l_j}{(EA)_j}}{\displaystyle\sum \frac{\bar{S}_j^2 l_j}{(EA)_j}}\,.$$

II.5 Spannungszustand, Verzerrungszustand, Elastizitätsgesetz

a) Ebener Spannungszustand

Koordinatentransformation:

$$\sigma_\xi = \frac{1}{2}(\sigma_x + \sigma_y) + \frac{1}{2}(\sigma_x - \sigma_y)\cos 2\varphi + \tau_{xy}\sin 2\varphi\,,$$

$$\sigma_\eta = \frac{1}{2}(\sigma_x + \sigma_y) - \frac{1}{2}(\sigma_x - \sigma_y)\cos 2\varphi - \tau_{xy}\sin 2\varphi\,,$$

$$\tau_{\xi\eta} = \qquad\quad -\frac{1}{2}(\sigma_x - \sigma_y)\sin 2\varphi + \tau_{xy}\cos 2\varphi\,.$$

Hauptspannungen:

$$\sigma_{1,2} = \frac{\sigma_x + \sigma_y}{2} \pm \sqrt{\left(\frac{\sigma_x - \sigma_y}{2}\right)^2 + \tau_{xy}^2} \; .$$

Hauptrichtungen:

$$\tan 2\varphi^* = \frac{2\tau_{xy}}{\sigma_x - \sigma_y} \; .$$

Maximale Schubspannung:

$$\tau_{max} = \sqrt{\left(\frac{\sigma_x - \sigma_y}{2}\right)^2 + \tau_{xy}^2} \quad \rightarrow \quad \tau_{max} = \frac{1}{2}\left|\sigma_1 - \sigma_2\right| \; .$$

Mohrscher Kreis:

Ersetzt man das Grundsymbol I der Flächenträgheitsmomente durch σ und die Koordinatenindizes y, z, η, ζ durch x, y, ξ, η in dieser Reihenfolge, so erhält man den Mohrschen Kreis für ebene Spannungszustände.

b) Ebener Verzerrungszustand

Die Koordinatentransformation sowie die Ermittlung der Hauptdehnungen und der Hauptrichtungen werden wie beim ebenen Spannungszustand durchgeführt. Dabei sind die Spannungen σ_x, σ_y und τ_{xy} durch die Verzerrungen $\varepsilon_x, \varepsilon_y$ und $\varepsilon_{xy} = \gamma_{xy}/2$ zu ersetzen. (Anm.: Es ist zu beachten, dass in der Literatur auch die Notation $\varepsilon_{xy} = \gamma_{xy}$ benutzt wird).

c) Hookesches Gesetz (ebener Spanungszustand)

$$\varepsilon_x = \frac{1}{E}\left(\sigma_x - \nu\,\sigma_y\right) + \alpha_T\,\Delta T \; , \quad \varepsilon_y = \frac{1}{E}\left(\sigma_y - \nu\,\sigma_x\right) + \alpha_T\,\Delta T \; ,$$

$$\gamma_{xy} = \frac{1}{G}\,\tau_{xy} \; ,$$

bzw.

$$\sigma_x = \frac{E}{1-\nu^2}\left(\varepsilon_x + \nu\,\varepsilon_y\right), \quad \sigma_y = \frac{E}{1-\nu^2}\left(\varepsilon_y + \nu\,\varepsilon_x\right),$$

$$\tau_{xy} = G\,\gamma_{xy}\,.$$

$\varepsilon_x, \varepsilon_y$: Dehnungen, γ_{xy}: Gleitung, ν: Poissonsche Zahl.

Zusammenhang zwischen E, G und ν:

$$E = 2(1+\nu)\,G\,.$$

d) Vergleichsspannung (ebener Spannungszustand)

Schubspannungshypothese (Tresca):

$$\sigma_V = \begin{cases} \sqrt{(\sigma_x - \sigma_y)^2 + 4\tau_{xy}^2} & \text{für } \sigma_1\sigma_2 < 0, \\ \frac{1}{2}\max\left|\sigma_x + \sigma_y \pm \sqrt{(\sigma_x - \sigma_y)^2 + 4\tau_{xy}^2}\right| & \text{für } \sigma_1\sigma_2 \geq 0. \end{cases}$$

Hypothese der Gestaltänderungsenergie (Huber-v. Mises-Hencky):

$$\sigma_V = \sqrt{\sigma_x^2 + \sigma_y^2 - \sigma_x\sigma_y + 3\tau_{xy}^2}\,.$$

II.6 Knickung

a) Differenzialgleichung für die Auslenkung:

$$(EIw'')'' + Fw'' = 0.$$

b) Sonderfall: $EI = $ konst:

$$w^{IV} + \lambda^2 w'' = 0 \quad \text{mit} \quad \lambda^2 = F/EI\,.$$

Allgemeine Lösung:

$$w(x) = A\cos\lambda x + B\sin\lambda x + C\,\lambda x + D;$$

A, B, C, D: Integrationskonstanten.

Tabelle II.6.1: Eulersche Knicklasten (Euler-Fälle I - IV) in Vielfachen von $E\,I/l^2$

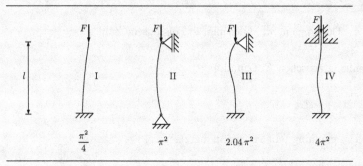

$$\frac{\pi^2}{4} \qquad\qquad \pi^2 \qquad\qquad 2.04\,\pi^2 \qquad\qquad 4\pi^2$$

II.7 Querkraftschub

Voraussetzung: y und z sind Hauptachsen durch den Flächenschwerpunkt.

Schubspannung für einen Balken mit Vollquerschnitt ($Q = Q_z$):

$$\tau(x,z) = \frac{Q(x)S_\mathrm{y}(z)}{I_\mathrm{y}\,b(z)}\,;$$

$S_\mathrm{y}(z)$: statisches Moment von bei z abgeschnittener Teilfläche,
$b(z)$: Breite des Querschnitts in der Trennlinie.

Schubspannung für einen Balken mit offenem, dünnwandigem Querschnitt ($Q = Q_z$):

$$\tau(x,s) = \frac{Q(x)\,S_\mathrm{y}(s)}{I_\mathrm{y}\,t(s)}\,;$$

$S_\mathrm{y}(s)$: statisches Moment von bei s abgeschnittener Teilfläche,
$t(s)$: Wandstärke in der Trennlinie, s: Bogenlänge der Trennlinie im dünnwandigen Querschnitt.

Aufgaben

II.1 Zug und Druck

Aufgabe II.1.1 Ein Stab (Dichte ϱ, Elastizitätsmodul E, Länge l) mit Rechteckquerschnitt (konstante Dicke a, linear veränderliche Breite $b(x)$) ist an seinem oberen Ende aufgehängt. Man bestimme die Spannung $\sigma(x)$, die Spannung $\sigma(l)$ an der Einspannstelle und die Verlängerung des Stabes infolge des Eigengewichts.

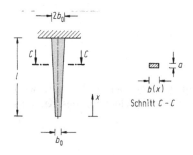

Aufgabe II.1.2 Der dargestellte elastische Stab (Dehnsteifigkeit EA) wird am rechten Ende durch eine Feder (Federsteifigkeit $c = EA/l$) gehalten. Die Belastung besteht aus einer linear veränderlichen Streckenlast $n(x)$ und einer Kraft $F = n_0\, l$. Man bestimme die Verläufe der Normalkraft $N(x)$ und der Verschiebung $u(x)$ und stelle sie grafisch dar.

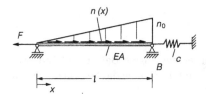

Aufgabe II.1.3 Ein dünner Kreisring (Elastizitätsmodul E, Wärmeausdehnungskoeffizient α_T, Innenradius $r - \delta$, $\delta \ll r$) mit rechteckigem Querschnitt (Breite b, Dicke $t \ll r$) wird erwärmt und auf ein starres Rad (Radius r) aufgezogen. Welche Temperaturerhöhung ΔT ist dazu nötig? Wie groß ist die Zugspannung σ im Ring, nachdem er sich wieder auf seine ursprüngliche Temperatur abgekühlt hat? Wie groß ist dann der Anpressdruck p des Ringes auf das Rad?

Aufgabe II.1.4 Der dargestellte Verbundstab ($E_{St} = 2E_{Cu} = E$, $A_{St} = A_{Cu}/2$ $= A$) soll zwischen zwei feste Wände geklemmt werden. Für den Einbau wird das mittlere Stabteil mit der Kraft F zusammengedrückt. Wie groß muss F mindestens sein, damit der Einbau gelingt? Wie groß sind die Spannungen im Stab nach dem Einbau? Um wieviel ist das Mittelstück nach dem Einbau kürzer als vor dem Einbau?

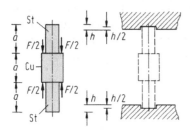

Aufgabe II.1.5 Ein Stabzweischlag (Dehnsteifigkeit der Stäbe EA) wird durch eine Kraft F belastet. Man bestimme die Verschiebung des Knotens K.

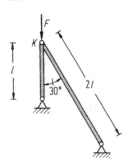

Aufgabe II.1.6 Ein Tragwerk besteht aus einem starren Balken BC und zwei elastischen Stäben (Dehnsteifigkeit EA). Man bestimme die Verschiebung des Punktes C unter der Wirkung der Kraft F.

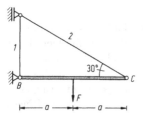

Aufgabe II.1.7 Das Seil (Länge l, Dehnsteifigkeit $(EA)_1$) einer Seilwinde wird reibungsfrei über den Knoten K eines Stabzweischlags (Dehnsteifigkeit der Stäbe $(EA)_2$) geführt (vgl. Aufgabe I.1.3). Wie verschiebt sich der Knoten K, wenn an den Haken H ein Klotz (Gewicht G) gehängt wird? Wie weit senkt sich der Haken ab?

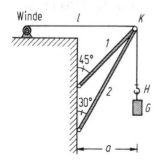

Aufgabe II.1.8 Der um den Wert δ ($\delta \ll h$) zu kurze Stab 2 soll mit dem Knoten K verbunden werden. Alle Stäbe haben die gleiche Dehnsteifigkeit EA. Wie groß sind die Stabkräfte nach der Montage?

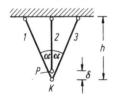

II.2 Biegung

Aufgabe II.2.1 Ein Träger besitzt das dargestellte dünnwandige Profil ($t \ll a$). Man bestimme die Hauptträgheitsmomente und die Hauptachsen durch den Schwerpunkt.

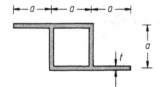

Aufgabe II.2.2 An der Unterseite eines Trägers mit einem dünnwandigen, quadratischen Kastenprofil (Kantenlänge a, konstante Wandstärke $t \ll a$) soll zur Verstärkung ein Blech (Breite a, Dicke t) angeschweißt werden. Das Blech wird a) flach auf der Unterseite oder b) senkrecht dazu angeschweißt. Man berechne für beide Fälle die Flächenträgheitsmomente sowie die Widerstandsmomente bezüglich der horizontalen Achsen durch die Flächenschwerpunkte.

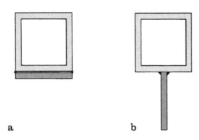

a   b

Aufgabe II.2.3 Ein einseitig eingespannter Träger aus einem dünnwandigen U-Profil ($t \ll b$) wird durch eine Gleichstreckenlast q_0 belastet. Wie groß darf die Länge l höchstens sein, damit die dem Betrag nach größte Normalspannung die zulässige Spannung σ_{zul} nicht überschreitet?

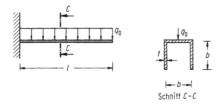

Schnitt $C-C$

Aufgabe II.2.4 Ein quadratischer Träger mit axialer Bohrung (Radius r) wird durch eine Kraft F belastet. Man berechne die maximale Normalspannung $|\sigma|_{max}$ im Schnitt $D-D$ für die dargestellten Lagen des Profils.

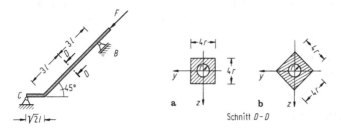

Schnitt $D-D$

Aufgabe II.2.5 Die dargestellte Säule (Elastizitätsmodul E) wird durch eine vertikale Kraft F (Angriffspunkt K) exzentrisch belastet. Dabei sind sowohl die Kraft F als auch die Exzentrizität e unbekannt. In den Punkten B bzw. C werden die Dehnungen ε_B bzw. ε_C gemessen. Wie groß ist F?

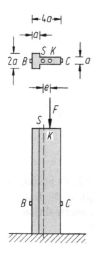

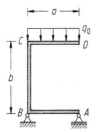

Aufgabe II.2.6 Man bestimme die Biegelinie für den dargestellten Gelenkbalken (Biegesteifigkeit EI).

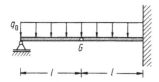

Aufgabe II.2.7 Man ermittle die Verschiebung des Punktes D des dargestellten Rahmens (Biegesteifigkeit EI, Dehnsteifigkeit $EA \to \infty$).

Aufgabe II.2.8 Zwei einseitig eingespannte Balken (Biegesteifigkeit EI) sind durch einen Stab (Dehnsteifigkeit EA, Wärmeausdehnungskoeffizient α_T) gelenkig miteinander verbunden. Das System ist nicht vorgespannt. Wie groß ist die Kraft S im Stab, wenn seine Temperatur um ΔT geändert und im Punkt C eine Kraft F aufgebracht wird?

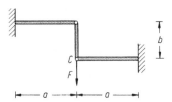

Aufgabe II.2.9 Der dargestellte Rahmen (Biegesteifigkeit EI, Dehnsteifigkeit $EA \to \infty$) wird durch eine auf die Längeneinheit in Richtung der Balken bezogene Gleichstreckenlast q_0 belastet. Wie groß sind die Lagerreaktionen, wenn der Rahmen im unbelasteten Zustand spannungsfrei ist?

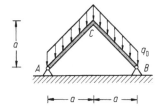

Aufgabe II.2.10 Der dargestellte Rahmen (Biegesteifigkeit EI, Dehnsteifigkeit $EA \to \infty$) wird durch eine Gleichstreckenlast q_0 belastet. Man bestimme die Lagerreaktionen.

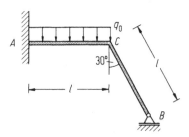

Aufgabe II.2.11 Man ermittle die Lagerreaktionen und die Biegelinie für den dargestellten Durchlaufträger (Biegesteifigkeit EI).

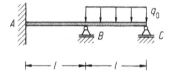

Aufgabe II.2.12 Der dargestellte einseitig eingespannte Balken (Biegesteifigkeit EI) wird am anderen Ende mit einer Drehfeder (Federkonstante c_T) gehalten. Im unbelasteten Zustand ist die Drehfeder entspannt. Man bestimme die Biegelinie, wenn am rechten Ende ein eingeprägtes Moment M_0 aufgebracht wird.

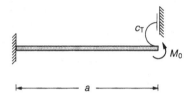

Aufgabe II.2.13 Ein Balken (Biegesteifigkeit EI) ist bei A gelenkig und bei B mit einer Parallelführung gelagert. Zusätzlich sind bei A eine Drehfeder (Federkonstante $c_A = EI/a$) und bei B eine Dehnfeder (Federkonstante $c_B = EI/a^3$) angebracht. Im unbelasteten Zustand sind beide Federn entspannt. Wie groß sind das Moment M_A in der Drehfeder und die Kraft F_B in der Dehnfeder, wenn in der Balkenmitte eine Kraft F aufgebracht wird?

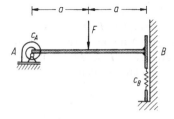

Aufgabe II.2.14 Ein schlanker, einseitig eingespannter Mast mit einem rautenförmigen, dünnwandigen Profil (konstante Wandstärke t) wird an seinem freien Ende durch eine Kraft F belastet. Wie groß ist die maximale Biegespannung und wo tritt sie auf? Wie groß ist die Verschiebung des Endquerschnitts?

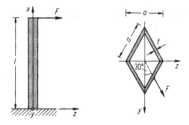

Aufgabe II.2.15 Im dargestellten Querschnitt eines Balkens wirkt das positive Biegemoment M_y. Man bestimme die Flächenträgheitsmomente I_y, I_z und I_{yz} sowie die Hauptachsen. Wie groß ist die Biegespannung im Punkt A?

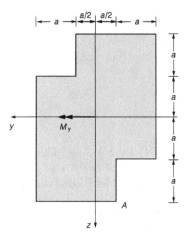

Aufgabe II.2.16 Ein Speichenrad steht unter der Radlast P. Man bestimme für die skizzierte Radstellung die Verschiebung der Nabe aus dem Zentrum. Dabei sollen die Speichen als elastisch (Dehnsteifigkeit EA, Biegesteifigkeit EI) und der Radreif sowie die Nabe als starr betrachtet werden.

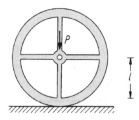

II.3 Torsion

Aufgabe II.3.1 Eine Welle (Schubmodul G) mit Kreisquerschnitt besteht aus zwei Bereichen mit konstantem Radius und einem konischen Bereich. Man bestimme die Verdrehung ϑ_E des Endquerschnitts infolge eines Torsionsmoments M_0.

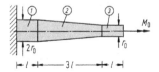

Aufgabe II.3.2 Ein dünnwandiges Aluminiumrohr (mittlerer Radius $r_1 = 2r$, Wandstärke $t = r/8$, Schubmodul G_1) und ein Stahlstab (Radius $r_2 = r$, Schubmodul $G_2 = 3G_1$) werden durch zwei starre Endplatten miteinander verbunden. Welcher Anteil des eingeleiteten Torsionsmoments M_0 wird vom Aluminiumrohr getragen? Wie groß darf M_0 höchstens sein, damit die zulässige Schubspannung τ_{zul} im Aluminiumrohr nicht überschritten wird?

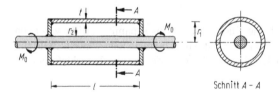

Schnitt $A - A$

Aufgabe II.3.3 Ein horizontaler Rahmen aus Stahl ($E/G \approx 8/3$) besteht aus drei rechtwinklig miteinander verbundenen Balken mit Kreisquerschnitt (Radius r). Er ist im unbelasteten Zustand spannungsfrei. Wie groß sind die Lagerreaktionen, wenn der Rahmen durch eine vertikale Kraft F belastet wird?

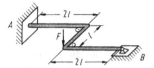

Aufgabe II.3.4 Man bestimme für die dargestellten dünnwandigen Profile ($t \ll b$) die Torsionsträgheitsmomente und die Torsionswiderstandsmomente. Wie groß ist das Verhältnis $\tau_{max,o}/\tau_{max,g}$ der maximalen Schubspannungen für die offenen Profile (o) und das geschlossene Profil (g), wenn in den Querschnitten ein Torsionsmoment M_T wirkt?

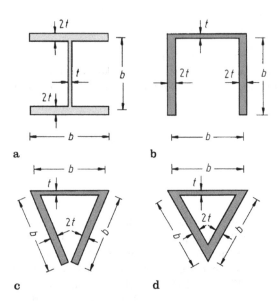

a   b

c   d

Aufgabe II.3.5 Am freien Ende eines einseitig eingespannten, dünnwandigen Torsionsstabes (Schubmodul G) ist ein starrer Querarm angeschweißt. Die Belastung besteht aus einem Kräftepaar. Man bestimme die Verschiebung des Punktes D.

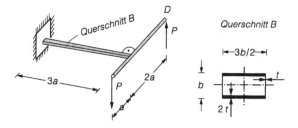

Aufgabe II.3.6 Am freien Ende eines einseitig eingespannten, dünnwandigen Kastenträgers (Schubmodul G) sind zwei starre Querarme angeschweißt. Zwei um den Wert a zu kurze Federn (Federkonstante c) werden mit den Querarmen verbunden. Wie groß sind nach der Montage das Torsionsmoment und die maximale Schubspannung im Träger?

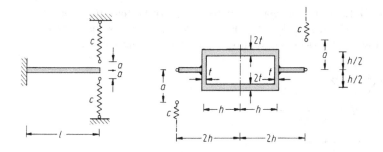

II.4 Prinzip der virtuellen Kräfte

Aufgabe II.4.1 Das dargestellte System ist bei A gelenkig gelagert und hängt bei B an einem Seil (vgl. Aufgabe I.5.5). Über eine reibungsfreie Rolle (Radius $a/2$) wird ein weiteres Seil (Länge $3\,a$) geführt, das eine Kiste (Gewicht G) trägt. Die Dehnsteifigkeit der Stäbe ist EA, die der Seile $EA/5$. Wie groß ist die Absenkung v des Hakens?

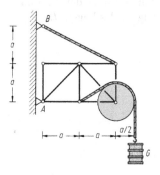

Aufgabe II.4.2 Ein nicht vorgespanntes Fachwerk aus fünf gleich langen Stäben (Dehnsteifigkeit EA) wird durch eine Kraft F belastet. Man bestimme die Stabkräfte.

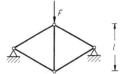

Aufgabe II.4.3 Ein nicht vorgespanntes Tragwerk besteht aus sechs elastischen Stäben (Dehnsteifigkeit EA, Eigengewicht vernachlässigbar) und einem starren Balken (Gewicht G). Man bestimme die Kraft im Lager B.

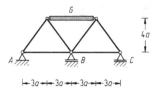

Aufgabe II.4.4 Ein Balken (Biegesteifigkeit EI) auf drei Stützen wird durch ein Moment M_A belastet. Man bestimme die Lagerkraft B und den Neigungswinkel φ_B infolge des Moments.

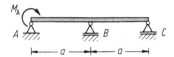

Aufgabe II.4.5 Der dargestellte Rahmen (Biegesteifigkeit EI, Dehnsteifigkeit $EA \to \infty$) wird durch ein Moment M_0 belastet. Man bestimme den Neigungswinkel φ_A am Lager A und die Vertikalverschiebung v_B des Lagers B.

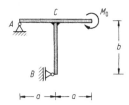

Aufgabe II.4.6 Ein dehnstarrer Rahmen mit den Biegesteifigkeiten $(EI)_1$ bzw. $(EI)_2$ ist bei A eingespannt und wird bei B durch eine Kraft F belastet. Wie groß muss das Verhältnis $(EI)_1/(EI)_2$ sein, damit sich der Punkt B unter einem Winkel von $45°$ gegenüber der Horizontalen nach oben verschiebt?

Aufgabe II.4.7 Ein dehnstarrer Rahmen (Elastizitätsmodul E) mit Rechteckquerschnitt (konstante Breite b) ist bei A eingespannt. Die Querschnittshöhe ist im Bereich AB konstant und im Bereich BC linear veränderlich. Der Rahmen wird durch eine Gleichstreckenlast q_0 belastet. Man bestimme die Absenkung des Punktes C.

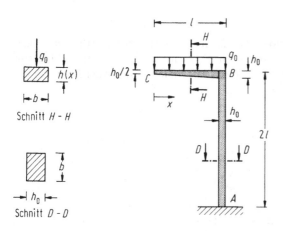

Aufgabe II.4.8 Über einen einseitig eingespannten Rahmen (Biegesteifigkeit EI, Dehnsteifigkeit $EA \to \infty$) wird ein Seil geführt, das an seinem freien Ende eine Last (Gewicht G) trägt. Das Seil wird bei B, C und D reibungsfrei umgelenkt. Wie groß ist die Änderung des Abstands zwischen den Punkten B und C?

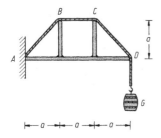

Aufgabe II.4.9 Ein rechteckiger Rahmen (Biegesteifigkeit EI, Dehnsteifigkeit $EA \to \infty$) wird durch eine Gleichstreckenlast q_0 belastet. Man bestimme den Momentenverlauf im Rahmen.

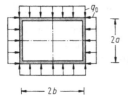

Aufgabe II.4.10 Ein Tragwerk aus einem dehnstarren Balken (Biegesteifigkeit EI) und drei Stäben (Dehnsteifigkeit EA) wird durch eine Kraft F belastet (vgl. Aufgabe I.4.2). Wie groß ist die Absenkung w des Angriffspunkts der Kraft?

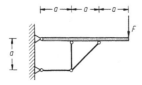

Aufgabe II.4.11 Eine Krankonstruktion besteht aus einem dehnstarren Balken (Biegesteifigkeit EI) und einer Pendelstütze (Dehnsteifigkeit $(EA)_1$). Über reibungsfrei gelagerte Rollen wird ein Seil (Dehnsteifigkeit $(EA)_2$) geführt, an dessen Ende eine Kiste (Gewicht G) befestigt ist. Um welche Strecke muss das Seilende bei B nach unten gezogen werden, damit die Kiste gerade vom Boden abhebt?

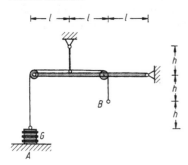

Aufgabe II.4.12 Ein bei B eingespannter, dehnstarrer Balken (Biegesteifigkeit $(EI)_1$) wird zusätzlich durch ein bei C befestigtes Seil (Dehnsteifigkeit $(EA)_2$) gehalten. Im unbelasteten Zustand ist das System nicht vorgespannt. Wie groß ist die Seilkraft, wenn am freien Ende des Balkens eine Kraft F wirkt?

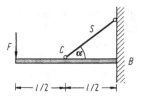

Aufgabe II.4.13 In den Punkten A und B eines horizontalen Rahmens (Biegesteifigkeit EI, Torsionssteifigkeit GI_T) sind zwei Räder (Radius $r = \sqrt{2}\,a/2$) reibungsfrei drehbar angebracht. Über die Räder wird in der dargestellten Weise ein Seil geführt. Man bestimme die Vertikalverschiebungen von A und B in Abhängigkeit von der Seilkraft S.

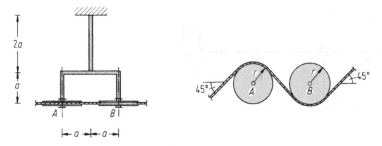

Aufgabe II.4.14 Der dargestellte Lastenaufzug besteht aus einem Rahmen (Biegesteifigkeit EI, Torsionssteifigkeit $GI_T = 3EI/4$, Gewicht vernachlässigbar), an dem im Punkt C ein Rad (Gewicht $G_1 = G$, Radius $r = a/4$) arretiert ist. Über das Rad ist ein Seil gewickelt, an dem eine Last (Gewicht $G_2 = 8G$) hängt. Man bestimme die Lagerreaktionen und die Absenkung des Punktes C.

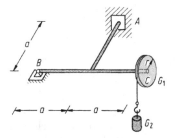

Aufgabe II.4.15 Der dargestellte Rahmen ABCDE ist schub- und dehnstarr $(GA_R \to \infty,\ EA_R \to \infty)$ und besitzt die Biegesteifigkeit EI_R. Im Punkt B

ist der Rahmen über eine Schiebehülse (vernachlässigbare Abmessungen) mit
zwei Fachwerkstäben (jeweils Dehnsteifigkeit EA_S, Länge l_S) verbunden. Die
Belastung erfolgt durch eine Einzelkraft F im Punkt C sowie ein Einzelmo-
ment $F\ell$ im Punkt D. Man bestimme das Auflagermoment im Punkt E. Wie
groß ist die Steifigkeit einer Ersatzfeder, welche die beiden Fachwerkstäbe in
ihrer vertikalen Wirkung äquivalent ersetzt?

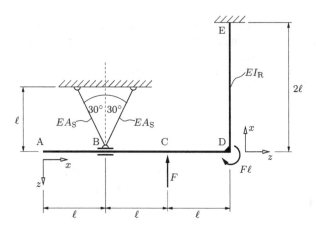

Aufgabe II.4.16 Das dargestellte System aus einem biegeweichen, schub- und
dehnstarren Balken ($EI = $ konstant, $EA \to \infty$) und drei Dehnstäben ($EA = $
konstant) ist mit einer Einzelkraft F am Balkenende belastet. Berechnen Sie
mit dem Prinzip der virtuellen Kräfte die Absenkung w_P des Punktes P.

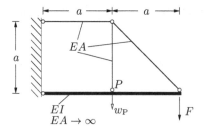

Aufgabe II.4.17 Das dargestellte Tragwerk AGB (linkes Teilbild) besteht aus
dem kreisförmigen Tragwerkteil AG (Viertelkreis) mit Radius r und dem gelenkig angeschlossenen, starren Stab GB. Im Punkt G wird das Tragwerk
durch die vertikale Einzelkraft F belastet. Der Viertelkreis besitzt die Dehnsteifigkeit EA und die Biegesteifigkeit EI und ist schubstarr. Die Tragwirkung

des Viertelkreises soll für kleine Verformungen des Systems durch die gezeichnete Feder im Punkt G ersetzt werden (rechtes Teilbild). Berechnen Sie hierfür die Ersatzfedersteifigkeit k.

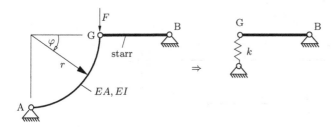

Aufgabe II.4.18 Ein Torsionsstab mit der Länge $4a$ und der Torsionssteifigkeit GI_T ist an seinen beiden Enden fest eingespannt. Die Belastung besteht aus einem im Bereich $x \in [a, 3a]$ konstant verteilten Torsionsmoment m_T sowie aus zwei Einzeltorsionsmomenten $m_T a$ an den Stellen $x = a$ und $x = 3a$. Bestimmen Sie den Verlauf des Torsionsmoments $M_T(x)$ des einfach statisch unbestimmten Systems.

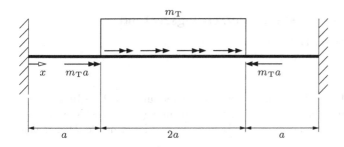

Aufgabe II.4.19 Das dargestellte Tragwerk liegt in der $X-Y$-Ebene und ist im Punkt A durch ein Gabellager (dreiwertig, Lagerreaktionen M_{A_Y}, A_X und A_Z), im Punkt B durch ein verschiebliches Auflager (einwertig, Lagerreaktion B_Z) und im Punkt C durch ein vertikal verschiebliches Auflager (zweiwertig, Lagerreaktionen C_X und C_Y) gelagert. Die Belastung besteht aus einer Einzellast F in X-Richtung und einer Gleichlast p in Z-Richtung. Das Tragwerk besteht aus zwei schubweichen Balken mit kreisförmigem Profil und Steifigkeiten EA, EI, GI_T und GA. Man bestimme die Verschiebung w in Z-Richtung im Punkt C und die Verdrehung ϕ um die Z-Achse im Punkt B in der skizzierten Richtung.

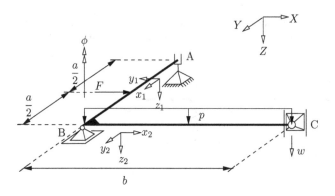

II.5   Spannungszustand, Verzerrungszustand, Elastizitätsgesetz

Aufgabe II.5.1 An einer Scheibe (Elastizitätsmodul $E = 2,1 \cdot 10^5 \, \text{N/mm}^2$, Querkontraktionszahl $\nu = 0,3$) wirken die Spannungen $\sigma_\text{x} = 30 \, \text{N/mm}^2$ und $\tau_\text{xy} = 15 \, \text{N/mm}^2$. Man bestimme die Dehnung ε_AB in Richtung der Diagonalen AB.

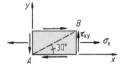

Aufgabe II.5.2 Von einem ebenen Spannungszustand sind die beiden Hauptspannungen $\sigma_1 = 30 \, \text{N/mm}^2$ und $\sigma_2 = -10 \, \text{N/mm}^2$ an einem infinitesimalen Element (Schnitt I) gegeben. Man berechne für den gegenüber Schnitt I um 45° gedrehten Schnitt II die freigelegten Spannungen und skizziere sie am Element. Mit Hilfe des Mohrschen Kreises ermittle man die Lage eines x, y-Koordinatensystems, in dem gilt: $\sigma_\text{y} = 0$, $\tau_\text{xy} < 0$. Wie groß sind σ_x und τ_xy?

Schnitt I:

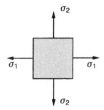

Schnitt II:

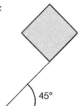

Aufgabe II.5.3 Ein auf Zug ($F = 7500\,\text{N}$) und Torsion ($M_0 = 125\,\text{Nm}$) beanspruchtes Rohr ($r = 20\,\text{mm}$, $t = 1\,\text{mm}$) soll durch Spiralschweißung so hergestellt werden, dass die Schweißnaht senkrecht zur Richtung der kleineren Hauptspannung verläuft. Man bestimme den Spannungszustand im Rohr und die Hauptspannungen. Wie groß ist der Winkel φ^* zwischen der Schweißnaht und der Rohrachse? Man untersuche, ob die Wandstärke t groß genug ist, so dass nach der Huber-v. Mises-Henckyschen Festigkeitshypothese die zulässige Spannung $\sigma_{\text{zul}} = 120\,\text{N/mm}^2$ nicht überschritten wird.

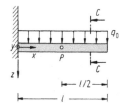

Aufgabe II.5.4 Ein einseitig eingespannter Träger aus einem dünnwandigen U-Profil (Länge $l = 20b$, Wandstärke $t = b/30$) wird durch eine Gleichstreckenlast q_0 belastet. Man bestimme den Spannungszustand im Punkt P und berechne die Hauptspannungen sowie die Hauptrichtungen.

Schnitt $C - C$

Aufgabe II.5.5 An der höchstbeanspruchten Stelle eines Gabelschlüssels (Elastizitätsmodul $E = 2,1 \cdot 10^5\,\text{N/mm}^2$, Querkontraktionszahl $\nu = 0,3$) sind drei Dehnungsmessstreifen angebracht, mit deren Hilfe die Dehnungen $\varepsilon_{\text{q}} = 5,8 \cdot 10^{-4}$, $\varepsilon_{\text{r}} = -1,0 \cdot 10^{-4}$ und $\varepsilon_{\text{s}} = 1,2 \cdot 10^{-4}$ in den Richtungen q, r und s gemessen werden. Man bestimme unter der Annahme eines ebenen Spannungszustands die größte Hauptspannung an dieser Stelle.

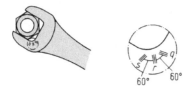

Aufgabe II.5.6 Ein einseitig eingespannter Winkel mit dünnwandigem Hohlkastenprofil (konstante Wandstärke $t = h/20$) wird am freien Ende durch eine Kraft F belastet. Man bestimme nach der Schubspannungshypothese die Vergleichsspannung σ_V im Punkt P.

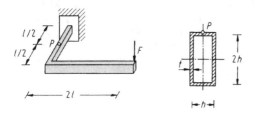

Aufgabe II.5.7 Ein Hinweisschild (Gewicht G) ist an einem Mast mit Kreisquerschnitt (Wandstärke $t \ll r$) befestigt. Es wird durch eine Windkraft W belastet. Man bestimme nach der Schubspannungshypothese die Vergleichsspannung an der am stärksten beanspruchten Stelle des Mastes für $W = 3G$, $h = 4a$ und $r \ll a$.

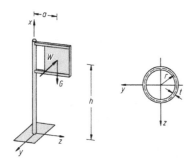

II.6 Knickung

Aufgabe II.6.1 Eine Aufhängung besteht aus einem Stab (Elastizitätsmodul E) und einem Kreisbogenträger. Wie schwer darf die angehängte Last höchstens sein, damit der Stab nicht knickt?

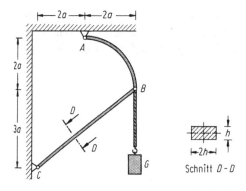

Schnitt D-D

Aufgabe II.6.2 Ein Stabzweischlag aus gleichen Stäben (Elastizitätsmodul E) soll durch eine vertikale Kraft im Knoten K aus der oberen lastfreien Gleichgewichtslage in die untere lastfreie Gleichgewichtslage durchgedrückt werden. Wie groß darf der Winkel α höchstens sein, damit keiner der Stäbe knickt?

Schnitt C-C

Aufgabe II.6.3 Der Druck auf den Kolben (Kolbenfläche A, Kolbenhub h) einer Dampfmaschine ist in Abhängigkeit vom Kolbenweg x durch $p = p_0 h/(h + 4x)$ gegeben. Man bestimme den Radius r der Kolbenstange (Länge $l + s$) so, dass sie in keiner Stellung des Kolbens knickt.

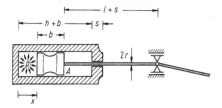

Aufgabe II.6.4 Ein Bauteil besteht aus vier Teilstücken: einem Stab ① (Elastizitätsmodul E_1, Wärmeausdehnungskoeffizient α_{T1}, Querschnittsfläche A_1, minimales Trägheitsmoment I_1), einem Rohr ② (E_2, α_{T2}, A_2, $E_2 A_2$ = $4E_1 A_1$), einem Stab ③ ($E_3 = E_2$, $\alpha_{T3} = \alpha_{T2}$, $A_3 = A_2/4$) und einer starren

Platte ④. Das Bauteil wurde bei Raumtemperatur vorspannungsfrei zwischen zwei starren Wänden eingebaut. Wie groß darf eine im gesamten Bauteil konstante Temperaturänderung ΔT höchstens sein, damit der Stab ① nicht knickt?

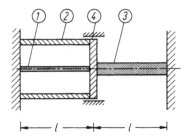

Aufgabe II.6.5 Ein einseitig eingespannter Stab (Biegesteifigkeit EI) wird am freien Ende durch eine Feder (Federkonstante c) gestützt und durch eine vertikale Kraft F belastet. Man bestimme die Knicklast F_{krit}.

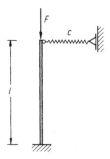

Aufgabe II.6.6 Auf einem senkrechten Stab (Länge L, Biegesteifigkeit EI) mit der skizzierten Lagerung klettert ein Massenpunkt (Masse m) in die Höhe. Bestimmen Sie die elastische Knicklast in Abhngigkeit der Höhe l.

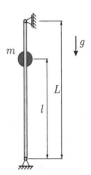

II.7 Querkraftschub

Aufgabe II.7.1 Ein einseitig eingespannter Träger aus einem dünnwandigen U-Profil wird durch eine Gleichstreckenlast q_0 belastet. Man bestimme die Schubspannungsverteilung im Querschnitt. Wie groß ist das Verhältnis τ_{max}/σ_{max}?

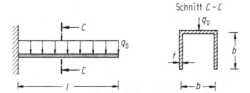

Aufgabe II.7.2 Man bestimme für den dargestellten dünnwandigen Querschnitt (Wandstärke $t \ll a$) eines Balkens die Lage des Schubmittelpunkts M.

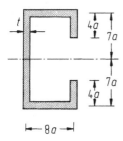

Aufgabe II.7.3 Ein einseitig eingespannter Träger (Schubmodul G) mit dünnwandigem Halbkreisprofil (Radius r, Wandstärke $t \ll r$) wird durch eine Kraft F belastet. Wie groß ist der Drehwinkel ϑ_1 des Endquerschnitts infolge der Belastung?

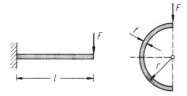

Aufgabe II.7.4 Man ermittle für das dargestellte dünnwandige Profil (Schwerpunkt S) den Verlauf des statischen Moments S_y und stelle ihn graphisch dar. Wie groß ist das Flächenträgheitsmoment I_y? Wo liegt der Schubmittelpunkt?

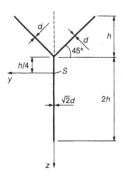

Aufgabe II.7.5 Ein dünnwandiges, $\sum$-förmiges Profil mit bereichsweise konstanten Wandstärken t bzw. $\sqrt{2}\,t$ wird durch eine Querkraft Q_z auf der Wirkungslinie durch die Eckpunkte E_o und E_u beansprucht. Welche Länge l müssen die horizontalen Profilschenkel haben, damit keine Profilverdrillung auftritt?

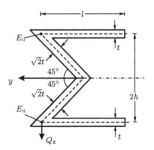

Aufgabe II.7.6 Das skizzierte dünne Profil aus zwei gleichen Kreisbogenstücken mit konstanter Breite d wird durch die Querkräfte Q_y und Q_z beansprucht. Gesucht ist der Schubmittelpunkt.

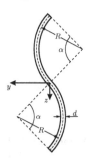

Lösungen

II.1 Zug und Druck

Lösung II.1.1

Geometrie:

$$b(x) = b_0 \left(1 + \frac{x}{l}\right) , \qquad A(x) = a\, b_0 \left(1 + \frac{x}{l}\right) ,$$

$$V(x) = \frac{1}{2}[b_0 + b(x)]a\, x = \frac{1}{2}\, a\, b_0 \left(2 + \frac{x}{l}\right) x .$$

Gleichgewicht:

$$N(x) = \varrho\, g\, V(x) .$$

Spannung an der Stelle x:

$$\sigma(x) = \frac{N(x)}{A(x)} \quad \rightarrow \quad \boxed{\sigma(x) = \frac{1}{2}\, \varrho\, g\, \frac{(2l+x)x}{l+x} .}$$

Spannung an der Einspannstelle $x = l$:

$$\boxed{\sigma(l) = 3\varrho\, g\, l/4 .}$$

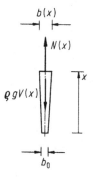

Verlängerung des Stabes:

$$\Delta l = \int\limits_0^l \frac{N(x)}{EA(x)}\, dx \quad \rightarrow \quad \boxed{\Delta l = \frac{\varrho g\, l^2}{4E}\,(3 - 2\ln 2)\,.}$$

Lösung II.1.2

Streckenlast:

$$n(x) = n_0\, x/l\,.$$

Gleichgewicht am Teilstab:

$$\rightarrow:\; N(x) + \frac{1}{2}\,x\,n(x) - F = 0 \quad \rightarrow \quad \boxed{N(x) = n_0\, l\left(1 - \frac{x^2}{2l^2}\right)\,.}$$

Kraft in der Feder:

$$F_{\mathrm{f}} = N(l) \qquad\qquad\qquad \rightarrow \quad F_{\mathrm{f}} = n_0\, l/2\,.$$

Verlängerung der Feder:

$$\Delta l = F_{\mathrm{f}}/c \qquad\qquad\qquad \rightarrow \quad \Delta l = \frac{n_0\, l^2}{2\,EA}\,.$$

Dehnung:

$$\varepsilon(x) = \frac{N(x)}{EA} = \frac{n_0\, l}{EA}\left(1 - \frac{x^2}{2l^2}\right)\,.$$

Verschiebung:

$$u(x) = \int \varepsilon(x)\, dx \quad \rightarrow \quad u(x) = \frac{n_0\, l}{EA}\left(x - \frac{x^3}{6l^2}\right) + C\,.$$

Randbedingung:

$$u(l) = -\Delta l \qquad\quad \rightarrow \quad C = -\frac{4 n_0\, l^2}{3\, EA}\,.$$

Einsetzen liefert:

$$\boxed{u(x) = \frac{n_0\, l^2}{EA}\left(-\frac{4}{3} + \frac{x}{l} - \frac{x^3}{6l^3}\right)\,.}$$

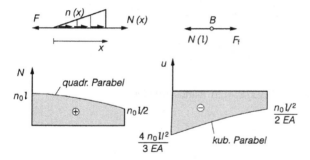

Lösung II.1.3 Die Wärmedehnung ist gleich der Dehnung, die sich aus der Umfangsänderung ergibt. Die Spannung σ kann nicht aus Gleichgewichtsbedingungen allein ermittelt werden, da das Problem statisch unbestimmt ist.

Forderung:

$$\varepsilon_T = \varepsilon \,.$$

Dehnung in Umfangsrichtung:

$$\varepsilon = \frac{2\pi\, r - 2\pi(r - \delta)}{2\pi(r - \delta)} = \frac{\delta}{r - \delta} \approx \frac{\delta}{r} \,.$$

Wärmedehnung:

$$\varepsilon_T = \alpha_T \,\Delta T \quad \rightarrow \quad \Delta T = \frac{\delta}{\alpha_T\, r} \,.$$

Dehnung nach dem Abkühlen:

$$\varepsilon = \frac{\delta}{r} \,.$$

Elastizitätsgesetz:

$$\sigma = E\,\varepsilon \quad \rightarrow \quad \sigma = E\,\frac{\delta}{r} \,.$$

Gleichgewicht an einem Element des Ringes:

$$\uparrow: \quad pbr\,\Delta\varphi - 2\sigma\,bt\sin\frac{\Delta\varphi}{2} = 0\,.$$

Linearisieren $(\sin(\Delta\varphi/2) \approx \Delta\varphi/2)$ und Auflösen liefert:

$$p = \sigma\frac{t}{r}\,.$$

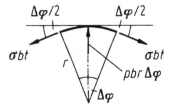

Lösung II.1.4

Längenänderung beim Zusammendrücken:

$$\Delta l = -\frac{Fa}{(EA)_{\text{Cu}}}\,.$$

Forderung:

$$\Delta l = -2h \qquad \rightarrow \qquad F = \frac{2h}{a}\,EA\,.$$

Längenänderungen der Stabteile:

$$\Delta l_{\text{Cu}} = \frac{Na}{(EA)_{\text{Cu}}}\,, \quad \Delta l_{\text{St}} = 2\frac{Na}{(EA)_{\text{St}}}\,.$$

Verträglichkeitsbedingung:

$$\Delta l_{\text{Cu}} + \Delta l_{\text{St}} = -h \qquad \rightarrow \qquad N = -\frac{h}{3a}\,EA\,.$$

Spannungen in den Stabteilen:

$$\sigma_{\text{Cu}} = \frac{N}{A_{\text{Cu}}} \qquad \rightarrow \qquad \sigma_{\text{Cu}} = -\frac{h}{6a} E \,,$$

$$\sigma_{\text{St}} = \frac{N}{A_{\text{St}}} \qquad \rightarrow \qquad \sigma_{\text{St}} = -\frac{h}{3a} E \,.$$

Längenänderung des Mittelstücks:

$$\Delta l_{\text{Cu}} = \frac{Na}{(EA)_{\text{Cu}}} \qquad \rightarrow \qquad \Delta l_{\text{Cu}} = -\frac{h}{3} \,.$$

Lösung II.1.5 Wir bestimmen die Horizontalkomponente Δu der Verschiebung mit Hilfe eines Verschiebungsplans.

Stabkräfte:

$$S_1 = -F \,, \qquad S_2 = 0 \,.$$

Längenänderungen der Stäbe:

$$\Delta l_1 = -\frac{F l}{EA} \,, \qquad \Delta l_2 = 0 \,.$$

Komponenten der Verschiebung:

$$\Delta v = |\Delta l_1| \qquad \rightarrow \qquad \Delta v = \frac{F l}{EA} \,,$$

$$\Delta u = \sqrt{3}\, \Delta v \qquad \rightarrow \qquad \Delta u = \sqrt{3}\, \frac{F l}{EA} \,.$$

Die Verschiebung des Knotens ist unabhängig von der Länge des Stabes 2.

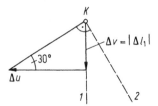

Lösung II.1.6 Die Horizontalkomponente der Verschiebung ist Null (starrer Balken).

Stabkräfte:

$$S_1 = -F/2, \qquad S_2 = F.$$

Vertikalverschiebung des Punktes C:

$$\Delta v = |\Delta l_1| + \frac{\Delta l_2}{\sin 30°}.$$

Stablängen:

$$l_1 = 2a \tan 30° = 2a/\sqrt{3}, \qquad l_2 = 2a/\cos 30° = 4a/\sqrt{3}.$$

Längenänderungen:

$$\Delta l_1 = \frac{S_1 l_1}{EA} = -\frac{1}{\sqrt{3}} \frac{Fa}{EA}, \qquad \Delta l_2 = \frac{S_2 l_2}{EA} = \frac{4}{\sqrt{3}} \frac{Fa}{EA}.$$

Einsetzen liefert:

$$\Delta v = 3\sqrt{3} \frac{Fa}{EA}.$$

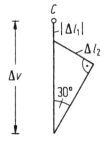

Lösung II.1.7 Die Verschiebung des Knotens wird mit Hilfe eines Verschiebungsplans bestimmt.

Stabkräfte:

$$S_1 = -\sqrt{2}\,G\,, \qquad S_2 = 0\,.$$

Längenänderungen der Stäbe:

$$\Delta l_1 = -\frac{2G\,a}{(EA)_2}\,, \qquad \Delta l_2 = 0\,.$$

Gesamtverschiebung:

$$d = \frac{|\Delta l_1|}{\sin 15^\circ} = 3{,}86\,|\Delta l_1|\,.$$

Horizontalverschiebung:

$$u = d\cos 30^\circ \quad \rightarrow \quad \boxed{u = 6{,}69\,\frac{G\,a}{(EA)_2}}\,.$$

Vertikalverschiebung:

$$v = d\sin 30^\circ \quad \rightarrow \quad \boxed{v = 3{,}86\,\frac{G\,a}{(EA)_2}}\,.$$

Der Knoten verschiebt sich beim Anhängen des Klotzes nach links oben.

Absenkung des Hakens bei undehnbarem Seil:

$$f_1 = u - v = 2{,}83\,\frac{G\,a}{(EA)_2}\,.$$

Verlängerung des Seils:

$$f_2 = \frac{G\,l}{(EA)_1}\,.$$

Gesamte Absenkung des Hakens:

$$f = f_1 + f_2 \quad \rightarrow \quad \boxed{f = 2{,}83\,\frac{G\,a}{(EA)_2} + \frac{G\,l}{(EA)_1}\,.}$$

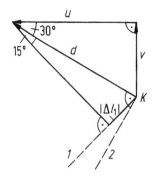

Lösung II.1.8

Symmetrie:

$$\boxed{S_1 = S_3\,.}$$

Gleichgewicht:

$$\uparrow:\quad S_1\cos\alpha + S_2 + S_3\cos\alpha = 0 \quad \rightarrow \quad S_2 = -2S_1\cos\alpha\,.$$

Längenänderungen:

$$\Delta l_1 = \frac{S_1\,l_1}{EA}\,, \qquad \Delta l_2 = \frac{S_2\,l_2}{EA}\,.$$

Verträglichkeitsbedingung:

$$\Delta l_2 - v = \delta\,.$$

Geometrie:

$$l_1 = \frac{h}{\cos\alpha}, \qquad l_2 = h - \delta \approx h, \qquad v = \frac{\Delta l_1}{\cos\alpha}.$$

Auflösen liefert:

$$S_1 = -\frac{EA\delta\cos^2\alpha}{h(1 + 2\cos^3\alpha)}, \qquad S_2 = \frac{2EA\delta\cos^3\alpha}{h(1 + 2\cos^3\alpha)}.$$

 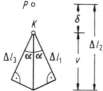

II.2 Biegung

Lösung II.2.1

Flächenträgheitsmomente:

$$I_y = 2\frac{t\,a^3}{12} + 2\left(\frac{a}{2}\right)^2 2a\,t \qquad\qquad \to \quad I_y = \frac{7}{6}a^3\,t,$$

$$I_z = 2\left(\frac{a}{2}\right)^2 a\,t + 2\frac{t(2a)^3}{12} + 2\left(\frac{a}{2}\right)^2 2a\,t \quad \to \quad I_z = \frac{17}{6}a^3\,t,$$

$$I_{yz} = -2\left(-a\frac{a}{2}\right)a\,t \qquad\qquad\qquad \to \quad I_{yz} = a^3\,t.$$

Hauptrichtungen:

$$\tan 2\varphi^* = \frac{2I_{yz}}{I_y - I_z} \qquad\qquad \to \quad \boxed{\varphi^* = 65°}.$$

Hauptträgheitsmomente:

$$I_{1,2} = \frac{I_y + I_z}{2} \pm \sqrt{\left(\frac{I_y - I_z}{2}\right)^2 + I_{yz}^2}$$

$$\rightarrow \quad I_1 = 3{,}3a^3\,t\,, \qquad I_2 = 0{,}7a^3\,t\,.$$

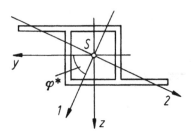

Lösung II.2.2

a) Schwerpunktskoordinate:

$$\bar{z}_\mathrm{s} = \frac{\sum \bar{z}_i\,l_i}{\sum l_i} = \frac{0 + \dfrac{a}{2}\,a}{4a + a} \qquad\qquad \rightarrow \quad \bar{z}_\mathrm{s} = \frac{a}{10}\,.$$

Flächenträgheitsmoment:

$$I_\mathrm{y} = 2\,\frac{t\,a^3}{12} + 2\,\frac{a^2}{4}\,t\,a + \bar{z}_\mathrm{s}^2\,4a\,t + \left(\frac{a}{2} - \bar{z}_\mathrm{s}\right)^2 a\,t$$

$$\rightarrow \quad I_y = \frac{13}{15}\,a^3\,t\,.$$

Widerstandsmoment:

$$W_\mathrm{y} = \frac{I_\mathrm{y}}{a/2 + \bar{z}_\mathrm{s}} \qquad\qquad \rightarrow \quad W_\mathrm{y} = \frac{13}{9}\,a^2\,t\,.$$

b) Schwerpunktskoordinate:

$$\bar{z}_\mathrm{s} = \frac{\sum \bar{z}_i\,l_i}{\sum l_i} = \frac{0 + a\,a}{4a + a} \qquad\qquad \rightarrow \quad \bar{z}_\mathrm{s} = \frac{a}{5}\,.$$

Flächenträgheitsmoment:

$$I_y = 2\,\frac{t\,a^3}{12} + 2\,\frac{a^2}{4}\,t\,a + \bar{z}_s^2\,4at + \frac{t\,a^3}{12} + (a - \bar{z}_s)^2\,a\,t$$

$$\rightarrow \boxed{I_y = \frac{31}{20}\,a^3\,t\,.}$$

Widerstandsmoment:

$$W_y = \frac{I_y}{3a/2 - \bar{z}_s} \qquad\qquad \rightarrow \boxed{W_y = \frac{31}{26}\,a^2\,t\,.}$$

Das Flächenträgheitsmoment ist im Fall b) größer. Ein Träger mit diesem Profil erfährt daher die kleinere Durchbiegung. Allerdings treten wegen des kleineren Widerstandsmoments größere Spannungen auf (Stegbeulen).

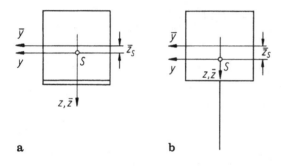

a   b

Lösung II.2.3

Schwerpunktskoordinate:

$$\zeta_s = \frac{\sum \zeta_i\,l_i}{\sum l_i} \qquad\qquad \rightarrow \zeta_s = \frac{(b/2)\,2b}{3b} = \frac{b}{3}\,.$$

Flächenträgheitsmoment:

$$I_y = 2\left[\frac{1}{12}\,t\,b^3 + \left(\frac{b}{6}\right)^2 b\,t\right] + \left(\frac{b}{3}\right)^2 b\,t = \frac{1}{3}\,b^3\,t\,.$$

Widerstandsmoment:

$$W_y = \frac{I_y}{z_{max}} = \frac{I_y}{2b/3} \qquad \rightarrow \qquad W_y = \frac{1}{2}\, b^2 t\,.$$

Maximales Biegemoment:

$$|M|_{max} = q_0\, l^2/2\,.$$

Maximale Spannung:

$$|\sigma|_{max} = \frac{|M|_{max}}{W_y} \qquad \rightarrow \qquad |\sigma|_{max} = \frac{q_0\, l^2}{b^2\, t}\,.$$

Forderung:

$$|\sigma|_{max} \leq \sigma_{zul} \qquad \rightarrow \qquad l \leq b\,\sqrt{\frac{t\,\sigma_{zul}}{q_0}}\,.$$

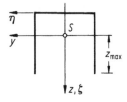

Lösung II.2.4 Die maximale Normalspannung im Schnitt $D-D$ tritt am oberen Rand des Querschnitts auf. Die Flächenträgheitsmomente I_y sind für beide Lagen des Profils gleich groß.

Lagerreaktion in B:

$$\overset{\curvearrowleft}{C}: \quad B\,7l - F\,l = 0 \quad \rightarrow \quad B = F/7\,.$$

Biegemoment bei D:

$$M_D = B\,3l \qquad \rightarrow \qquad M_D = 3F\,l/7\,.$$

Normalkraft:

$$N = -F \, .$$

Querschnittsfläche:

$$A = (16 - \pi)r^2 \, .$$

Flächenträgheitsmoment:

$$I_y = \frac{(4r)^4}{12} - \frac{\pi}{4}\,r^4 = \left(\frac{64}{3} - \frac{\pi}{4}\right)r^4 \, .$$

Normalspannung:

$$\sigma = \frac{N}{A} + \frac{M}{I_y}\,z \, .$$

a) Abstand der oberen Randfaser:

$$z = -2r \, .$$

Einsetzen liefert:

$$|\sigma|_{\max} = \left(0{,}08 + 0{,}04\frac{l}{r}\right)\frac{F}{r^2} \, .$$

b) Abstand der oberen Randfaser:

$$z = -2\sqrt{2}\,r \, .$$

Einsetzen liefert:

$$|\sigma|_{\max} = \left(0{,}08 + 0{,}06\frac{l}{r}\right)\frac{F}{r^2} \, .$$

Bei einem schlanken Balken ($l \gg r$) ist der Anteil aus der Biegung sehr viel größer als der Anteil aus dem Druck.

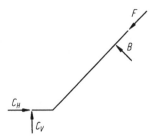

Lösung II.2.5

Querschnittsfläche:

$$A = 5a^2 \,.$$

Lage des Schwerpunkts:

$$p = \frac{1}{A} \left(\frac{1}{2} \, a \, 2a^2 + \frac{5}{2} \, a \, 3a^2 \right) \quad \rightarrow \quad p = \frac{17}{10} \, a \,.$$

Spannungen:

$$\sigma_{\mathrm{B}} = -\frac{F}{A} + \frac{e\,F}{I} \, p \,, \qquad \sigma_{\mathrm{C}} = -\frac{F}{A} - \frac{e\,F}{I} \, (4a - p) \,.$$

Dehnungen:

$$\varepsilon_{\mathrm{B}} = -\frac{F}{EA} + \frac{e\,F}{EI} \, p \,, \qquad \varepsilon_{\mathrm{C}} = -\frac{F}{EA} - \frac{e\,F}{EI} \, (4a - p) \,.$$

Auflösen mit Elimination von $\dfrac{e\,F}{EI}$ liefert:

$$F = -(23\varepsilon_{\mathrm{B}} + 17\varepsilon_{\mathrm{C}}) \, a^2 \, E/8 \,.$$

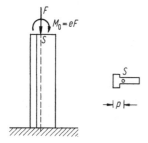

Lösung II.2.6 Wir integrieren die Differenzialgleichung der Biegelinie mit Hilfe des Föppl-Symbols. Dabei muss am Gelenk G ein Sprung $\Delta\varphi_G$ in der Neigung berücksichtigt werden.

Differenzialgleichung und Integration:

$$EIw^{IV}(x) = q_0 = q(x)\,,$$

$$EIw'''(x) = q_0\,x + C_1 = -Q(x)\,,$$

$$EIw''(x) = q_0\,x^2/2 + C_1\,x + C_2 = -M(x)\,,$$

$$EIw'(x) = q_0\,x^3/6 + C_1\,x^2/2 + C_2\,x + C_3 + EI\,\Delta\varphi_G\langle x - l\rangle^0\,,$$

$$EIw(x) = q_0\,x^4/24 + C_1\,x^3/6 + C_2\,x^2/2 + C_3\,x + C_4$$
$$+ EI\,\Delta\varphi_G\langle x - l\rangle^1\,.$$

Bedingungen:

$$M(0) = 0 \quad\rightarrow\quad C_2 = 0\,,$$

$$w(0) = 0 \quad\rightarrow\quad C_4 = 0\,,$$

$$M(l) = 0 \quad\rightarrow\quad q_0\,l^2/2 + C_1\,l = 0 \quad\rightarrow\quad C_1 = -q_0\,l/2\,,$$

$$w'(2l) = 0 \quad\rightarrow\quad 8q_0\,l^3/6 + 4C_1\,l^2/2 + C_3 + EI\,\Delta\varphi_G = 0\,,$$

$$w(2l) = 0 \quad\rightarrow\quad 16q_0\,l^4/24 + 8C_1\,l^3/6 + 2C_3\,l + EI\,\Delta\varphi_G\,l = 0\,.$$

Auflösen liefert:

$$C_3 = q_0\,l^3/3\,, \qquad EI\,\Delta\varphi_G = -2q_0\,l^3/3\,.$$

Biegelinie:

$$w(x) = \frac{q_0}{24EI} \left(x^4 - 2l\,x^3 + 8l^3\,x - 16l^3 \langle x - l \rangle^1 \right).$$

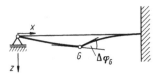

Lösung II.2.7 Die Verformungen der Teilbalken werden der Biegelinientafel entnommen. Die Verschiebung des Punktes D folgt durch Superposition von drei Lastfällen (Lastfälle 5, 7 und 10 in Tabelle II.2.2).

Verformungen der Teilbalken:

$$EIw_1' = \frac{q_0\,a^3}{6}, \qquad EIw_2' = \frac{q_0\,a^2\,b}{2},$$

$$EIw_2 = \frac{q_0\,a^2\,b^2}{4}, \qquad EIw_3 = \frac{q_0\,a^4}{8}.$$

Horizontalverschiebung von D:

$$u_D = b\,w_1' + w_2 \qquad \rightarrow \qquad u_D = \frac{q_0\,a^2\,b}{12EI}\,(2a + 3b).$$

Vertikalverschiebung von D:

$$w_D = a\,w_1' + a\,w_2' + w_3 \qquad \rightarrow \qquad w_D = \frac{q_0\,a^3}{24EI}\,(7a + 12b).$$

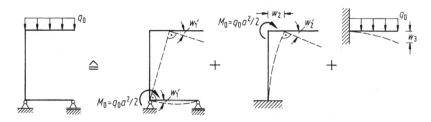

Lösung II.2.8 Das Problem ist einfach statisch unbestimmt. Wir wählen die Stabkraft als statisch Unbestimmte: $X = S$.

Verschiebungen im „0"-System:

$$w_{\mathrm{I}}^{(0)} = \alpha_{\mathrm{T}} \Delta T\, b, \qquad w_{\mathrm{II}}^{(0)} = \frac{F\,a^3}{3EI}.$$

Verschiebungen im „1"-System:

$$w_{\mathrm{I}}^{(1)} = \frac{X\,a^3}{3EI} + \frac{X\,b}{EA}, \qquad w_{\mathrm{II}}^{(1)} = \frac{X\,a^3}{3EI}.$$

Kompatibilität:

$$w_{\mathrm{I}} = w_{\mathrm{I}}^{(0)} + w_{\mathrm{I}}^{(1)}, \qquad w_{\mathrm{II}} = w_{\mathrm{II}}^{(0)} - w_{\mathrm{II}}^{(1)}, \qquad w_{\mathrm{I}} = w_{\mathrm{II}}.$$

Auflösen liefert:

$$S = \frac{\dfrac{F\,a^3}{3EI} - \alpha_{\mathrm{T}} \Delta T\, b}{\dfrac{2a^3}{3EI} + \dfrac{b}{EA}}.$$

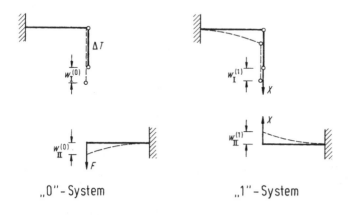

„0"-System   „1"-System

Lösung II.2.9 Das Problem ist einfach statisch unbestimmt. Durch das Anbringen eines Gelenks in der Ecke C erhält man einen Dreigelenkbogen. Als statisch Unbestimmte tritt das Biegemoment $X = M_{\mathrm{C}}$ auf. Aus Symmetriegründen ist die Vertikalkomponente der Schnittkraft bei C Null. Zur Verformung des Rahmens trägt nur die zum Rahmen senkrechte Komponente $\sqrt{2}q_0/2$ der Belastung bei.

Gleichgewicht am Gesamtsystem:

$$A_{\mathrm{H}} = B_{\mathrm{H}}, \qquad A_{\mathrm{V}} = \sqrt{2}\,q_0\,a\,, \qquad B_{\mathrm{V}} = A_{\mathrm{V}}\,.$$

Neigungswinkel im „0"-System:

$$w_{\mathrm{C}}^{\prime(0)} = -\frac{\dfrac{\sqrt{2}}{2}\,q_0(\sqrt{2}\,a)^3}{24EI}\,.$$

Neigungswinkel im „1"-System:

$$w_{\mathrm{C}}^{\prime(1)} = -\frac{X\,\sqrt{2}\,a}{3EI}\,.$$

Kompatibilität:

$$w_{\mathrm{C}}' = 0 \quad \rightarrow \quad w_{\mathrm{C}}^{\prime(0)} + w_{\mathrm{C}}^{\prime(1)} = 0\,.$$

Auflösen liefert:

$$M_{\mathrm{C}} = -\frac{\sqrt{2}}{8}\,q_0\,a^2\,.$$

Gleichgewicht am linken Teilbalken:

$$\overset{\frown}{C}\colon \quad a\,A_{\mathrm{H}} - a\,A_{\mathrm{V}} + \frac{a}{2}\sqrt{2}\,q_0\,a + M_{\mathrm{C}} = 0 \quad \rightarrow \quad A_{\mathrm{H}} = \frac{5\sqrt{2}}{8}\,q_0\,a\,.$$

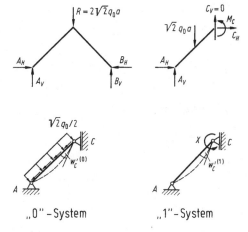

„0"-System   „1"-System

Lösung II.2.10 Der Rahmen ist einfach statisch unbestimmt gelagert. Wir wählen die Lagerkraft $B = X$ als statisch Unbestimmte. Die Verformungen werden mit Hilfe der Biegelinientafel ermittelt.

Verschiebung im „0"-System:

$$EI w_{\mathrm{B}}^{(0)} = EI(w_{\mathrm{C}}^{(0)} + l\,w_{\mathrm{C}}'^{(0)} \sin 30°) = \frac{q_0\,l^4}{8} + l\frac{q_0\,l^3}{6} \sin 30°$$

$$\rightarrow \quad w_{\mathrm{B}}^{(0)} = \frac{5 q_0\,l^4}{24 EI}.$$

Verschiebung im „1"-System:

$$EI w_{\mathrm{B}}^{(1)} = EI(w_{\mathrm{C}}^{(1)} + l\,w_{\mathrm{C}}'^{(1)} \sin 30° + w_{\mathrm{CB}} \sin 30°)$$

$$= \frac{X\,l^3}{3} + \frac{X\,l \sin 30°\,l^2}{2} + l\left(\frac{X\,l^2}{2} + X\,l \sin 30°\,l\right)\sin 30°$$

$$+ \frac{X \sin 30°\,l^3}{3} \sin 30°$$

$$\rightarrow \quad w_{\mathrm{B}}^{(1)} = \frac{7 X\,l^3}{6 EI}.$$

Verträglichkeitsbedingung:

$$w_{\mathrm{B}} = 0 \quad \rightarrow \quad w_{\mathrm{B}}^{(0)} = w_{\mathrm{B}}^{(1)}.$$

Auflösen liefert:

$$B = 5q_0\, l/28 .$$

Superposition:

$$A = A^{(0)} + A^{(1)} \qquad \rightarrow \qquad A = 23q_0\, l/28 ,$$

$$M_A = M_A^{(0)} + M_A^{(1)} \qquad \rightarrow \qquad M_A = -13q_0\, l^2/56 .$$

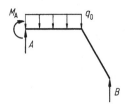

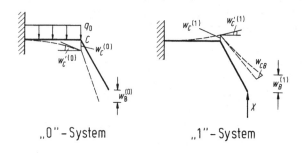

„0"–System   „1"–System

Lösung II.2.11 Das Problem ist zweifach statisch unbestimmt.

Differenzialgleichung und Integration:

$$EIw^{\mathrm{IV}}(x) = q_0\langle x - l\rangle^0 = q(x) ,$$

$$EIw'''(x) = q_0\,\langle x - l\rangle^1 - B\,\langle x - l\rangle^0 + C_1 = -Q(x) ,$$

$$EIw''(x) = q_0\,\langle x - l\rangle^2/2 - B\,\langle x - l\rangle^1 + C_1\,x + C_2 = -M(x) ,$$

$$EIw'(x) = q_0\,\langle x - l\rangle^3/6 - B\,\langle x - l\rangle^2/2 + C_1\,x^2/2 + C_2\,x + C_3 ,$$

$$EIw(x) = q_0\,\langle x - l\rangle^4/24 - B\,\langle x - l\rangle^3/6 + C_1\,x^3/6 + C_2\,x^2/2$$
$$+ C_3\,x + C_4 .$$

Bedingungen:

$$w(0) \ = 0 \quad \rightarrow \quad C_4 = 0 \,,$$

$$w'(0) \ = 0 \quad \rightarrow \quad C_3 = 0 \,,$$

$$w(l) \ = 0 \quad \rightarrow \quad C_1 l^3/6 + C_2 l^2/2 = 0 \,,$$

$$w(2l) \ = 0 \quad \rightarrow \quad q_0 l^4/24 - B l^3/6 + 4 C_1 l^3/3 + 2 C_2 l^2 = 0 \,,$$

$$M(2l) = 0 \quad \rightarrow \quad q_0 l^2/2 - B l + 2 C_1 l + C_2 = 0 \,.$$

Auflösen liefert:

$$C_1 = 3 q_0 \, l/28 \,, \qquad C_2 = -q_0 \, l^2/28 \,, \qquad \boxed{B = 19 q_0 \, l/28 \,.}$$

Biegelinie:

$$\boxed{w(x) = \frac{q_0}{168 EI} \left(7 \langle x - l \rangle^4 - 19 l \, \langle x - l \rangle^3 + 3 l \, x^3 - 3 l^2 \, x^2 \right).}$$

Lagerreaktionen:

$$A \ = Q(0) \ = - C_1 \quad \rightarrow \quad \boxed{A = -3 q_0 \, l/28 \,,}$$

$$M_A = M(0) = - C_2 \quad \rightarrow \quad \boxed{M_A = q_0 \, l^2/28 \,,}$$

$$C \ = - Q(2l) \qquad \rightarrow \quad \boxed{C = 3 q_0 \, l/7 \,.}$$

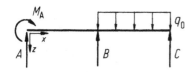

Lösung II.2.12 Das Problem ist einfach statisch unbestimmt. Wir ermitteln die Biegelinie durch Integration der Differenzialgleichung. Das Rückstellmoment durch die Drehfeder ist proportional zum Neigungswinkel $w'(a)$.

Differenzialgleichung und Integration:

$$EI w^{\mathrm{IV}}(x) = \ 0 = q(x) \,,$$

$$EI w'''(x) = \ C_1 = -Q(x) \,,$$

$$EIw''(x) = C_1 x + C_2 = -M(x),$$

$$EIw'(x) = C_1 x^2/2 + C_2 x + C_3,$$

$$EIw(x) = C_1 x^3/6 + C_2 x^2/2 + C_3 x + C_4.$$

Randbedingungen:

$$w(0) = 0 \rightarrow C_4 = 0, \quad w'(0) = 0 \rightarrow C_3 = 0,$$

$$Q(a) = 0 \rightarrow C_1 = 0,$$

$$M(a) = M_0 + c_T w'(a) \rightarrow C_2 = -M_0 - c_T w'(a).$$

Neigungswinkel bei $x = a$:

$$EIw'(a) = C_2 a = -M_0 a - c_T a w'(a) \rightarrow w'(a) = -\frac{M_0 a}{EI + c_T a}.$$

Einsetzen liefert:

$$w(x) = \left(\frac{c_T a}{EI + c_T a} - 1 \right) \frac{M_0}{2EI} x^2.$$

Lösung II.2.13 Das Problem ist zweifach statisch unbestimmt. Wir ermitteln die Biegelinie durch bereichsweise Integration. Dabei treten die statisch Unbestimmten M_A und F_B als Parameter auf.

Gleichgewicht am Balken:

$$\uparrow: \quad A - F + F_B = 0 \qquad \rightarrow \quad A = F - F_B,$$

$$\stackrel{\curvearrowright}{A}: \quad M_A + F a - 2F_B a - M_B = 0 \rightarrow M_B = M_A + F a - 2F_B a.$$

Bereich ①:

$$M(x) = A\,x + M_A \qquad\qquad \rightarrow \quad M(x) = F\,x - F_B\,x + M_A\,,$$

$$EI w' = -F\,x^2/2 + F_B\,x^2/2 - M_A\,x + C_I\,,$$

$$EI w = -F\,x^3/6 + F_B\,x^3/6 - M_A\,x^2/2 + C_I\,x + D_I\,.$$

Bereich ⑪:

$$M(x) = F_B(2a - x) + M_B \qquad\qquad \rightarrow \quad M(x) = F\,a - F_B\,x + M_A\,,$$

$$EI w' = -F\,a\,x + F_B\,x^2/2 - M_A\,x + C_{II}\,,$$

$$EI w = -F\,a\,x^2/2 + F_B\,x^3/6 - M_A\,x^2/2 + C_{II}\,x + D_{II}\,.$$

Rand- und Übergangsbedingungen:

$$w(0) = 0 \qquad\qquad \rightarrow \quad D_I = 0\,,$$

$$w'(2a) = 0 \qquad\qquad \rightarrow \quad C_{II} = 2F\,a^2 - 2F_B\,a^2 + 2M_A\,a\,,$$

$$w'(a^-) = w'(a^+) \qquad\qquad \rightarrow \quad C_I = 3F\,a^2/2 - 2F_B\,a^2 + 2M_A\,a\,,$$

$$w(a^-) = w(a^+) \qquad\qquad \rightarrow \quad D_{II} = -F\,a^3/6\,.$$

Kompatibilität:

$$M_A = -c_A\,w'(0) \qquad\qquad \rightarrow \quad M_A = -F\,a/2 + 2F_B\,a/3\,,$$

$$F_B = c_B\,w(2a) \qquad\qquad \rightarrow \quad F_B = \frac{1}{2}F + \frac{6}{11}\frac{M_A}{a}\,.$$

Auflösen liefert:

$$\boxed{F_B = 5F/14\,, \qquad M_A = -11F\,a/42\,.}$$

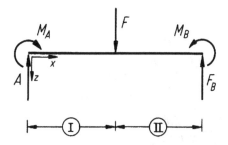

Lösung II.2.14 Der Mast wird auf schiefe Biegung belastet. Wir zerlegen die Kraft F in ihre Komponenten in Richtung der Hauptachsen des Querschnitts und ermitteln die Spannungen und die Verschiebung durch Superposition. Die maximale Biegespannung tritt an der Einspannstelle auf. Die Schubspannungen infolge der Querkraft werden vernachlässigt.

Biegemomente im Einspannquerschnitt:

$$M_y = - F\, l\, \sin 30° = - F\, l/2\,,$$
$$M_z = F\, l\, \cos 30° = \sqrt{3}\, F\, l/2\,.$$

Flächenträgheitsmomente:

$$I_y = 2\,\frac{1}{12}\,\frac{t}{\sin 30°}\,a^3 = \frac{1}{3}\,a^3 t\,,$$

$$I_z = 2\,\frac{1}{12}\,\frac{t}{\cos 30°}\,(2a \cos 30°)^3 = a^3 t\,.$$

Normalspannung im Einspannquerschnitt:

$$\sigma(y,z) = \frac{M_y}{I_y}\,z - \frac{M_z}{I_z}\,y \quad \rightarrow \quad \sigma(y,z) = -(3z + \sqrt{3}\,y)\,\frac{F\,l}{2a^3\,t}\,.$$

Spannungs-Nulllinie:

$$3z + \sqrt{3}\,y = 0 \qquad\qquad \rightarrow \quad y = -\sqrt{3}\,z\,.$$

Maximale Normalspannung (tritt auf den gesamten Flanken ① - ② bzw. ③ - ④ auf):

$$\sigma_{\max} = \left|\sigma\left(0, \mp\frac{a}{2}\right)\right| = \frac{3}{4}\,\frac{F\,l}{a^2\,t}\,.$$

Verschiebung in y-Richtung:

$$v = \frac{F\,l^3\,\cos 30°}{3EI_z} \qquad\qquad \rightarrow \quad v = \frac{\sqrt{3}}{6}\,\frac{F\,l^3}{E\,t\,a^3}\,.$$

Verschiebung in z-Richtung:

$$w = \frac{F\,l^3\,\sin 30°}{3EI_y} \qquad\qquad \rightarrow \quad w = \frac{1}{2}\,\frac{F\,l^3}{E\,t\,a^3}\,.$$

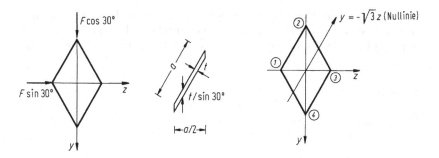

Lösung II.2.15 Der Balken wird auf schiefe Biegung beansprucht.

Flächenträgheitsmomente:

$$I_y = \frac{3a(4a)^3}{12} - 2\frac{a^4}{12} - 2a^2\left(\frac{3}{2}a\right)^2 \qquad \rightarrow \qquad I_y = \frac{34}{3}a^4,$$

$$I_z = \frac{4a(3a)^3}{12} - 2\frac{a^4}{12} - 2a^2\,a^2 \qquad \rightarrow \qquad I_z = \frac{41}{6}a^4,$$

$$I_{yz} = 0 - (-2a^2)\left(-\frac{3}{2}a\right)a \qquad \rightarrow \qquad I_{yz} = -3a^4.$$

Hauptachsen:

$$\tan 2\varphi^* = \frac{2I_{yz}}{I_y - I_z} \quad \rightarrow \quad \tan 2\varphi^* = -\frac{4}{3} \quad \rightarrow \quad \varphi^* = -26{,}6°.$$

Biegespannung:

$$\sigma = (I_z\,z + I_{yz}\,y)M_y/\Delta \quad \text{mit} \quad \Delta = I_y I_z - I_{yz}^2.$$

Koordinaten des Punktes A:

$$y = -a/2\,, \quad z = 2a\,.$$

Einsetzen liefert:

$$\sigma_A = \frac{39}{176}\frac{M_y}{a^3}.$$

Alternativer Lösungsweg: Wir zerlegen das Biegemoment M_y in seine Komponenten in Richtung der Hauptachsen und ermitteln die Biegespannung durch Superposition. Dabei bezeichnen wir die 1-Achse mit η und die 2-Achse mit ζ.

Biegespannung:

$$\sigma_A = \frac{M_\eta}{I_\eta}\,\zeta_A - \frac{M_\zeta}{I_\zeta}\,\eta_A\,.$$

Hauptträgheitsmomente:

$$I_{1,2} = \frac{I_y + I_z}{2} \pm \sqrt{\left(\frac{I_y - I_z}{2}\right)^2 + I_{yz}^2}$$

$$\rightarrow\quad I_1 = I_\eta = 77a^4/6,\quad I_2 = I_\zeta = 32a^4/6\,.$$

Komponenten des Biegemoments:

$$M_1 = M_\eta = M_y\,\cos\varphi^*\,,\quad M_2 = M_\zeta = -M_y\,\sin\varphi^*\,.$$

Trigonometrie:

$$\tan 2\varphi^* = -4/3\quad \rightarrow\quad \sin 2\varphi^* = -4/5\,,\qquad \cos 2\varphi^* = 3/5\,,$$

$$\sin\varphi^* = -1/\sqrt{5}\,,\qquad \cos\varphi^* = 2/\sqrt{5}\,.$$

Koordinatentransformation:

$$\eta = y\,\cos\varphi + z\,\sin\varphi\,,\quad \zeta = -y\,\sin\varphi + z\,\cos\varphi\,.$$

Koordinaten des Punktes A:

$$y_A = -a/2,\quad z_A = 2a\quad \rightarrow\quad \eta_A = -3\sqrt{5}\,a/5\,,\quad \zeta_A = 7\sqrt{5}\,a/10\,.$$

Einsetzen liefert:

$$\sigma_A = \frac{39}{176}\,\frac{M_y}{a^3}\,.$$

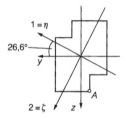

Lösung II.2.16 Das Problem ist vielfach statisch unbestimmt, kann aber aufgrund der vorhandenen Symmetrien auf ein einfach statisch unbestimmtes Problem zurückgeführt werden. Die vertikalen Speichen 1 bzw. 3 werden auf Zug bzw. Druck beansprucht (dabei gilt $S_3 = -S_1$), die horizontalen Speichen 2 und 4 auf Biegung. Die Biegelinien der Speichen 2 bzw. 4 sind punktsymmetrisch bezüglich D bzw. E. Da somit in D bzw. in E die Krümmung gleich Null ist, verschwindet dort auch das Biegemoment. Deshalb wirkt dort als einzige Schnittgröße die Querkraft; sie wird als statisch Unbestimmte X gewählt.

Gleichgewicht an der Nabe:

$$\uparrow: \quad S_1 - S_3 + 2X - P = 0 \quad \rightarrow \quad 2S_1 + 2X = P.$$

Kompatibilität:

$$w_N = \Delta l_1 = 2w_D \quad \text{mit} \quad \Delta l_1 = \frac{S_1 \, l}{EA}, \quad w_D = \frac{X(l/2)^3}{3EI}.$$

Auflösen liefert:

$$X = \frac{P}{2+\alpha}, \quad S_1 = \frac{\alpha P}{2(2+\alpha)} \quad \text{mit} \quad \alpha = \frac{EA\,l^2}{6EI}.$$

Anm.: Für verschwindende Dehnsteifigkeit ($\alpha = 0$) folgt $X = P/2$, $S_1 = 0$; für verschwindende Biegesteifigkeit ($\alpha \to \infty$) ergibt sich $X = 0$, $S_1 = P/2$.

Verschiebung der Nabe:

$$w_N = \frac{\alpha}{2(2+\alpha)} \frac{P\,l}{EA}.$$

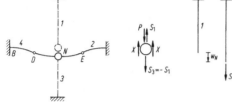

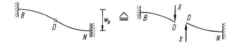

II.3 Torsion

Lösung II.3.1

Torsionsträgheitsmomente:

$$I_{T1} = \frac{\pi}{2} r_0^4, \qquad I_{T2} = \frac{\pi}{2} r^4(x), \qquad I_{T3} = \frac{\pi}{32} r_0^4.$$

Bereich ① :

$$\vartheta_1 = \frac{2 M_0\, l}{\pi\, G\, r_0^4}.$$

Bereich ② :

$$\vartheta_2 = \frac{2 M_0}{\pi\, G\, r_0^4} \int_0^{3l} \frac{\mathrm{d}x}{\left(1 - \dfrac{x}{6l}\right)^4} \quad \rightarrow \quad \vartheta_2 = \frac{28 M_0\, l}{\pi\, G\, r_0^4}.$$

Bereich ③ :

$$\vartheta_3 = \frac{32 M_0\, l}{\pi\, G\, r_0^4}.$$

Verdrehung des Endquerschnitts:

$$\vartheta_E = \vartheta_1 + \vartheta_2 + \vartheta_3 \quad \rightarrow \quad \vartheta_E = \frac{62 M_0\, l}{\pi\, G\, r_0^4}.$$

$$r(x) = r_0\left[1 - x/(6l)\right]$$

Lösung II.3.2 Das Problem ist einfach statisch unbestimmt.

Torsionsträgheitsmomente:

$$I_{T1} = 16\pi\, r^3\, t, \qquad I_{T2} = \frac{\pi}{2} r^4.$$

Drehwinkel des Aluminiumrohrs und des Stahlstabs:

$$\vartheta_1 = \frac{M_1\, l}{G_1\, I_{T1}}, \qquad \vartheta_2 = \frac{M_2\, l}{G_2\, I_{T2}}.$$

Kompatibilität:

$$\vartheta_1 = \vartheta_2 \qquad \rightarrow \qquad \frac{M_1}{G_1\, I_{T1}} = \frac{M_2}{G_2\, I_{T2}}.$$

Gleichgewichtsbedingung:

$$M_0 + M_1 + M_2 = 0.$$

Auflösen liefert:

$$M_1 = -\frac{M_0}{1 + \dfrac{G_2\, I_{T2}}{G_1\, I_{T1}}} \qquad \rightarrow \qquad \boxed{M_1 = -\frac{4}{7}\, M_0.}$$

Maximale Schubspannung:

$$\tau_{\max} = \frac{|M_1|}{I_{T1}}\, r_1 = \tau_{\text{zul}} \qquad \rightarrow \qquad \boxed{M_{0,\max} = \frac{7}{4}\, \pi\, r^3\, \tau_{\text{zul}}.}$$

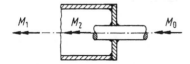

Lösung II.3.3 Das Problem ist einfach statisch unbestimmt. Wir wählen die Lagerkraft $B = X$ als statisch Unbestimmte.

Flächenträgheitsmoment und Torsionsträgheitsmoment:

$$I = \frac{\pi}{4}\, r^4, \qquad I_T = \frac{\pi}{2}\, r^4.$$

Verschiebung im „0"-System:

$$w_B^{(0)} = \frac{F(2l)^3}{3EI} + \frac{F\, l^3}{3EI} + \frac{F(2l)^2}{2EI}\, 2l + \frac{(F\, l)(2l)}{GI_T}\, l \qquad \rightarrow \qquad w_B^{(0)} = \frac{29F\, l^3}{3EI}.$$

Verschiebung im „1"-System:

$$w_{\mathrm{B}}^{(1)} = \frac{X(4l)^3}{3EI} + \frac{X\,l^3}{3EI} + \frac{(Xl)\,(2l)}{GI_{\mathrm{T}}}\,l + \frac{(X\,2l)l}{GI_{\mathrm{T}}}\,2l \quad \rightarrow \quad w_{\mathrm{B}}^{(1)} = \frac{89X\,l^3}{3EI}\,.$$

Kompatibilität:

$$w_{\mathrm{B}}^{(0)} = w_{\mathrm{B}}^{(1)} \qquad \rightarrow \qquad \boxed{B = 29F/89\,.}$$

Reaktionen im Lager A:

$$A \ \ = A^{(0)} + A^{(1)} \qquad \rightarrow \qquad \boxed{A \ \ = 60F/89\,,}$$

$$M_{\mathrm{Ax}} = M_{\mathrm{Ax}}^{(0)} + M_{\mathrm{Ax}}^{(1)} \qquad \rightarrow \qquad \boxed{M_{\mathrm{Ax}} = 60F\,l/89\,,}$$

$$M_{\mathrm{Ay}} = M_{\mathrm{Ay}}^{(0)} + M_{\mathrm{Ay}}^{(1)} \qquad \rightarrow \qquad \boxed{M_{\mathrm{Ay}} = 62F\,l/89\,.}$$

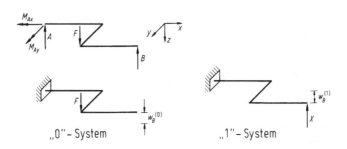

„0"- System   „1"- System

Lösung II.3.4

Torsionsträgheitsmomente:

$$\text{a)–c):}\ \ I_{\mathrm{T}} = \frac{1}{3}\sum h_i\,t_i^3 \quad \rightarrow \quad I_{\mathrm{T}} = \frac{1}{3}\left[2b(2t)^3 + b\,t^3\right] \quad \rightarrow \quad \boxed{I_{\mathrm{T}} = \frac{17}{3}\,b\,t^3\,.}$$

$$\text{d):}\ \ I_{\mathrm{T}} = \frac{4A_{\mathrm{m}}^2}{\displaystyle\oint \frac{\mathrm{d}s}{t}} \quad \rightarrow \quad I_{\mathrm{T}} = \frac{4\left(\dfrac{1}{2}\,b\,\dfrac{\sqrt{3}}{2}\,b\right)^2}{2\,\dfrac{b}{2t} + \dfrac{b}{t}} \quad \rightarrow \quad \boxed{I_{\mathrm{T}} = \frac{3}{8}\,b^3\,t\,.}$$

Torsionswiderstandsmomente:

a–c): $W_T = \dfrac{I_T}{t_{max}}$ $\quad\to\quad$ $W_T = \dfrac{17}{6}\,b\,t^2$.

d): $\quad W_T = 2A_m\,t_{min}$ $\quad\to\quad$ $W_T = \dfrac{\sqrt{3}}{2}\,b^2\,t$.

Maximale Schubspannung:

$$\tau_{max} = \frac{M_T}{W_T} \, .$$

Verhältnis der maximalen Schubspannungen:

$\dfrac{\tau_{max,o}}{\tau_{max,g}} = \dfrac{W_{Tg}}{W_{To}}$ $\quad\to\quad$ $\dfrac{\tau_{max,o}}{\tau_{max,g}} = \dfrac{3\sqrt{3}}{17}\dfrac{b}{t}$.

Lösung II.3.5

Verschiebung des Punktes D:

$$w_D = 2a\,\vartheta_C \, .$$

Verdrehwinkel des Querarms:

$$\vartheta_C = \frac{M_T\,3a}{G\,I_T} \, .$$

Torsionsmoment:

$$M_T = 3P\,a \, .$$

Torsionsträgheitsmoment:

$$I_T = \frac{4A_m^2}{\oint \dfrac{ds}{t}} \quad\to\quad I_T = \frac{4(3b^2/2)^2}{2\left(\dfrac{3b}{2\cdot 2t} + \dfrac{b}{t}\right)} = \frac{18}{7}\,b^3\,t \, .$$

Einsetzen liefert:

$$w_\mathrm{D} = 7\,\frac{P\,a^3}{G\,b^3\,t}\,.$$

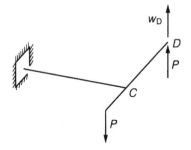

Lösung II.3.6 Das Problem ist einfach statisch unbestimmt. Wir wählen die Federkraft F als statisch Unbestimmte.

Verlängerung der Federn:

$$\Delta l = \frac{F}{c}\,.$$

Vertikalverschiebung der Enden des Querarms:

$$w = 2h\,\vartheta_1\,.$$

Torsionsmoment:

$$M_\mathrm{T} = 4F\,h\,.$$

Torsionsträgheitsmoment:

$$I_\mathrm{T} = \frac{4A_\mathrm{m}^2}{\displaystyle\oint \frac{\mathrm{d}s}{t}} \qquad \rightarrow \qquad I_\mathrm{T} = \frac{4(2h\,h)^2}{2\left(\dfrac{2h}{2t} + \dfrac{h}{t}\right)} = 4h^3\,t\,.$$

Verdrehwinkel des Querarms:

$$\vartheta_1 = \frac{M_\mathrm{T}\,l}{G\,I_\mathrm{T}}\,.$$

Verträglichkeitsbedingung:

$$\Delta l + w = a \, .$$

Auflösen liefert:

$$M_{\mathrm{T}} = \frac{4a \, c \, h}{1 + \dfrac{2c \, l}{G \, h \, t}} \, .$$

Torsionswiderstandsmoment:

$$W_{\mathrm{T}} = 2A_{\mathrm{m}} \, t_{\min} \qquad \rightarrow \qquad W_{\mathrm{T}} = 4h^2 \, t \, .$$

Maximale Schubspannung:

$$\tau_{\max} = \frac{M_{\mathrm{T}}}{W_{\mathrm{T}}} \qquad \rightarrow \qquad \tau_{\max} = \frac{a \, c \, G}{G \, h \, t + 2c \, l} \, .$$

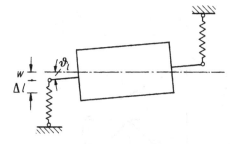

II.4 Prinzip der virtuellen Kräfte

Lösung II.4.1 $\qquad v = \sum_i \dfrac{S_i \, \bar{S}_i \, l_i}{(EA)_i} \, .$

i	S_i	$\bar{S}_i$	l_i	$\dfrac{S_i\,\bar{S}_i\,l_i}{(EA)_i}\dfrac{EA}{G\,a}$
1	0	0	a	0
2	0	0	a	0
3	$-3\sqrt{2}G/8$	$-3\sqrt{2}/8$	$\sqrt{2}a$	$18\sqrt{2}/64$
4	$-7G/8$	$-7/8$	a	$49/64$
5	$-G/2$	$-1/2$	a	$1/4$
6	$-5G/4$	$-5/4$	a	$25/16$
7	$7\sqrt{2}G/8$	$7\sqrt{2}/8$	$\sqrt{2}a$	$98\sqrt{2}/64$
8	$-(7+4\sqrt{3})G/8$	$-(7+4\sqrt{3})/8$	a	$(97+56\sqrt{3})/64$
9	$5G/8$	$5/8$	a	$25/64$
10	$5\sqrt{5}G/8$	$5\sqrt{5}/8$	$\sqrt{5}a$	$625\sqrt{5}/64$
11	G	1	$3a$	15
			Σ	45,4

Einsetzen liefert:

$$v = 45{,}4\,\frac{G\,a}{EA}\,.$$

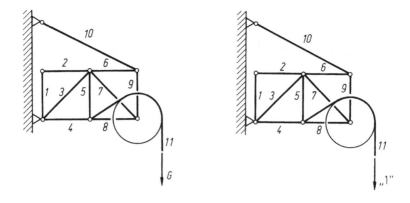

Lösung II.4.2 Das Problem ist einfach statisch unbestimmt. Wir wählen die Stabkraft S_5 als statisch Unbestimmte.

Statisch Unbestimmte:

$$X = S_5 = -\dfrac{\sum\limits_i \dfrac{\bar{S}_i S_i^{(0)} l_i}{(EA)_i}}{\sum\limits_i \dfrac{\bar{S}_i^2 l_i}{(EA)_i}}.$$

Stabkräfte:

$$S_i = S_i^{(0)} + X\,\bar{S}_i.$$

i	$S_i^{(0)}$	$\bar{S}_i$	$\bar{S}_i S_i^{(0)}$	$\bar{S}_i^2$	S_i
1	$-F$	-1	F	1	$-3F/5$
2	$-F$	-1	F	1	$-3F/5$
3	0	-1	0	1	$2F/5$
4	0	-1	0	1	$2F/5$
5	0	1	0	1	$-2F/5$
		Σ	$2F$	5	

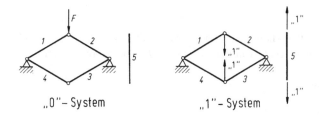

„0"– System   „1"– System

Lösung II.4.3 Das Gewicht des Balkens wird statisch äquivalent auf die Knoten I und II verteilt. Aus Symmetriegründen wird nur eine Hälfte des einfach statisch unbestimmten Tragwerks betrachtet.

Statisch Unbestimmte:

$$X = B = -\dfrac{\sum\limits_i \dfrac{\bar{S}_i S_i^{(0)} l_i}{(EA)_i}}{\sum\limits_i \dfrac{\bar{S}_i^2 l_i}{(EA)_i}}.$$

i	$S_i^{(0)}$	$\bar{S}_i$	l_i	$\bar{S}_i S_i^{(0)} l_i$	$\bar{S}_i^2 l_i$
1	$-5G/8$	$5/8$	$5a$	$-125G\,a/64$	$125a/64$
2	0	$-5/8$	$5a$	0	$125a/64$
3	$3G/8$	$-3/8$	$6a$	$-54G\,a/64$	$54a/64$
			Σ	$-179G\,a/64$	$304a/64$

Einsetzen liefert:

$$B = 179\,G/304\,.$$

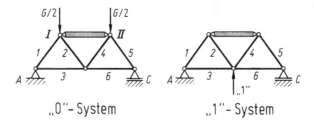

„0"- System   „1"- System

Lösung II.4.4 Die auftretenden Integrale werden mit Hilfe der Koppeltafel berechnet und links und rechts von der Lagerkraft B separat ausgewertet.

Statisch Unbestimmte:

$$X = B = -\frac{\displaystyle\int \frac{\bar{M}_1 M_0}{EI}\,\mathrm{d}x}{\displaystyle\int \frac{\bar{M}_1^2}{EI}\,\mathrm{d}x}\,.$$

Integrale:

$$\int \bar{M}_1 M_0\,\mathrm{d}x = -\frac{1}{6}a\frac{a}{2}\left(M_\mathrm{A} + 2\frac{M_\mathrm{A}}{2}\right) - \frac{1}{3}a\frac{a}{2}\frac{M_\mathrm{A}}{2} = -\frac{1}{4}M_\mathrm{A}\,a^2\,,$$

$$\int \bar{M}_1^2\,\mathrm{d}x = 2\frac{1}{3}a\frac{a}{2}\frac{a}{2} = \frac{a^3}{6}\,.$$

Einsetzen liefert:

$$B = \frac{3M_A}{2a}.$$

Neigungswinkel:

$$\varphi_B = \int \frac{(M_0 + X\bar{M}_1)\bar{M}}{EI}\, \mathrm{d}x.$$

Integral:

$$\int (M_0 + X\bar{M}_1)\bar{M}\, \mathrm{d}x = \int M_0\, \bar{M}\, \mathrm{d}x$$

$$= -\frac{1}{6}\, a\, \frac{1}{2}\left(M_A + 2\frac{M_A}{2}\right) + \frac{1}{3}\, a\frac{M_A}{2}\frac{1}{2} = -\frac{1}{12}M_A\, a$$

$$\rightarrow \quad \varphi_B = -\frac{M_A\, a}{12EI}.$$

Bemerkung: $\int \bar{M}_1\, \bar{M}\, \mathrm{d}x = \frac{1}{3}\, a\left(-\frac{a}{2}\right)\left(-\frac{1}{2}\right) + \frac{1}{3}\, a\left(-\frac{a}{2}\right)\frac{1}{2} = 0.$

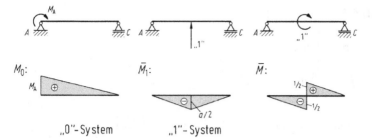

$M_0:$ $\bar{M}_1:$ $\bar{M}:$

„0"-System   „1"-System

Lösung II.4.5

Neigungswinkel φ_A:

$$\varphi_A = \int \frac{M\, \bar{M}_\varphi}{EI}\, \mathrm{d}x \quad \rightarrow \quad \varphi_A = \frac{M_0\, b}{3EI}.$$

Vertikalverschiebung v_B:

$$v_B = \int \frac{M \bar{M}_v}{EI} \, dx \quad \rightarrow \quad \boxed{v_B = \frac{M_0\,a\,b}{3EI}}.$$

Das Biegemoment im Bereich AC ist Null. Daher wird der Rahmen in diesem Bereich nicht gebogen, und es gilt $v_B = a\,\varphi_A$.

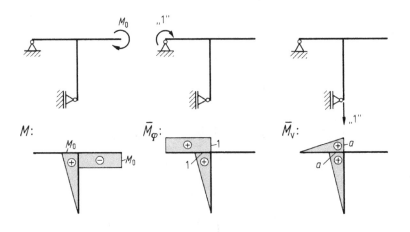

Lösung II.4.6

Horizontalverschiebung:

$$u_B = \int \frac{M \bar{M}_H}{EI} \, dx$$

$$\rightarrow \quad u_B = \frac{2}{(EI)_1}\frac{1}{3}\,a\,F\,a\,a + \frac{1}{(EI)_2}\frac{5}{3}\,a\,F\,a\,a = \frac{F a^3}{3}\left[\frac{2}{(EI)_1} + \frac{5}{(EI)_2}\right].$$

Vertikalverschiebung:

$$v_B = \int \frac{M \bar{M}_V}{EI} \, dx$$

$$\rightarrow \quad v_B = \frac{1}{(EI)_1}\frac{1}{2}\,a\,F\,a\frac{5}{3}a + \frac{1}{(EI)_2}\frac{1}{2}\frac{5}{3}\,a\,F\,a\frac{5}{3}a = \frac{F a^3}{18}\left[\frac{15}{(EI)_1} + \frac{25}{(EI)_2}\right].$$

Forderung:

$$u_B = v_B \qquad \rightarrow \qquad \frac{(EI)_1}{(EI)_2} = \frac{3}{5}.$$

Lösung II.4.7 Die Biegesteifigkeit ist im Bereich BC nicht konstant. Daher kann das auftretende Integral in diesem Bereich nicht mit Hilfe der Koppeltafel berechnet werden.

Flächenträgheitsmoment im Bereich AB:

$$I = I_0 = \frac{b\, h_0^3}{12}.$$

Flächenträgheitsmoment im Bereich BC:

$$I(x) = \frac{b\, h^3(x)}{12} \qquad \rightarrow \qquad I(x) = \frac{1}{8}\left(1 + \frac{x}{l}\right)^3 I_0.$$

Absenkung des Punktes C:

$$w_C = \int \frac{M\,\bar{M}}{EI}\,\mathrm{d}x \quad \rightarrow \quad w_C = \frac{1}{EI_0}\,2l\frac{1}{2}\,q_0\,l^2\,l + \int_0^l \frac{\dfrac{1}{2}\,q_0\,x^2\,x}{E\dfrac{1}{8}\left(1+\dfrac{x}{l}\right)^3 I_0}\,\mathrm{d}x.$$

Integral:

$$\int_0^l \frac{x^3}{\left(1+\dfrac{x}{l}\right)^3}\,\mathrm{d}x = \left(\frac{17}{8} - 3\ln 2\right)l^4 \qquad \rightarrow \qquad w_C = 1{,}2\,\frac{q_0\,l^4}{EI_0}.$$

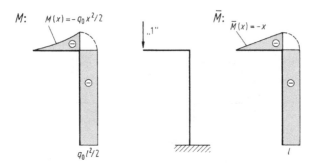

M: $M(x) = -q_0 x^2/2$ „1" $\bar{M}$: $\bar{M}(x) = -x$

$q_0 l^2/2$

Lösung II.4.8 Änderung des Abstands:

$$\delta = u_B + u_C \qquad \rightarrow \qquad \delta = \frac{1}{EI} \int M(\bar{M}_B + \bar{M}_C)\mathrm{d}x\,.$$

Integral:

$$\int M(\bar{M}_B + \bar{M}_C)\mathrm{d}x = 2\frac{1}{3}\,a\left(1 - \frac{\sqrt{2}}{2}\right)G\,a\,a - \frac{1}{2}\,a\,G\,a\,a$$

$$= -\frac{1}{6}\left(2\sqrt{2} - 1\right)G\,a^3$$

$$\rightarrow \qquad \delta = -\frac{2\sqrt{2} - 1}{6}\frac{G\,a^3}{EI}\,.$$

Der Abstand zwischen den Punkten B und C wird größer.

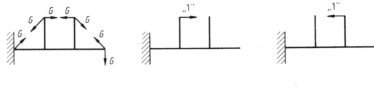

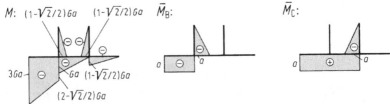

M: $(1-\sqrt{2}/2)Ga$ $(1-\sqrt{2}/2)Ga$ $\bar{M}_B$: $\bar{M}_C$:

$3Ga$ Ga $(1-\sqrt{2}/2)Ga$ a a a a

$(2-\sqrt{2}/2)Ga$

Lösung II.4.9 Aus Symmetriegründen ist es ausreichend, ein Viertel des Rahmens zu betrachten. Die Querkraft ist an den Punkten A und B Null. Als statisch Unbestimmte wählen wir das Biegemoment M_B.

Statisch Unbestimmte:

$$X = M_B = -\frac{\displaystyle\int \bar{M}_1 \, M_0 \, \mathrm{d}x}{\displaystyle\int \bar{M}_1^2 \, \mathrm{d}x} \, .$$

Integrale:

$$\int \bar{M}_1 \, M_0 \, \mathrm{d}x = -a \, \frac{q_0}{2} \, (b^2 - a^2) - \frac{1}{3} \, a \, \frac{q_0}{2} \, a^2 - \frac{1}{3} \, b \, \frac{q_0}{2} \, b^2$$

$$= -\frac{1}{6} \, q_0 \, b^3 - \frac{1}{2} \, q_0 \, a \, b^2 + \frac{1}{3} \, q_0 \, a^3 \, ,$$

$$\int \bar{M}_1^2 \, \mathrm{d}x \quad = a + b \, .$$

M_0: $\frac{q_0}{2} b^2$ quadr. Parabel $\bar{M}_1$:

quadr. Parabel

$q_0(b^2-a^2)/2$

„0"- System   „1"- System

M:

$(b^2+2ab-2a^2)q_0/6$ $(a^2-ab+b^2)q_0/3$

$(a^2+2ab-2b^2)q_0/6$

Einsetzen liefert:

$$M_B = (b^2 + 2a\,b - 2a^2)q_0/6 \,.$$

Biegemoment:

$$M = M_0 + X\,\bar{M}_1 \,.$$

Lösung II.4.10

$$w = \sum_i \frac{S_i\,\bar{S}_i\,l_i}{(EA)_i} + \int \frac{M\,\bar{M}}{EI}\,\mathrm{d}x \,.$$

i	S_i	$\bar{S}_i$	l_i	$S_i\,\bar{S}_i\,l_i$
1	$-3F$	-3	a	$9F\,a$
2	$3F$	3	a	$9F\,a$
3	$-3\sqrt{2}F$	$-3\sqrt{2}$	$\sqrt{2}a$	$18\sqrt{2}F\,a$
			Σ	$18(1+\sqrt{2})Fa$

Integral:

$$\int M\,\bar{M}\,\mathrm{d}x = 2\left(\frac{1}{3}\,a\,F\,a + \frac{1}{3}\frac{a}{2}\,F\,a\,a\right) = F\,a^3 \,.$$

Einsetzen liefert:

$$w = 18(1+\sqrt{2})\frac{F\,a}{EA} + \frac{F\,a^3}{EI} \,.$$

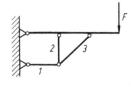
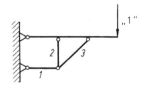

M: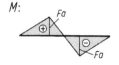

$\bar{M}$: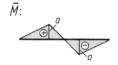

Lösung II.4.11 Die erforderliche Absenkung w_B des Seilendes bei B ist gleich der Absenkung der Last w_A, die sich einstellt, wenn man die Unterlage bei A entfernt und das Seilende bei B festhält.

Absenkung bei A:

$$w_A = \sum_i \frac{S_i \bar{S}_i l_i}{(EA)_i} + \int \frac{M \bar{M}}{EI}\, dx$$

$$= \frac{2G\,2h}{(EA)_1} + \frac{G(3h+2l)}{(EA)_2} + 2\,\frac{1}{3}\frac{l\,G\,l\,l}{EI}$$

$$\rightarrow \quad \boxed{w_B = \frac{4G\,h}{(EA)_1} + \frac{G(3h+2l)}{(EA)_2} + \frac{2}{3}\frac{G\,l^3}{EI}\,.}$$

M: 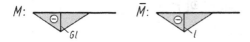 $\bar{M}$:

Lösung II.4.12

Statisch Unbestimmte:

$$X = S = -\frac{\displaystyle\int \frac{\bar{M}_1 M_0}{(EI)_1}\, dx + \int \frac{\bar{N}_1 N_0}{(EA)_2}\, dx}{\displaystyle\int \frac{\bar{M}_1^2}{(EI)_1}\, dx + \int \frac{\bar{N}_1^2}{(EA)_2}\, dx}\,.$$

Integrale:

$$\int \bar{M}_1 M_0\, dx = -\frac{5}{48}\, F\, l^3 \sin\alpha, \quad \int \bar{N}_1 N_0\, dx = 0\,,$$

$$\int \bar{M}_1^2\, dx = \frac{1}{24}\, l^3 \sin^2\alpha, \quad \int \bar{N}_1^2\, dx = \frac{l}{2\cos\alpha}\,.$$

Einsetzen liefert:

$$S = \frac{5F \sin\alpha \cos\alpha}{2 \sin^2\alpha \cos\alpha + 24 \dfrac{(EI)_1}{l^2(EA)_2}} \cdot$$

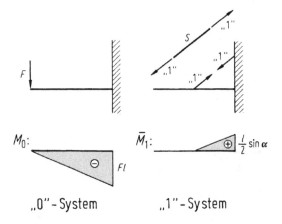

M_0: $\bar{M}_1$:

„0"-System   „1"-System

Lösung II.4.13

Kräfte auf den Rahmen in A und B:

$$R = \sqrt{2}\, S\,.$$

Absenkung von A:

$$w_A = \int \frac{M\,\bar{M}}{EI}\,\mathrm{d}x + \int \frac{M_T\,\bar{M}_T}{GI_T}\,\mathrm{d}x\,.$$

Integrale:

$$\int M\,\bar{M}\,\mathrm{d}x = 2Ra^3/3, \qquad \int M_T\,\bar{M}_T\,\mathrm{d}x = 5Ra^3$$

$$\rightarrow \quad w_A = \sqrt{2}\left(\frac{2}{3} + 5\frac{EI}{GI_T}\right)\frac{Sa^3}{EI}\,.$$

Symmetrie:

$$w_B = -w_A.$$

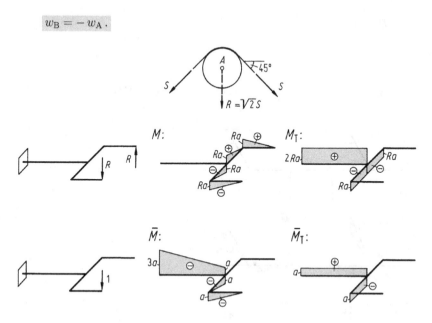

Lösung II.4.14

Statisch Unbestimmte:

$$X = B = -\frac{\displaystyle\int \frac{\bar{M}_1\,M_0}{EI}\,\mathrm{d}x + \int \frac{\bar{M}_{T1}\,M_{T0}}{GI_T}\,\mathrm{d}x}{\displaystyle\int \frac{\bar{M}_1^2}{EI}\,\mathrm{d}x + \int \frac{\bar{M}_{T1}^2}{GI_T}\,\mathrm{d}x}.$$

Integrale:

$$\int \bar{M}_1\,M_0\,\mathrm{d}x \qquad\qquad \int \bar{M}_1^2\,\mathrm{d}x = 2a^3/3\,,$$

$$= a(2G\,a + 22G\,a)a/6 = 4G\,a^3\,,$$

$$\int \bar{M}_{T1}\,M_{T0}\,\mathrm{d}x = -9Ga^3\,, \qquad\qquad \int \bar{M}_{T1}^2\,\mathrm{d}x = a^3\,.$$

Einsetzen liefert:

$$B = 4G.$$

Reaktionen im Lager A:

$$A_z = -13G, \qquad M_{Ax} = 5Ga, \qquad M_{Ay} = 15Ga.$$

M_0: $\bar{M}_1$:

M_{T0}: $\bar{M}_{T1}$:

„0" – System   „1" – System

$\bar{M}$: $\bar{M}_T$:

Durchbiegung:

$$w_C = \int \frac{M \bar{M}}{EI}\, dx + \int \frac{M_T \bar{M}_T}{GI_T}\, dx$$

mit

$$M = M_0 + X \bar{M}_1 , \qquad M_T = M_{T0} + X \bar{M}_{T1} .$$

Integrale:

$$\int M \bar{M}\, dx = 9G\,a^3/3 + a(2G\,a + 22G\,a)\,a/6 + 4G\,a^3/3 = 25G\,a^3/3 ,$$

$$\int M_T \bar{M}_T\, dx = 9G\,a^3 - 4G\,a^3 = 5G\,a^3 .$$

Einsetzen liefert:

$$w_C = 15\,\frac{G\,a^3}{EI} .$$

Lösung II.4.15 Das System ist einfach statisch unbestimmt. Als statisch Unbestimmte wird das Einspannmoment im Punkt E gewählt.

Statisch Unbestimmte:

$$X = M_E = -\frac{\displaystyle\int \frac{\bar{M}_1\, M_0}{EI_R}\, dx + \int \frac{\bar{N}_1\, N_0}{EA_S}\, dx}{\displaystyle\int \frac{\bar{M}_1^2}{EI_R}\, dx + \int \frac{\bar{N}_1^2}{EA_S}\, dx} .$$

Geometrie:

$$l_S = \frac{l}{\cos 30^\circ} \qquad \to \qquad l_S = \frac{2}{\sqrt{3}}\,l .$$

Integrale:

$$\int \bar{M}_1\, M_0\, dx = -\frac{11F\,l^2}{12} , \qquad \int \bar{N}_1\, N_0\, dx = -\frac{2F}{3\sqrt{3}} ,$$

$$\int \bar{M}_1^2\, dx = \frac{8l}{3} , \qquad \int \bar{N}_1^2\, dx = \frac{1}{3\sqrt{3}\,l} .$$

Einsetzen liefert:

$$X = M_\mathrm{E} = \frac{11\sqrt{3}F\,l^3\,E\,A_\mathrm{S} + 8F\,l\,E\,I_\mathrm{R}}{32\sqrt{3}l^2\,E\,A_\mathrm{S} + 4E\,I_\mathrm{R}}\,.$$

„0"-System:

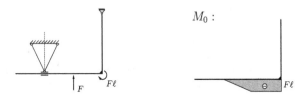

$M_0 :$

Normalkraft in den Fachwerkstäben:

$$N_0 = -\frac{F}{\sqrt{3}}\,.$$

„1"-System:

$\bar{M}_1 :$

Normalkraft in den Fachwerkstäben:

$$\bar{N}_1 = \frac{1}{2\sqrt{3}l}\,.$$

Die Steifigkeit der Ersatzfeder lässt sich mit dem Arbeitssatz bestimmen:

$$\frac{1}{2}F\,w = \frac{1}{2}\int \frac{N^2}{E\,A_\mathrm{S}}\,\mathrm{d}x\,.$$

Integral:

$$\frac{1}{2}\int N^2\,\mathrm{d}x = \frac{2F^2\,l}{3\sqrt{3}}\,.$$

Verschiebung:

$$w = \frac{4Fl}{3\sqrt{3}E\,A_\mathrm{S}} \, .$$

Federsteifigkeit:

$$k = \frac{F}{w} = \frac{3\sqrt{3}EA_\mathrm{S}}{4l} \, .$$

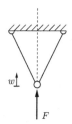

Lösung II.4.16

Absenkung von P:

$$w_\mathrm{P} = \int \frac{\bar{M}\,M}{EI}\,\mathrm{d}x + \int \frac{\bar{N}\,N}{EA}\,\mathrm{d}x \, .$$

Integrale:

$$\int \bar{M}\,M\,\mathrm{d}x = \frac{2F\,a^3}{3} \, , \qquad \int \bar{N}\,N\,\mathrm{d}x = 4F\,a\,(1 + \sqrt{2}) \, .$$

Einsetzen liefert:

$$w_\mathrm{P} = \frac{4F\,a\,(1 + \sqrt{2})}{E\,A} + \frac{2F\,a^3}{3E\,I} \, .$$

„0"-System: „1"-System:

                  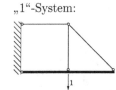

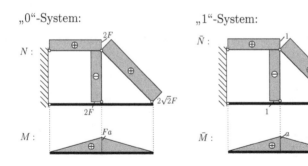

Lösung II.4.17

Die Absenkung von G wird mit dem Arbeitssatz berechnet:

$$\frac{1}{2} F\, w_{\mathrm{G}} = \frac{1}{2} \int \frac{M^2}{EI}\, \mathrm{d}s + \frac{1}{2} \int \frac{N^2}{EA}\, \mathrm{d}s\,.$$

Schnittgrößen:

$$M(\varphi) = F\, r\, (\sin\varphi + \cos\varphi - 1)\,.$$

$$N(\varphi) = -F\, (\sin\varphi + \cos\varphi)\,.$$

Integrale:

$$\int M^2\, \mathrm{d}s = \int M^2\, r\, \mathrm{d}\varphi = F^2\, r^3 \int_0^{\frac{\pi}{2}} (\sin\varphi + \cos\varphi - 1)^2\, \mathrm{d}\varphi$$

$$= F^2\, r^3\, (\pi - 3)\,,$$

$$\int N^2\, \mathrm{d}s = \int N^2\, r\, \mathrm{d}\varphi = F^2\, r \int_0^{\frac{\pi}{2}} (\sin\varphi + \cos\varphi)^2\, \mathrm{d}\varphi = \frac{1}{2}\, F^2\, r\, (\pi + 2)\,.$$

Einsetzen liefert:

$$w_{\mathrm{G}} = \frac{F\, r^3}{E\, I}\, (\pi - 3) + \frac{F\, r}{E\, A}\, (\pi + 2)\,.$$

Federsteifigkeit:

$$k = \frac{F}{w_\text{G}} = \frac{1}{\dfrac{r^3}{E\,I}\,(\pi - 3) + \dfrac{r}{E\,A}\,(\pi + 2)} \,.$$

Lösung II.4.18 Als statisch Unbestimmte wird das Einspannmoment an der rechten Einspannstelle gewählt:

$$X = M_\text{T}(x = 4a) = -\frac{\displaystyle\int \frac{M_\text{T0}\,\bar{M}_\text{T1}}{G\,I_\text{T}}\,\text{d}s}{\displaystyle\int \frac{\bar{M}_\text{T1}^2}{G\,I_\text{T}}\,\text{d}s} \,.$$

Integrale:

$$\int M_\text{T0}\,\bar{M}_\text{T1}\,\text{d}s = 2m_\text{T}\,a^2 \,, \qquad \int \bar{M}_\text{T1}^2\,\text{d}s = 4a \,.$$

Einsetzen ergibt:

$$X = M_\text{T}(x = 4a) = \frac{1}{2}m_\text{T}a \,.$$

„0“-System: „1“-System:

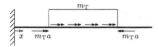 

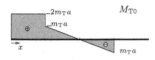 

Der gesamte Momentenverlauf ergibt sich aus der Überlagerung von „0“-System und „1“-System:

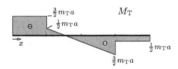

Lösung II.4.19

Wirklicher (realer) Lastzustand:

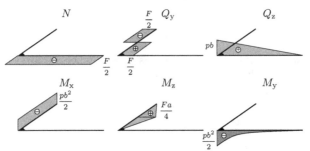

Absenkung im Punkt C (Arbeitssatz; Schubkorrekturfaktor κ):

$$w = \int \frac{M_y \bar{M}_y}{EI} ds + \int \frac{M_z \bar{M}_z}{EI} ds + \int \frac{M_x \bar{M}_x}{GI} ds + \int \frac{N \bar{N}}{EA} ds$$

$$+ \int \kappa \frac{Q_y \bar{Q}_y}{GA} ds + \int \kappa \frac{Q_z \bar{Q}_z}{GA} ds \,.$$

Integrale:

$$\int M_y \bar{M}_y \, ds = \frac{p b^2}{8} \,, \quad \int M_z \bar{M}_z \, ds = 0 \,, \quad \int M_x \bar{M}_x \, ds = \frac{p a b}{2} \,,$$

$$\int N \bar{N} \, ds = 0 \,, \quad \int Q_y \bar{Q}_y \, ds = 0 \,, \quad \int Q_z \bar{Q}_z \, ds = \frac{p b^2}{2} \,.$$

Einsetzen liefert die Absenkung im Punkt C:

$$w = \frac{p b^2}{8EI} + \frac{p a b}{2GI_T} + \frac{\kappa p b^2}{2GA} \,.$$

Virtueller Lastzustand:

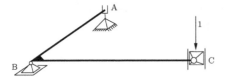

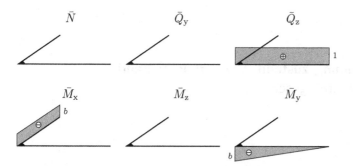

Die Verdrehung um die Z-Achse im Punkt B wird wie vorhin mit dem Arbeitssatz berechnet. Die dafür benötigten Integrale sind:

$$\int M_y \bar{M}_y \, ds = 0\,, \quad \int M_z \bar{M}_z \, ds = -\frac{F a^2}{16}\,, \quad \int M_x \bar{M}_x \, ds = 0\,,$$

$$\int N \bar{N} \, ds = \frac{F b}{2a}\,, \quad \int Q_y \bar{Q}_y \, ds = 0\,, \quad \int Q_z \bar{Q}_z \, ds = 0\,.$$

Einsetzen liefert die Verdrehung im Punkt B:

$$\phi = -\frac{F a^2}{16 E I} + \frac{F b}{2 a E A}\,.$$

Virtueller Lastzustand:

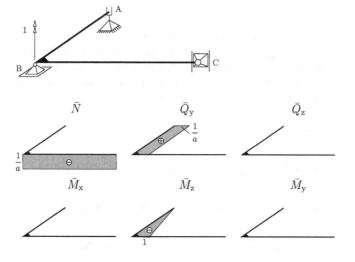

II.5   Spannungszustand, Verzerrungszustand, Elastizitätsgesetz

Lösung II.5.1

Transformationsgleichungen:

$$\sigma_\xi = \sigma_x/2 + \sigma_x \cos 60°/2 + \tau_{xy} \sin 60° \quad \rightarrow \quad \sigma_\xi = 35{,}5\,\text{N/mm}^2 \,,$$

$$\sigma_\eta = \sigma_x/2 - \sigma_x \cos 60°/2 - \tau_{xy} \sin 60° \quad \rightarrow \quad \sigma_\eta = -5{,}5\,\text{N/mm}^2 \,.$$

Hookesches Gesetz:

$$\varepsilon_{AB} = \varepsilon_\xi = \frac{1}{E}\left(\sigma_\xi - \nu\sigma_\eta\right) \qquad \rightarrow \qquad \boxed{\varepsilon_{AB} = 1{,}8 \cdot 10^{-4}\,.}$$

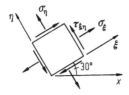

Lösung II.5.2 Zur Charakterisierung des Schnitts II führen wir ein ξ, η-Koordinatensystem ein. Aus den gegebenen Hauptspannungen kann der Mohrsche Kreis konstruiert werden. Dem Winkel 2φ im Uhrzeigersinn (vom Punkt σ_1 zum Punkt P) im Mohrschen Kreis entspricht der Winkel φ entgegen dem Uhrzeigersinn zwischen der 1-Achse und der x-Achse.

Transformationsgleichungen:

$$\sigma_\xi = \frac{1}{2}\left(\sigma_1 + \sigma_2\right) + \frac{1}{2}\left(\sigma_1 - \sigma_2\right)\cos 90° \quad \rightarrow \quad \boxed{\sigma_\xi = 10\,\text{N/mm}^2 \,,}$$

$$\sigma_\eta = \frac{1}{2}\left(\sigma_1 + \sigma_2\right) - \frac{1}{2}\left(\sigma_1 - \sigma_2\right)\cos 90° \quad \rightarrow \quad \boxed{\sigma_\eta = 10\,\text{N/mm}^2 \,,}$$

$$\tau_{\xi\eta} = -\frac{1}{2}\left(\sigma_1 - \sigma_2\right)\sin 90° \quad \rightarrow \quad \boxed{\tau_{\xi\eta} = -20\,\text{N/mm}^2 \,.}$$

Ablesen aus dem Mohrschen Kreis:

$$2\varphi = 60° \quad \rightarrow \quad \boxed{\varphi = 30°,}$$

$$\boxed{\sigma_x = 20\,\text{N/mm}^2,} \quad \boxed{\tau_{xy} = -17{,}3\,\text{N/mm}^2.}$$

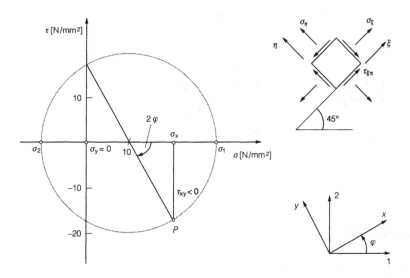

Lösung II.5.3

Normalspannungen:

$$\sigma_x = \frac{F}{A} \quad \rightarrow \quad \sigma_x = \frac{F}{2\pi\, r\, t} \quad \rightarrow \quad \boxed{\sigma_x = 59{,}7\,\text{N/mm}^2,} \quad \boxed{\sigma_y = 0.}$$

Schubspannung:

$$\tau_{xy} = \frac{M_T}{W_T} \quad \rightarrow \quad \tau_{xy} = \frac{M_0}{2\pi\, r^2\, t} \quad \rightarrow \quad \boxed{\tau_{xy} = 49{,}7\,\text{N/mm}^2.}$$

Hauptspannungen:

$$\sigma_{1,2} = \frac{\sigma_x + \sigma_y}{2} \pm \sqrt{\left(\frac{\sigma_x - \sigma_y}{2}\right)^2 + \tau_{xy}^2}$$

$$\rightarrow \quad \boxed{\sigma_1 = 87{,}8\,\text{N/mm}^2,} \quad \boxed{\sigma_2 = -28{,}2\,\text{N/mm}^2.}$$

Hauptrichtungen:

$$\tan 2\varphi^* = \frac{2\tau_{xy}}{\sigma_x - \sigma_y} \quad \rightarrow \quad \boxed{\varphi^* = 29{,}5°\,.}$$

Vergleichsspannung:

$$\sigma_V = \sqrt{\sigma_x^2 + 3\tau_{xy}^2} \quad \rightarrow \quad \boxed{\sigma_V = 105 \text{ N/mm}^2 < \sigma_{zul}\,.}$$

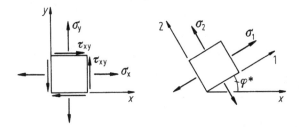

Lösung II.5.4

Normalspannung infolge Biegung:

$$\sigma = 0\,.$$

Schubspannung infolge Torsion:

$$\tau_T = \frac{M_T}{W_T} \quad \rightarrow \quad \tau_T = \frac{q_0 \dfrac{l}{2} \dfrac{b}{2}}{\dfrac{1}{3} 3b\,t^3 \dfrac{1}{t}} = \frac{q_0\,l}{4t^2}\,.$$

Schubspannung infolge Querkraft (vgl. Aufgabe II.7.1):

$$\tau_Q = 2\frac{Q}{A} \quad \rightarrow \quad \tau_Q = \frac{q_0 l}{3b\,t} \ll \tau_T\,.$$

Spannungszustand im Punkt P:

$$\boxed{\sigma_x = 0\,,} \qquad \boxed{\sigma_z = 0\,,} \qquad \boxed{\tau_{xz} = -\frac{q_0\,l}{4t^2}} \quad \text{(reiner Schub).}$$

Hauptspannungen:

$$\sigma_{1,2} = \pm \sqrt{\tau_{xz}^2} \quad \rightarrow \quad \boxed{\sigma_{1,2} = \pm \frac{q_0 \, l}{4t^2}}.$$

Hauptrichtungen:

$$\tan 2\varphi^* \to \infty \quad \rightarrow \quad \boxed{\varphi^* = 45°}.$$

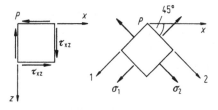

Lösung II.5.5

Transformationsgleichungen:

$$\varepsilon_r = (\varepsilon_x + \varepsilon_y)/2 + (\varepsilon_x - \varepsilon_y)/2 \, \cos 120° + \gamma_{xy}/2 \, \sin 120°,$$

$$\varepsilon_q = (\varepsilon_x + \varepsilon_y)/2 + (\varepsilon_x - \varepsilon_y)/2 \, \cos 240° + \gamma_{xy}/2 \, \sin 240°.$$

Auflösen liefert mit $\varepsilon_x = \varepsilon_s$:

$$\varepsilon_y = (2\varepsilon_q + 2\varepsilon_r - \varepsilon_s)/3 \quad \rightarrow \quad \varepsilon_y = 2{,}8 \cdot 10^{-4},$$

$$\gamma_{xy} = 2\sqrt{3}\,(-\varepsilon_q + \varepsilon_r)/3 \quad \rightarrow \quad \gamma_{xy} = -7{,}9 \cdot 10^{-4}.$$

Hauptdehnungen:

$$\varepsilon_{1,2} = \frac{\varepsilon_x + \varepsilon_y}{2} \pm \sqrt{\left(\frac{\varepsilon_x - \varepsilon_y}{2}\right)^2 + \left(\frac{\gamma_{xy}}{2}\right)^2}$$

$$\rightarrow \quad \varepsilon_1 = 6{,}0 \cdot 10^{-4}, \qquad \varepsilon_2 = -2{,}0 \cdot 10^{-4}.$$

Maximale Hauptspannung:

$$\sigma_1 = \frac{E}{1 - \nu^2}(\varepsilon_1 + \nu\,\varepsilon_2) \quad \rightarrow \quad \boxed{\sigma_1 = 125 \; \text{N/mm}^2}.$$

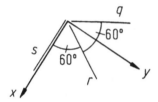

Lösung II.5.6

Flächenträgheitsmoment:

$$I = 2\,\frac{t(2h)^3}{12} + 2(t\,h)h^2 \qquad \rightarrow \qquad I = \frac{h^4}{6}\,.$$

Widerstandsmoment:

$$W = \frac{I}{h} \qquad \rightarrow \qquad W = \frac{h^3}{6}\,.$$

Normalspannung:

$$\sigma = \frac{M}{W} \qquad \rightarrow \qquad \sigma = 3\,\frac{F\,l}{h^3}\,.$$

Torsionswiderstandsmoment:

$$W_{\mathrm{T}} = 2t\,A_{\mathrm{m}} = 4t\,h^2 \qquad \rightarrow \qquad W_{\mathrm{T}} = \frac{h^3}{5}\,.$$

Schubspannung:

$$\tau = \frac{M_{\mathrm{T}}}{W_{\mathrm{T}}} \qquad \rightarrow \qquad \tau = 10\frac{F\,l}{h^3}\,.$$

Vergleichsspannung:

$$\sigma_{\mathrm{V}} = \sqrt{\sigma^2 + 4\tau^2} \qquad \rightarrow \qquad \sigma_{\mathrm{V}} = 20{,}2\,\frac{F\,l}{h^3}\,.$$

Lösung II.5.7 Der Mast wird auf zweiachsige Biegung, Druck und Torsion beansprucht. Die Schubspannung infolge der Querkraft ist gegen die Schubspannung infolge Torsion vernachlässigbar. Die maximale Biegespannung tritt an der Einspannstelle auf.

Querschnittsgrößen:

$$A = 2\pi r t, \quad I_y = I_z = \pi r^3 t, \quad W_T = 2\pi r^2 t.$$

Schnittgrößen an der Einspannung:

$$N = -G, \quad M_T = W a, \quad M_y = -G a, \quad M_z = -W h.$$

Normalspannung im Einspannquerschnitt:

$$\sigma(y,z) = \frac{N}{A} + \frac{M_y}{I_y} z - \frac{M_z}{I_z} y$$

$$\rightarrow \quad \sigma(y,z) = -\frac{G}{2\pi r t} \left(1 + 2\frac{a z}{r^2} - 24\frac{a y}{r^2}\right).$$

Spannungs-Nulllinie:

$$z = 12y - \frac{r^2}{2a}.$$

Steigung der Nulllinie:

$$\tan \alpha = 12 \qquad \rightarrow \quad \alpha = 85{,}2°.$$

Maximale Normalspannung (im Punkt P):

$$|\sigma|_{\max} = |\sigma(y = -r \cos\bar\alpha, \, z = r \sin\bar\alpha)| \quad \rightarrow \quad |\sigma|_{\max} = 3{,}8\frac{G a}{r^2 t}.$$

Schubspannung:

$$\tau = \frac{M_T}{W_T} \qquad \rightarrow \quad \tau = 0{,}48\frac{G a}{r^2 t}.$$

Vergleichsspannung:

$$\sigma_V = \sqrt{\sigma^2 + 4\tau^2} \qquad \rightarrow \quad \sigma_V = 3{,}9\frac{G a}{r^2 t}.$$

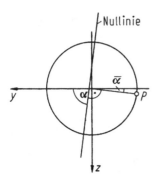

II.6   Knickung

Lösung II.6.1 Der Bogen kann nur eine Kraft in Richtung der Geraden AB übertragen. Die Kraft S im Stab BC wird als Druckkraft positiv angenommen.

Geometrie:

$$\frac{S_y}{S_x} = \frac{3a}{4a}, \qquad l_{BC} = 5a.$$

Gleichgewicht am Knoten B:

$$\rightarrow: \quad S_x - \frac{\sqrt{2}}{2} F_{BA} = 0,$$

$$\uparrow: \quad S_y + \frac{\sqrt{2}}{2} F_{BA} - G = 0.$$

Auflösen liefert:

$$S = 5G/7.$$

Flächenträgheitsmoment:

$$I = \frac{2h\,h^3}{12} = \frac{h^4}{6}.$$

Eulersche Knicklast (2. Euler-Fall):

$$S_{\text{krit}} = \pi^2 \frac{EI}{l_{\text{BC}}^2} \quad \rightarrow \quad S_{\text{krit}} = \frac{\pi^2 \, h^4 \, E}{150 a^2} \,.$$

Maximale Last:

$$G_{\max} = \frac{7}{5} S_{\text{krit}} \quad \rightarrow \quad G_{\max} = \frac{7 \pi^2 \, h^4 \, E}{750 a^2} \,.$$

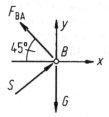

Lösung II.6.2

Maximale Stauchung (in der horizontalen Lage):

$$|\varepsilon|_{\max} = \frac{|l \cos \alpha - l|}{l} \quad \rightarrow \quad |\varepsilon|_{\max} = 1 - \cos \alpha \,.$$

Stabkraft:

$$S = EA\varepsilon \quad \rightarrow \quad |S|_{\max} = EA(1 - \cos \alpha) \,.$$

Eulersche Knicklast (2. Euler-Fall):

$$|S|_{\text{krit}} = \pi^2 \frac{EI}{l^2} \,.$$

Forderung:

$$|S|_{\max} < |S|_{\text{krit}} \quad \rightarrow \quad EA(1 - \cos \alpha) < \pi^2 \frac{EI}{l^2} \,.$$

Querschnittsgrößen:

$$A = 2h^2 \,, \qquad I = \frac{h^4}{6} \,.$$

Einsetzen liefert mit $\cos\alpha = 1 - \alpha^2/2 + \cdots$:

$$\cos\alpha > 1 - \frac{\pi^2 h^2}{12 l^2} \quad \to \quad \boxed{\alpha < \frac{\pi h}{\sqrt{6}\, l}}\ .$$

Lösung II.6.3 Die Kolbenstange muss so dimensioniert werden, dass weder ihr innerhalb noch ihr außerhalb des Zylinders liegender Teil knickt. Sowohl die Druckkraft als auch die Teillänge innerhalb des Zylinders werden maximal für $x = 0$. Daher ist dies die kritische Lage für den inneren Teil der Kolbenstange.

Druckkraft in der Kolbenstange für $x = 0$:

$$F = p_0\, A\,.$$

Kritische Druckkraft für den Stangenteil im Zylinder (4. Euler-Fall):

$$F_{\mathrm{krit}} = 4\pi^2 \frac{EI}{h^2}\,.$$

Flächenträgheitsmoment:

$$I = \frac{\pi}{4}\, r^4\,.$$

Forderung:

$$F < F_{\mathrm{krit}} \quad \to \quad r > r_0 \quad \text{mit} \quad r_0^4 = \frac{p_0\, A\, h^2}{\pi^3 E}\,.$$

Druckkraft in der Kolbenstange für $x \neq 0$:

$$F = p_0\, A \frac{h}{h + 4x}\,.$$

Kritische Druckkraft für den Stangenteil außerhalb des Zylinders (3. Euler-Fall):

$$F_{\mathrm{krit}} = 2{,}04\pi^2 \frac{EI}{(l + x - h)^2}\,.$$

Forderung:

$$F(x) < F_{\mathrm{krit}}(x) \quad \rightarrow \quad \varrho^4 > 1{,}96 \, \frac{(\lambda - 1 + \xi)^2}{1 + 4\xi}$$

$$\text{mit} \quad \varrho = \frac{r}{r_0}, \quad \lambda = \frac{l}{h}, \quad \xi = \frac{x}{h}.$$

Für $\lambda < 1{,}6$ knickt bei einem zu kleinen Radius der innerhalb des Zylinders liegende Teil der Kolbenstange. Der äußere Teil knickt für $\lambda > 1{,}6$ und zwar für $1{,}6 < \lambda < 1{,}8$ bei ausgefahrener Stange ($\xi = 1$) und für $\lambda > 1{,}8$ bei eingefahrener Stange ($\xi = 0$).

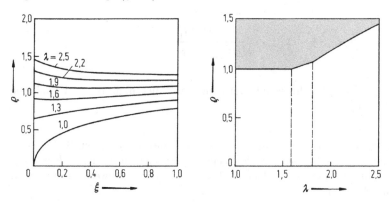

Lösung II.6.4

Verlängerungen der Teilstücke:

$$\Delta l_j = \left(\alpha_{\mathrm{T}j} \, \Delta T + \frac{\sigma_j}{E_j} \right) l, \quad j = 1, 2, 3.$$

Verträglichkeitsbedingungen:

$$\Delta l_1 = \Delta l_2, \quad \Delta l_3 = -\Delta l_2.$$

Gleichgewichtsbedingung:

$$\sigma_1 A_1 + \sigma_2 A_2 = \sigma_3 A_3.$$

Auflösen liefert:

$$\sigma_1 = -(5\alpha_{T1} - 3\alpha_{T2})E_1\,\Delta T/6\,.$$

Knickspannung (4. Euler-Fall):

$$\sigma_{krit} = -4\pi^2 \frac{E_1\,I_1}{A_1\,l^2}\,.$$

Maximale Temperaturänderung:

$$\sigma_1 = \sigma_{krit} \quad \rightarrow \quad \Delta T_{max} = \frac{24\pi^2\,I_1}{(5\alpha_{T1} - 3\alpha_{T2})A_1\,l^2}\,.$$

Für $\alpha_{T1} > 3\alpha_{T2}/5$ führt eine Erwärmung zum Knicken, für $\alpha_{T1} < 3\alpha_{T2}/5$ eine Abkühlung.

Lösung II.6.5 Die Querkraft am freien Ende des ausgelenkten Stabes setzt sich aus den zur Stabachse orthogonalen Komponenten der Kraft F und der Federkraft zusammen. Die kleinste Lösung $\lambda_1\,l$ der Eigenwertgleichung wird graphisch bestimmt.

Differenzialgleichung für die Auslenkung $w(x)$:

$$EI_y\,w^{IV} + F\,w'' = 0 \quad \rightarrow \quad w^{IV} + \lambda^2\,w'' = 0 \quad \text{mit} \quad \lambda^2 = F/EI_y\,.$$

Allgemeine Lösung der Differenzialgleichung:

$$w = A\,\cos\lambda x + B\,\sin\lambda x + C\,\lambda\,x + D\,.$$

Ableitungen:

$$w' = -A\,\lambda\,\sin\lambda x + B\,\lambda\cos\lambda x + C\,\lambda\,,$$
$$w'' = -A\,\lambda^2\,\cos\lambda x - B\,\lambda^2\,\sin\lambda x\,,$$
$$w''' = A\,\lambda^3\,\sin\lambda x - B\,\lambda^3\cos\lambda x\,.$$

Randbedingungen:

$$w(0) = 0, \quad w'(0) = 0, \quad M(l) = 0,$$
$$Q(l) = F \sin \alpha - c\, w(l) \cos \alpha.$$

Linearisieren ($\sin \alpha \approx \alpha \approx w'(l)$, $\cos \alpha \approx 1$) liefert:

$$Q(l) = F\, w'(l) - c\, w(l).$$

Am freien Ende gilt:

$$M(l) = -EI_y\, w''(l),$$
$$Q(l) = -EI_y\, w'''(l).$$

Einsetzen liefert:

$$A + D = 0 \qquad\qquad \rightarrow \quad D = -A,$$
$$B + C = 0 \qquad\qquad \rightarrow \quad C = -B,$$
$$A \cos \lambda l + B \sin \lambda l = 0 \quad \rightarrow \quad A = -B \tan \lambda l,$$
$$c(A \cos \lambda l + B \sin \lambda l) - C(EI_y \lambda^3 - c\,\lambda l) + c\,D = 0$$
$$\rightarrow \quad B[(EI_y\lambda^3 - c\,\lambda l) + c \tan \lambda l] = 0.$$

Bedingung für nichttriviale Lösungen:

$$\tan \lambda l - \lambda l + \frac{EI_y}{c\,l^3}(\lambda l)^3 = 0.$$

Kritische Last für Knicken in der x, z-Ebene:

$$F_{\text{krit}} = \lambda_1^2\, EI_y \qquad\qquad \rightarrow \quad F_{\text{krit}} = (\lambda_1\, l)^2 \frac{EI_y}{l^2}.$$

Sonderfälle:

$$c = 0: \quad F_{\text{krit}} = 2{,}47\, \frac{EI_y}{l^2} \quad (\text{1. Euler-Fall}),$$

$$c \to \infty: \quad F_{\text{krit}} = 20{,}2\, \frac{EI_y}{l^2} \quad (\text{3. Euler-Fall}).$$

Kritische Last für Knicken in der x, y-Ebene:

$$F_{\text{krit}} = 2,47 \, \frac{EI_z}{l^2} \qquad \text{(1. Euler-Fall)} .$$

Lösung II.6.6

Einführen einer dimensionslosen Ortskoordinate: $\xi = x/L$.

Dimensionslose Höhe des Gewichts: $\beta = l/L$.

Gleichgewicht am ausgelenkten Balken liefert:

$$Q(\xi) = -H = -mg \, w(\beta)/L ,$$

$$M(\xi) = \begin{cases} mg \, (w(\xi) - w(\beta)\,\xi) & \text{für} \quad 0 \leq \xi \leq \beta , \\ mg \, w(\beta) \, (1 - \xi) & \text{für} \quad \beta < \xi \leq 1 . \end{cases}$$

Differentialgleichung für die Auslenkung:

$$\frac{\mathrm{d}^2 w}{\mathrm{d}x^2} = \frac{\mathrm{d}^2 w}{L^2 \mathrm{d}\xi^2} = w''(\xi)/L^2 = -\frac{M(\xi)}{E\,I}$$

$$\rightarrow \quad w''(\xi) = \begin{cases} \lambda^2\,(w(\beta)\,\xi - w(\xi)) & \text{für} \quad 0 \le \xi \le \beta, \\ \lambda^2\,w(\beta)\,(\xi - 1) & \text{für} \quad \beta < \xi \le 1. \end{cases}$$

Allgemeine Lösung der Differentialgleichung:

$$w(\xi) = \begin{cases} A\cos(\lambda\,\xi) + B\sin(\lambda\,\xi) + w(\beta)\,\xi & \text{für} \quad 0 \le \xi \le \beta, \\ \lambda^2\,w(\beta)\,\dfrac{1}{6}\,(\xi - 1)^3 + C_1\,\xi + C_2 & \text{für} \quad \beta < \xi \le 1. \end{cases}$$

Randbedingungen:

$$w(\xi = 0) = 0, \quad w(\xi = 1) = 0.$$

Übergangsbedingungen:

$$w''(\beta^-) = w''(\beta^+), \quad w'(\beta^-) = w'(\beta^+), \quad w(\beta^-) = w(\beta^+).$$

Einsetzen liefert:

$$A = 0,$$

$$B = \frac{w(\beta)}{\sin(\lambda\beta)}\,(1 - \beta),$$

$$C_1 = w(\beta)\left[1 - \lambda\cot(\lambda\beta)\,(\beta - 1) - \frac{\lambda^2}{2}\,(\beta - 1)^2\right],$$

$$C_2 = -C_1,$$

sowie die Bedingung für eine nichttriviale Lösung:

$$\lambda\beta\cot(\lambda\beta) - \frac{1 - \beta}{3\,\beta}\,(\lambda\beta)^2 + \frac{\beta\,(2 - \beta)}{(1 - \beta)^2} = 0.$$

Kritische Last (kritische Gewichtskraft) für Knicken in der x, z-Ebene:

$$F_{\text{krit}} = (mg)_{\text{krit}} = \lambda^2 \frac{EI}{L^2} \, .$$

Sonderfall $l = L$, d.h. $\beta = 1$:

$$\cot(\lambda l) \to -\infty, \quad \to \lambda = \pi \quad \to (m\,g)_{\text{krit}} = \pi^2 \frac{EI}{L^2} \ (2.\ \text{Euler-Fall})\,.$$

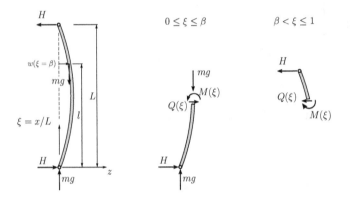

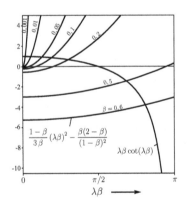

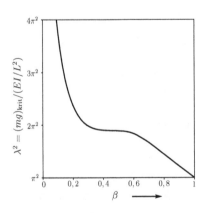

II.7 Querkraftschub

Lösung II.7.1

Querschnittsfläche:

$$A = 3bt.$$

Flächenträgheitsmoment (siehe Aufgabe II.2.3):

$$I = b^3 t/3.$$

Statische Momente:

$$S_1(s_1) = t\, s_1(2b/3 - s_1/2),$$
$$S_2(s_2) = t\, b\, b/6 - t\, s_2\, b/3 = b^2 t/6 - b\, t\, s_2/3.$$

Schubspannung:

$$\tau = \frac{Q\,S}{I\,t}.$$

Einsetzen liefert:

$$\tau_1(s_1) = \frac{3}{2}\frac{Q}{A}\frac{s_1}{b}\left(4 - 3\frac{s_1}{b}\right), \quad \tau_2(s_2) = \frac{3}{2}\frac{Q}{A}\left(1 - 2\frac{s_2}{b}\right).$$

Maximale Querkraft:

$$Q_{\max} = q_0\, l.$$

Ort der maximalen Schubspannung:

$$\tau_1' = 0 \quad \rightarrow \quad s_1 = 2b/3.$$

Maximale Schubspannung:

$$\tau_{\max} = 2\frac{Q_{\max}}{A} \quad \rightarrow \quad \tau_{\max} = \frac{2q_0\, l}{3b\, t}.$$

Maximale Normalspannung (siehe Aufgabe II.2.3):

$$\sigma_{\max} = \frac{q_0\, l^2}{b^2\, t} \qquad \rightarrow \qquad \boxed{\frac{\tau_{\max}}{\sigma_{\max}} = \frac{2b}{3l}}\,.$$

Bei einem schlanken Balken $(b \ll l)$ gilt $\tau_{\max} \ll \sigma_{\max}$.

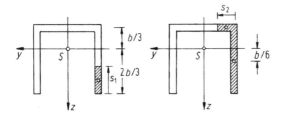

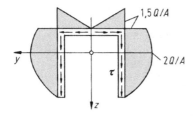

Lösung II.7.2

Flächenträgheitsmoment:

$$I = 2\,\frac{t(14a)^3}{12} - \frac{t(6a)^3}{12} + 2\cdot 8a\,t(7a)^2 \qquad \rightarrow \qquad I = 1223a^3\,t\,.$$

Statische Momente S_1 und S_2:

$$S_1(s_1) = t\,s_1\left(3a + s_1/2\right),$$

$$S_2(s_2) = t\,4a\,5a + t\,s_2\,7a = 20a^2\,t + 7a\,t\,s_2\,.$$

Schubspannung:

$$\tau = \frac{Q\,S}{I\,t}\,.$$

Einsetzen liefert:

$$\tau_1(s_1) = \frac{Q}{I} s_1 \left(3a + \frac{1}{2} s_1\right), \quad \tau_2(s_2) = \frac{Q}{I}\left(20a^2 + 7a\,s_2\right).$$

Resultierende Schubkräfte F_1 und F_2:

$$F_1 = t \int_0^{4a} \tau_1 \, ds_1 = 34{,}7\frac{Q\,a^3\,t}{I} \quad \rightarrow \quad F_1 = 0{,}03Q,$$

$$F_2 = t \int_0^{8a} \tau_2 \, ds_2 = 384\frac{Q\,a^3\,t}{I} \quad \rightarrow \quad F_2 = 0{,}31Q.$$

Gleichgewichtsbedingung:

$$Q = F_3 - 2F_1 \qquad\qquad \rightarrow \qquad F_3 = 1{,}06Q.$$

Schubmittelpunkt:

$$\overset{\frown}{M}:\ 2(d + 8a)F_1 + 14a\,F_2 - d\,F_3 = 0 \qquad \rightarrow \qquad \boxed{d = 4{,}85a}.$$

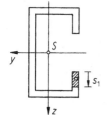

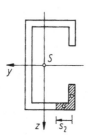

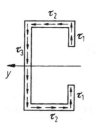

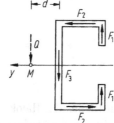

Lösung II.7.3

Flächenträgheitsmoment:

$$I = \pi r^3 t/2 \,.$$

Statisches Moment:

$$S = \int z \,\mathrm{d}A = \int\limits_0^\alpha r \cos\varphi \,(t\,r\,\mathrm{d}\varphi) \qquad \rightarrow \quad S = r^2 t \sin\alpha \,.$$

Schubspannung:

$$\tau = \frac{Q\,S}{I\,t} \qquad\qquad\qquad \rightarrow \quad \tau = \frac{2Q}{\pi\,r\,t}\,\sin\alpha \,.$$

Schubmittelpunkt:

$$Q\,d = \int r\,\tau\,\mathrm{d}A = \frac{2Q}{\pi t}\int\limits_0^\pi \sin\psi\,(t\,r\,\mathrm{d}\psi) \quad \rightarrow \quad d = \frac{4r}{\pi}\,.$$

Torsionsmoment:

$$M_\mathrm{T} = -F\,d \qquad\qquad\qquad \rightarrow \quad M_\mathrm{T} = -\frac{4r}{\pi}F \,.$$

Torsionsträgheitsmoment:

$$I_\mathrm{T} = \pi\,r\,t^3/3 \,.$$

Drehwinkel:

$$\vartheta_1 = \frac{M_\mathrm{T}\,l}{G\,I_\mathrm{T}} \qquad\qquad\qquad \rightarrow \quad \vartheta_1 = -\frac{12F\,l}{\pi^2\,G\,t^3}\,.$$

Die Verdrehung ist unabhängig vom Radius des Halbkreisprofils. Bei einer Halbierung der Wandstärke verachtfacht sich die Verdrehung.

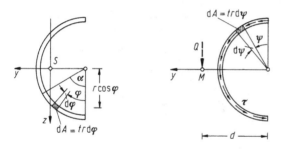

Lösung II.7.4 Die Wirkungslinien der Schubspannung schneiden sich im Punkt Z, d.h. Z ist der Schubmittelpunkt.

Statisches Moment:

$$S_\text{y} = A z_\text{S}.$$

Fallunterscheidung:

a) $-h/4 \leq z \leq 7h/4$:

$$S_\text{y} = \left(\frac{7}{4}h - z\right)\sqrt{2}\,d\left(\frac{7}{4}h + z\right)/2$$

$$\rightarrow \quad S_\text{y} = \left(\frac{49}{16}h^2 - z^2\right)\frac{\sqrt{2}\,d}{2}.$$

b) $-5h/4 \leq z \leq -h/4$:

$$S_\text{y} = -\sqrt{2}\left(\frac{5}{4}h + z\right)d\left(\frac{5}{4}h - z\right)/2$$

$$\rightarrow \quad S_\text{y} = -\left(\frac{25}{16}h^2 - z^2\right)\frac{\sqrt{2}\,d}{2}.$$

Flächenträgheitsmoment:

$$I_\text{y} = \frac{\sqrt{2}\,d(2h)^3}{12} + \left(\frac{3}{4}h\right)^2\sqrt{2}\,d\,(2h) + 2\left[\frac{\sqrt{2}\,dh^3}{12} + \left(\frac{3}{4}h\right)^2\sqrt{2}\,dh\right]$$

$$\rightarrow \quad I_\text{y} = \frac{37\sqrt{2}}{12}\,dh^3.$$

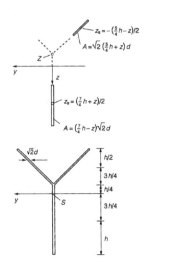

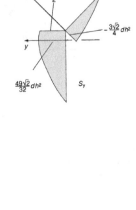

Lösung II.7.5

Flächenträgheitsmoment:

$$I_y = 2t\,l\,h^2 + \frac{(2h)^3}{12}\sqrt{2}\,t\sqrt{2} = 2h^2\,t(l + 2h/3)\,.$$

Damit keine Profilverdrillung auftritt, muss der Schubmittelpunkt auf der Wirkungslinie $E_o - E_u$ der Querkraft Q_z liegen.

Teilresultierende der Schubspannung:

Im oberen horizontalen Schenkel hat der Schubspannungsverlauf eine Resultierende T_1 auf der Mittellinie, im unteren horizontalen Schenkel eine Resultierende T_4. Entsprechend sind T_2 und T_3 die Resultierenden in den mittleren Schenkeln. Da T_1 und T_4 senkrecht zu Q_z wirken, gilt $T_1 - T_4 = 0$ bzw. $T_4 = T_1$. Die Wirkungslinien von T_2 und T_3 schneiden sich im Punkt O und haben eine vertikale Resultierende T_{23} durch O, für die per def. $T_{23} = Q_z$ gilt. Für die statische Äquivalenz von Q_z auf der Wirkungslinie $E_o - E_u$ und von T_1, T_{23}, T_4 müssen die Momente um O (oder einen anderen Bezugspunkt) übereinstimmen:

$$2T_4\,h = Q_z\,h\,.$$

Schubspannungsverteilung im unteren Schenkel:

$$\tau = \frac{Q_z S_y}{I_y t}.$$

Statisches Moment:

$$S_y = h\,(y+a)t \quad \text{mit} \quad a = l - h.$$

Einsetzen:

$$\tau = \frac{Q_z h}{I_y}\,(y+a).$$

Resultierende:

$$T_4 = \int\limits_{-a}^{h} \tau\,t\,\mathrm{d}y = \frac{Q_z h t}{I_y} \int\limits_{-a}^{h} (y+a)\,\mathrm{d}y = \frac{Q_z h t}{2 I_y}\,l^2.$$

Momentengleichheit:

$$Q_z = 2T_4 = \frac{Q_z h t}{I_y}\,l^2 \quad \rightarrow \quad l^2 - 2h\,l - \frac{4h^2}{3} = 0 \quad \rightarrow \quad l = h\,\overset{+}{(-)}\,\sqrt{h^2 + \frac{4\,h^2}{3}},$$

$$\boxed{l = h\left(1 + \sqrt{7/3}\right) \approx 2{,}53\,h.}$$

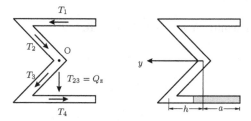

Lösung II.7.6 Vorbemerkung: Auf Formelauswertungen wird verzichtet. Allein durch Argumente, welche die mechanische Bedeutung der zugrunde liegenden Beziehungen benutzen, kann die Lösung gewonnen werden.

Schwerpunkt:

Punktsymmetrie zum Koordinatenursprung $\rightarrow$ $y_S = z_S = 0$.

Hauptachsen der Flächenträgheitsmomente:

Die Flächenträgheitsmomente I_y, I_z und I_{yz} lassen sich (mit α, R, d) berechnen. Damit können die Hauptrichtungen η und ζ sowie die Hauptträgheitsmomente I_η, I_ζ berechnet werden.

Querkraft in den Hauptrichtungen:

Mit dem bekannten Hauptachswinkel φ^* können aus den Querkraftkomponenten Q_y und Q_z die Komponenten Q_η und Q_ζ berechnet werden.

Schubspannung aus Q_ζ:

$$\tau = \frac{Q_\zeta S_\eta}{I_\eta\, d}\,.$$

Statische Momente $S_{\eta 1}$ und $S_{\eta 2}$:

Es gibt zu jedem abgeschnittenen Teil „1" einen Teil „2" mit

$$S_{\eta 2} = -S_{\eta 1}\,.$$

Schubspannungen an den Trennlinien:

Wegen $S_{\eta 2} = -S_{\eta 1}$ gilt an den Trennlinien von Teil „1" und Teil „2"

$$\tau_2 = \tau_1\,.$$

Schubmittelpunkt:

Wegen der Punktsymmetrie sind τ_1 und τ_2 parallel und haben zusammen kein Moment um O = S. Wegen der Beliebigkeit der Paare τ_1 und τ_2 hat die gesamte Schubspannungsverteilung den Schubmittelpunkt

$$\boxed{\text{M} = \text{O} = \text{S}\,.}$$

Schubspannung aus Q_η: Der Lösungsweg ist sinngemäß derselbe, d.h. insgesamt ist der Schubmittelpunkt

$$M = O = S.$$

Anmerkung: Die Transformation auf Hauptachsen wäre nicht nötig, wenn mit allgemeineren Formeln im y, z-Koordinatensystem argumentiert würde. Alle Argumente gelten auch für andere zum Mittelpunkt punktsymmetrische Profile.

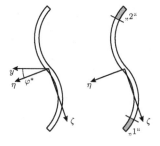

Kapitel III

Kinetik

III

III Kinetik

Formelsammlung

III.1 Kinematik des Punktes

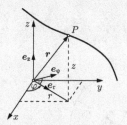

Ortsvektor: r,
Geschwindigkeit: $v = \dot{r}$,
Beschleunigung: $a = \dot{v} = \ddot{r}$.

a) Kartesische Koordinaten

$$r = x e_x + y e_y + z e_z,$$
$$v = \dot{x} e_x + \dot{y} e_y + \dot{z} e_z,$$
$$a = \ddot{x} e_x + \ddot{y} e_y + \ddot{z} e_z.$$

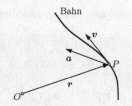

b) Zylinderkoordinaten

$$r = r e_r + z e_z,$$
$$v = \dot{r} e_r + r \dot{\varphi} e_\varphi + \dot{z} e_z,$$
$$a = (\ddot{r} - r \dot{\varphi}^2) e_r + (r \ddot{\varphi} + 2 \dot{r} \dot{\varphi}) e_\varphi + \ddot{z} e_z.$$

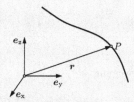

(Hinweis: r entspricht nicht der Länge von r!)

c) Natürliche Koordinaten

$$v = v e_t, \qquad v = |v|,$$

$$a = \dot{v} e_t + \frac{v^2}{\varrho} e_n;$$

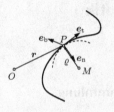

ϱ: Krümmungsradius.

d) Sonderfälle

Ebene Bewegung in Polarkoordinaten:

$$r = r e_r,$$

$$v = \dot{r} e_r + r \dot{\varphi} e_\varphi,$$

$$a = (\ddot{r} - r \dot{\varphi}^2) e_r + (r \ddot{\varphi} + 2\dot{r} \dot{\varphi}) e_\varphi.$$

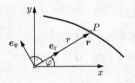

Kreisbewegung:

$$r = r e_r,$$

$$v = r \dot{\varphi} e_\varphi \qquad \text{bzw.} \quad v = r \dot{\varphi} e_t,$$

$$a = -r \dot{\varphi}^2 e_r + r \ddot{\varphi} e_\varphi \qquad \text{bzw.} \quad a = \frac{v^2}{r} e_n + r \ddot{\varphi} e_t.$$

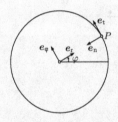

III.2   Kinematik des starren Körpers

Ortsvektor: $r_P = r_A + r_{AP}$,

Geschwindigkeit: $v_P = v_A + \omega \times r_{AP}$,

Beschleunigung: $a_P = a_A + \dot{\omega} \times r_{AP} + \omega \times (\omega \times r_{AP})$.

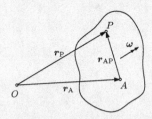

Sonderfall ebener Bewegung:

$$r_P = r_A + r_{AP} \qquad \text{mit} \quad r_{AP} = r e_r ,$$

$$v_P = v_A + v_{AP} \qquad \text{mit} \quad v_{AP} = r\,\omega e_\varphi ,$$

$$a_P = a_A + a_{AP}^{\,r} + a_{AP}^{\,\varphi} \quad \text{mit} \quad a_{AP}^{\,r} = -r\,\omega^2 e_r , \quad a_{AP}^{\,\varphi} = r\,\dot{\omega} e_\varphi .$$

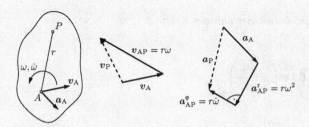

Lageplan   Geschwindigkeitsplan   Beschleunigungsplan

Die ebene Bewegung eines starren Körpers setzt sich aus Tanslation und Rotation zusammen. Sie lässt sich zu jedem Zeitpunkt auch als reine Rotation um den Momentanpol auffassen.

III.3 Kinetik des Massenpunktes und der Massenpunktsysteme

1) Kinetik des Massenpunktes

a) Newtonsches Grundgesetz (Voraussetzung: $m = $ konst)

$$\frac{\mathrm{d}\boldsymbol{p}}{\mathrm{d}t} = \boldsymbol{F} \quad \rightarrow \quad m\boldsymbol{a} = \boldsymbol{F}\,; \qquad \boldsymbol{p} = m\boldsymbol{v}\text{: Impuls}\,.$$

b) Impulssatz

$$m\boldsymbol{v} - m\boldsymbol{v}_0 = \int_{t_0}^{t} \boldsymbol{F}(\bar{t})\,\mathrm{d}\bar{t}\,; \qquad \boldsymbol{v}_0 = \boldsymbol{v}(t_0)\,.$$

c) Drallsatz (Drehimpulssatz, Momentensatz)

$$\frac{\mathrm{d}\boldsymbol{L}^{(0)}}{\mathrm{d}t} = \boldsymbol{M}^{(0)}\,;$$

$$\boldsymbol{L}^{(0)} = \boldsymbol{r} \times m\boldsymbol{v}\text{ : Drall (Drehimpuls), 0: raumfester Punkt}\,.$$

d) Arbeitssatz

$$E_{k1} - E_{k0} = W\,;$$

$E_k = mv^2/2$: kinetische Energie, 0: Ausgangszustand, 1: beliebiger Zustand,

$$W = \int_{\text{\textcircled{0}}}^{\text{\textcircled{1}}} \boldsymbol{F} \cdot \mathrm{d}\boldsymbol{r}\text{: Arbeit der äußeren Kräfte } \boldsymbol{F}\,.$$

Leistung: $P = \boldsymbol{F} \cdot \boldsymbol{v} \left(= \dfrac{\mathrm{d}W}{\mathrm{d}t} \right)\,.$

Sonderfälle:

α) Ein Teil der äußeren Kräfte besitzt ein Potential E_p:

$$E_{k1} + E_{p1} = E_{k0} + E_{p0} + W_R\,;$$

W_R: Arbeit der äußeren Kräfte ohne Potential.

β) Alle äußeren Kräfte besitzen ein Potential (Energiesatz):

$$E_{k1} + E_{p1} = E_{k0} + E_{p0} = \text{konst}.$$

2) Kinetik der Massenpunktsysteme

a) Schwerpunktsatz

$$\frac{d\boldsymbol{p}}{dt} = \boldsymbol{F} \quad \rightarrow \quad m\boldsymbol{a}_s = \boldsymbol{F};$$

$\boldsymbol{p} = \sum m_i \boldsymbol{v}_i$: Impuls, $\boldsymbol{F} = \sum \boldsymbol{F}_i$: Resultierende der äußeren Kräfte, $\boldsymbol{a}_s$: Beschleunigung des Schwerpunktes.

b) Impulssatz

$$\boldsymbol{p} - \boldsymbol{p}_0 = \int\limits_{t_0}^{t} \boldsymbol{F}(\bar{t}) \, d\bar{t}.$$

c) Drallsatz

$$\frac{d\boldsymbol{L}^{(0)}}{dt} = \boldsymbol{M}^{(0)};$$

$\boldsymbol{L}^{(0)} = \sum (\boldsymbol{r}_i \times m_i \boldsymbol{v}_i)$: Drall,

$\boldsymbol{M}^{(0)} = \sum (\boldsymbol{r}_i \times \boldsymbol{F}_i)$: Moment der äußeren Kräfte.

d) Arbeitssatz

$$E_{k1} - E_{k0} = W^{(a)} + W^{(i)};$$

$E_k = \sum m_i v_i^2/2$: kinetische Energie,

$W^{(a)}$: Arbeit der äußeren Kräfte, $W^{(i)}$: Arbeit der inneren Kräfte.

Sonderfälle:

α) Starre Bindungen:

$$W^{(i)} = 0.$$

β) Die äußeren und die inneren Kräfte besitzen die Potentiale $E_{\mathrm{p}}^{(\mathrm{a})}$ und $E_{\mathrm{p}}^{(\mathrm{i})}$ (Energiesatz):

$$E_{\mathrm{k}1} + E_{\mathrm{p}1}^{(\mathrm{a})} + E_{\mathrm{p}1}^{(\mathrm{i})} = E_{\mathrm{k}0} + E_{\mathrm{p}0}^{(\mathrm{a})} + E_{\mathrm{p}0}^{(\mathrm{i})} = \text{konst.}$$

e) Gerader Stoß

Impulssatz:

$$m_1(\bar{v}_1 - v_1) = -\hat{F}\,,$$

$$m_2(\bar{v}_2 - v_2) = \hat{F}\,;$$

v_1, v_2: Geschwindigkeiten vor dem Stoß,

$\bar{v}_1, \bar{v}_2$: Geschwindigkeiten nach dem Stoß,

$\hat{F} = \int\limits_0^{t_{\mathrm{s}}} F(t)\,\mathrm{d}t$: „Stoßkraft", t_{s}: Stoßdauer.

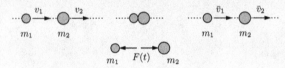

Stoßbedingung:

$$e = -\frac{\bar{v}_1 - \bar{v}_2}{v_1 - v_2}\,; \qquad e : \text{Stoßzahl}.$$

Sonderfälle:

$e = 1$:   ideal elastischer Stoß,

$e = 0$:   ideal plastischer Stoß.

III.4   Relativbewegung des Massenpunkts

Die Bewegung eines Punktes P wird in Bezug auf ein bewegtes, starres physikalisches System (Führungssystem) beschrieben. Der Geschwindigkeitszustand dieses Systems gegenüber einem ruhenden System setzt sich aus einem

Translationsanteil v_0 und einer Rotation mit der Winkelgeschwindigkeit $\boldsymbol{\omega}$ zusammen.

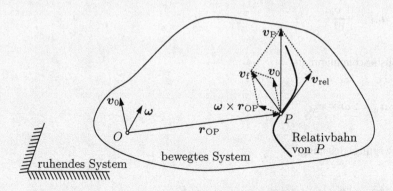

a) Absolutgeschwindigkeit des Punktes P:

$$v_P = v_f + v_{rel}.$$

Führungsgeschwindigkeit:

$$v_f = v_0 + \boldsymbol{\omega} \times \boldsymbol{r}_{0P}.$$

Relativgeschwindigkeit:

$$v_{rel} = \frac{\mathrm{d}^*\boldsymbol{r}_{0P}}{\mathrm{d}t}; \qquad \frac{\mathrm{d}^*}{\mathrm{d}t}: \text{Zeitableitung im bewegten System.}$$

b) Absolutbeschleunigung des Punktes P:

$$a_P = a_f + a_{rel} + a_c.$$

Führungsbeschleunigung:

$$a_f = a_0 + \dot{\boldsymbol{\omega}} \times \boldsymbol{r}_{0P} + \boldsymbol{\omega} \times (\boldsymbol{\omega} \times \boldsymbol{r}_{0P}).$$

Relativbeschleunigung:

$$a_{\text{rel}} = \frac{\text{d}^* v_{\text{rel}}}{\text{d}t} \, .$$

Coriolisbeschleunigung:

$$a_{\text{c}} = 2\,\boldsymbol{\omega} \times v_{\text{rel}} \, .$$

c) Bewegungsgleichung:

$$m a_{\text{P}} = \boldsymbol{F} \quad \rightarrow \quad m(a_{\text{f}} + a_{\text{rel}} + a_{\text{c}}) = \boldsymbol{F} \, .$$

III.5   Kinetik des starren Körpers

1) Massenträgheitsmomente

a) Massenträgheitsmoment bezüglich einer Achse $x - x$

$$\Theta_{\text{x}} = \int r^2 \text{d}m \, .$$

Satz von Steiner:

$$\Theta_{\text{x}} = \Theta_{\text{x}'} + r_{\text{s}}^2\, m \, .$$

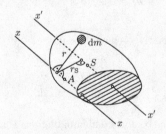

b) Trägheitstensor

$$\boldsymbol{\Theta}^{(A)} = \begin{bmatrix} \Theta_{\text{x}} & \Theta_{\text{xy}} & \Theta_{\text{xz}} \\ \Theta_{\text{yx}} & \Theta_{\text{y}} & \Theta_{\text{yz}} \\ \Theta_{\text{zx}} & \Theta_{\text{zy}} & \Theta_{\text{z}} \end{bmatrix}$$

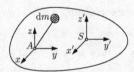

mit

$$\Theta_x = \int (y^2 + z^2)\,dm, \qquad \Theta_{xy} = \Theta_{yx} = -\int x\,y\,dm,$$

$$\Theta_y = \int (z^2 + x^2)\,dm, \qquad \Theta_{yz} = \Theta_{zy} = -\int y\,z\,dm,$$

$$\Theta_z = \int (x^2 + y^2)\,dm, \qquad \Theta_{zx} = \Theta_{xz} = -\int z\,x\,dm.$$

Satz von Steiner:

$$\Theta_x = \Theta_{x'} + m(y_s^2 + z_s^2), \qquad \Theta_{xy} = \Theta_{x'y'} - m\,x_s\,y_s,$$

$$\Theta_y = \Theta_{y'} + m(z_s^2 + x_s^2), \qquad \Theta_{yz} = \Theta_{y'z'} - m\,y_s\,z_s,$$

$$\Theta_z = \Theta_{z'} + m(x_s^2 + y_s^2), \qquad \Theta_{zx} = \Theta_{z'x'} - m\,z_s\,x_s.$$

Tabelle III.5.1: Massenträgheitsmomente

Stab		$\Theta_s = \dfrac{m\,l^2}{12}$, $\Theta_a = \dfrac{m\,l^2}{3}$
Zylinder		$\Theta_s = \dfrac{m\,r^2}{2}$, $\Theta_b = \dfrac{m}{12}(3\,r^2 + l^2)$
Kugel		$\Theta_s = \dfrac{2}{5}\,m\,r^2$

2) Rotation um eine feste Achse $a - a$

a) Bewegungsgleichung

$$\Theta_a\,\ddot{\varphi} = M_a;$$

M_a: Moment der äußeren Kräfte um die Achse $a - a$.

b) Arbeitssatz

$$E_{k1} - E_{k0} = W \, ;$$

$$E_k = \Theta_a \, \omega^2 / 2 : \quad \text{kinetische Energie,}$$

$$W = \int\limits_{\varphi_0}^{\varphi} M_a(\bar{\varphi}) \, d\bar{\varphi} : \text{Arbeit der äußeren Kräfte (Momente).}$$

Sonderfall (Energiesatz):

$$E_{k1} + E_{p1} = E_{k0} + E_{p0} = \text{konst.}$$

3) Ebene Bewegung

a) Bewegungsgleichungen

Schwerpunktsatz (Kräftesatz), Drallsatz (Momentensatz):

$$m \, \ddot{x}_s = F_x \, ,$$

$$m \, \ddot{y}_s = F_y \, , \qquad \text{S: Schwerpunkt} \, .$$

$$\Theta_s \, \ddot{\varphi} = M_s \, .$$

b) Impulssatz, Drehimpulssatz

$$m \, \dot{x}_s - m \, \dot{x}_{s0} = \int\limits_{t_0}^{t} F_x(\bar{t}) \, d\bar{t} \, ,$$

$$m \, \dot{y}_s - m \, \dot{y}_{s0} = \int\limits_{t_0}^{t} F_y(\bar{t}) \, d\bar{t} \, ,$$

$$\Theta_s \, \dot{\varphi} - \Theta_s \, \dot{\varphi}_0 = \int\limits_{t_0}^{t} M_s(\bar{t}) \, d\bar{t} \, .$$

c) Arbeitssatz, Energiesatz

Kinetische Energie: $E_k = m v_s^2 / 2 + \Theta_s\, \omega^2 / 2$,

Arbeitssatz: $E_{k1} - E_{k0} = W$,

Energiesatz: $E_{k1} + E_{p1} = E_{k0} + E_{p0} =$ konst.

d) Exzentrischer, schiefer Stoß

Impulssatz, Drehimpulssatz:

$$m_1(\bar{v}_{1x} - v_{1x}) = \hat{F}_x, \qquad m_2(\bar{v}_{2x} - v_{2x}) = -\hat{F}_x,$$

$$m_1(\bar{v}_{1y} - v_{1y}) = \hat{F}_y, \qquad m_2(\bar{v}_{2y} - v_{2y}) = -\hat{F}_y,$$

$$\Theta_{s1}(\bar{\omega}_1 - \omega_1) = \hat{M}_{s1}, \qquad \Theta_{s2}(\bar{\omega}_2 - \omega_2) = \hat{M}_{s2};$$

v_1, v_2: Schwerpunktsgeschwindigkeiten, ω_1, ω_2: Winkelgeschwindig-keiten, x-Achse: Stoßnormale, $\hat{F}_x = \int\limits_0^{t_s} F_x(t)\, \mathrm{d}t$, usw.

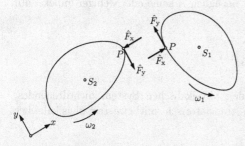

Stoßbedingung:

$$e = -\frac{\bar{v}_{1x}^P - \bar{v}_{2x}^P}{v_{1x}^P - v_{2x}^P}; \qquad P: \text{Stoßpunkt}.$$

Raue Oberflächen (Haften):

$$\bar{v}_{1y}^P = \bar{v}_{2y}^P.$$

Glatte Oberflächen:

$$\hat{F}_y = 0.$$

4) Räumliche Bewegung

a) Bewegungsgleichungen für eine Rotation um einen festen Punkt A
   (Kreiselbewegung)

$$\frac{\mathrm{d}^* \boldsymbol{L}^{(A)}}{\mathrm{d}t} + \boldsymbol{\omega} \times \boldsymbol{L}^{(A)} = \boldsymbol{M}^{(A)} \, ;$$

$\boldsymbol{L}^{(A)} = \boldsymbol{\Theta}^{(A)} \cdot \boldsymbol{\omega}$: Drall, $\dfrac{\mathrm{d}^*}{\mathrm{d}t}$: Zeitableitung im körperfesten System,
$\boldsymbol{\omega}$: Winkelgeschwindigkeit, $\boldsymbol{M}^{(A)}$: Moment der äußeren Kräfte.

b) Bewegungsgleichungen für eine allgemeine räumliche Bewegung

$$m\boldsymbol{a}_\mathrm{s} = \boldsymbol{F} \, ,$$

$$\frac{\mathrm{d}^* \boldsymbol{L}^{(S)}}{\mathrm{d}t} + \boldsymbol{\omega} \times \boldsymbol{L}^{(S)} = \boldsymbol{M}^{(S)} \, ; \qquad S : \text{Schwerpunkt}$$

„Translatorischer" Drallsatz (Anwendung vorteilhaft z. B. wenn die Bewegung
des Bezugspunkts A einfacher zu beschreiben ist als die Bewegung des Schwerpunkts S oder wenn das Moment bezüglich A keine oder weniger unbekannte
Reaktionen enthält):

$$\frac{\mathrm{d}^\mathrm{tr} \boldsymbol{L}_\mathrm{tr}^{(A)}}{\mathrm{d}t} + m\boldsymbol{r}^\mathrm{AS} \times \boldsymbol{a}^{(A)} = \boldsymbol{M}^{(A)} \, ;$$

tr: gegenüber dem ruhenden physikalischen System nichtdrehendes,
mit dem Körperpunkt A translatorisch mitbewegtes physikalisches
System.

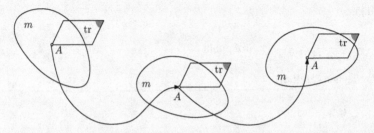

$\boldsymbol{L}_\mathrm{tr}^{(A)} = \boldsymbol{\Theta}^{(A)} \cdot \boldsymbol{\omega}$: „translatorischer" Drall, $\boldsymbol{\omega}$: Winkelgeschwindigkeit
des Körpers gegen translatorisches (und gegen ruhendes) System;

$$\frac{d^{tr}(\cdot)}{dt} = \frac{d^{rech}(\cdot)}{dt} + \boldsymbol{\omega}_{rech} \times (\cdot): \text{Zeitableitung im translatorischen System, wo-}$$

bei $\dfrac{d^{rech}}{dt}$ die Zeitableitung im gewählten Rechensystem und $\boldsymbol{\omega}_{rech}$ die Winkelgeschwindigkeit des Rechensystems gegen das translatorische (und gegen das ruhende) System sind. Die Wahl des Rechensystems (Koordinatensystem) erfolgt nach Rechenvorteilen z. B. so, dass Θ_x usw. konstant ist, wozu nicht immer ein körperfestes Koordinatensystem benötigt wird.

$\boldsymbol{r}^{AS}$:   Ortsvektor vom Bezugspunkt A zum Körperschwerpunkt S,

$\boldsymbol{a}^{(A)}$:   Beschleunigung des translatorischen Systems (und Körperpunktes A) gegen das ruhende System,

$\boldsymbol{M}^{(A)}$:   Moment der äußeren Kräfte im ruhenden System.

c) Der Arbeitssatz gilt wie bei der ebenen Bewegung mit

$$E_k = \frac{1}{2} m \, \boldsymbol{v}_S \cdot \boldsymbol{v}_S + \frac{1}{2} \boldsymbol{\omega} \cdot \boldsymbol{L}^{(S)} \, .$$

III.6 Schwingungen

a) Ungedämpfte freie Schwingungen

Bewegungsgleichung:

$$\ddot{x} + \omega^2 x = 0 \, ; \qquad \omega: \text{Eigen(kreis)frequenz} \, .$$

Allgemeine Lösung der Bewegungsgleichung:

$$x(t) = A \cos \omega t + B \sin \omega t \, ; \qquad A, B: \text{Integrationskonstanten} \, .$$

b) Ungedämpfte erzwungene Schwingungen

Bewegungsgleichung bei harmonischer Erregung:

$$\ddot{x} + \omega^2 x = \omega^2 x_0 \cos \Omega t \, ; \qquad \Omega: \text{Erregerfrequenz} \, .$$

Allgemeine Lösung der Bewegungsgleichung für $\Omega \neq \omega$:

$$x(t) = A \cos \omega t + B \sin \omega t + x_0 V \cos \Omega t \, ;$$

$$V = \frac{1}{1 - \eta^2} : \qquad \text{Vergrößerungsfunktion,}$$

$$\eta = \frac{\Omega}{\omega} : \qquad \text{Frequenzverhältnis} \, .$$

III.7   Prinzipien der Mechanik

a) Formale Rückführung der Kinetik auf die Statik

α) „Dynamisches Gleichgewicht" für die Bewegung eines Massenpunkts:

$$\boldsymbol{F} + \boldsymbol{F}_T = 0\,;$$

$\boldsymbol{F} = \sum \boldsymbol{F}_i$: Resultierende aller am Massenpunkt angreifenden Kräfte,
$\boldsymbol{F}_T = -m\,\boldsymbol{a}$: d'Alembertsche Trägheitskraft (Scheinkraft).

β) „Dynamisches Gleichgewicht" für die ebene Bewegung eines starren Körpers:

$$F_x + F_{Tx} = 0\,, \quad F_y + F_{Ty} = 0\,, \quad M + M_{TS} = 0\,;$$
$$F_x = \sum F_{ix}\,, \quad F_y = \sum F_{iy}\,, \quad F_{Tx} = -m\,\ddot{x}_s\,, \quad F_{Ty} = -m\,\ddot{y}_s\,;$$

M: Resultierendes Moment bezüglich eines *beliebigen* Punktes aller am starren Körper angreifenden Kräfte (einschließlich der Trägheitskräfte) bzw. Momente, $M_{TS} = -\,\Theta_S\ddot{\varphi}$: Scheinmoment.

Beachte: Als Bezugspunkt für das Massenträgheitsmoment Θ_S muss der Schwerpunkt S gewählt werden (Ausnahme: Im Sonderfall der reinen Rotation ist auch die Wahl des Drehpunkts A zulässig). Als Bezugspunkt für das Momentengleichgewicht $M + M_{TS} = 0$ darf wie in der Statik ein beliebiger Punkt gewählt werden.

b) Prinzip der virtuellen Arbeiten

Ein System von Massenpunkten oder starren Körpern bewegt sich so, dass bei einer virtuellen Verrückung die Summe der virtuellen Arbeiten der eingeprägten Kräfte und Momente sowie der d'Alembertschen Trägheitskräfte und Trägheitsmomente zu jedem Zeitpunkt verschwindet:

$$\delta W + \delta W_T = 0\,.$$

c) Lagrangesche Gleichungen 2. Art

$$\frac{\mathrm{d}}{\mathrm{d}t}\left(\frac{\partial L}{\partial \dot{q}_j}\right) - \frac{\partial L}{\partial q_j} = Q_j^R\,, \qquad j = 1, \ldots, f\,;$$

$L = E_k - E_p$: Lagrangesche Funktion, E_k: kinetische Energie, E_p: potentielle Energie, q_j: verallgemeinerte Koordinaten, Q_j^R: verallgemeinerte Kräfte ohne Potential, f: Anzahl der Freiheitsgrade.

Ermittlung der verallgemeinerten Kräfte über die virtuelle Arbeit δW der Kräfte $\boldsymbol{F}_i^{\mathrm{R}}$ ohne Potential:

$$\delta W = \sum_i \boldsymbol{F}_i^{\mathrm{R}} \cdot \delta \boldsymbol{r}_i = \sum_j Q_j^{\mathrm{R}} \delta q_j \,.$$

Sonderfall konservativer Systeme:

$$\frac{\mathrm{d}}{\mathrm{d}t} \left(\frac{\partial L}{\partial \dot{q}_j} \right) - \frac{\partial L}{\partial q_j} = 0 \,, \qquad j = 1, \ldots, f \,.$$

Aufgaben

III.1 Kinematik des Punktes

Aufgabe III.1.1 Ein Radarschirm verfolgt eine Rakete, die vertikal mit konstanter Beschleunigung a aufsteigt. Die Rakete startet zur Zeit $t = 0$. Man bestimme die Winkelgeschwindigkeit $\dot{\varphi}(t)$ und die Winkelbeschleunigung $\ddot{\varphi}(t)$ des Schirms. Wie groß ist die maximale Winkelgeschwindigkeit, und bei welchem Winkel wird sie erreicht?

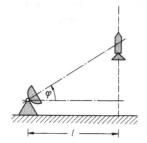

Aufgabe III.1.2 In einer Ballmaschine werden Tennisbälle auf der Strecke l aus der Ruhelage bis zur Endgeschwindigkeit v_e beschleunigt. Man bestimme v_e für die dargestellten Verläufe der Beschleunigung.

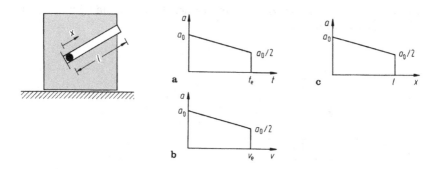

Aufgabe III.1.3 Ein Punkt P bewegt sich auf der Bahnkurve von A nach B. Dabei nimmt seine Geschwindigkeit linear mit der Bogenlänge vom Anfangswert v_0 auf den Endwert Null ab. Wie lange dauert es, bis P den Punkt B erreicht?

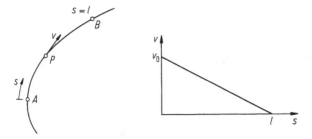

Aufgabe III.1.4 Ein Faden wird auf eine mit konstanter Winkelgeschwindigkeit ω rotierende Trommel (Radius r) aufgewickelt. Der Endpunkt C des stets straffen Fadens wird auf der Geraden $\overline{AB}$ geführt. Man bestimme die Geschwindigkeit und die Beschleunigung des Punktes C in Abhängigkeit vom Winkel φ.

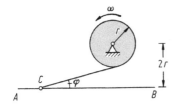

Aufgabe III.1.5 Ein Punkt P bewegt sich auf der quadratischen Parabel $y = b(x/a)^2$ von A nach B. Der zeitliche Ablauf wird durch $\varphi(t) = \arctan \omega_0 t$ beschrieben, wobei $\varphi(t)$ der Winkel zwischen der x-Achse und dem Ortsvektor $\boldsymbol{r}(t)$ ist. Man bestimme die Geschwindigkeit $v(t)$ des Punktes P. Nach welcher Zeit erreicht er den Punkt B, und wie groß ist dann seine Geschwindigkeit?

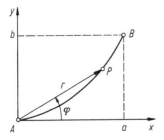

Aufgabe III.1.6 Eine Kreisscheibe (Radius R) rotiert mit der konstanten Winkelgeschwindigkeit Ω. In einer Führung bewegt sich ein Punkt P, dessen Abstand von der Drehachse durch $\xi = R \sin \omega t$ gegeben ist ($\omega = $ konst). Man bestimme die Geschwindigkeit und die Beschleunigung von P.

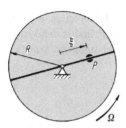

Aufgabe III.1.7 Ein Pkw bewegt sich aus dem Stand zunächst längs einer Geraden von A nach B und anschließend auf einer Viertelkreisbahn, die in C wieder in eine Gerade übergeht. Dabei ist die Geschwindigkeit durch $v = k\sqrt{s}$ gegeben. Man bestimme den Verlauf der Beschleunigung als Funktion der Bogenlänge s.

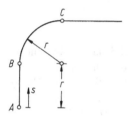

III.2 Kinematik des starren Körpers

Aufgabe III.2.1 Zwei gelenkig verbundene Balken werden durch eine Kraft F und eine Streckenlast q_0 belastet. Man bestimme mit Hilfe des Prinzips der virtuellen Arbeit die Horizontalkomponente der Kraft im Lager A.

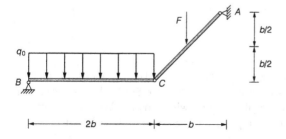

Aufgabe III.2.2 Eine Person (Gewicht G) steigt auf eine Klappleiter, die auf einem glatten Boden steht. Man bestimme mit Hilfe des Prinzips der virtuellen Arbeit die Zugkraft in der Sicherungskette S in Abhängigkeit von der Höhe h.

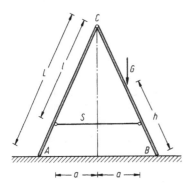

Aufgabe III.2.3 Der skizzierte Greifer besteht aus zwei Schalen (Gewicht jeweils $G/2$) und dem Auslösegeschirr (Gewicht vernachlässigbar). Alle Gelenke sind reibungsfrei. a) Mit welcher Kraft werden die Schalen im Punkt P aufeinandergepresst, wenn die Auslöseseile entspannt sind? b) Welche Zugkraft in den Auslöseseilen ist zum Öffnen der Schalen notwendig?

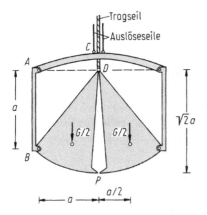

Aufgabe III.2.4 Auf das dargestellte Getriebe wirken die Kräfte F und P. Alle Gelenke und Lager sind reibungsfrei. An der Stelle A stützt sich der Winkel reibungsfrei auf den Keil (Neigungswinkel α) ab. Wie groß muss das Verhältnis der beiden Kräfte sein, damit das System im Gleichgewicht ist?

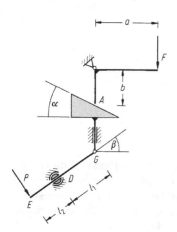

Aufgabe III.2.5 Die Kurbel $0A$ des dargestellten ebenen Mechanismus rotiert mit der konstanten Winkelgeschwindigkeit Ω. Die Stange AB ist in einer drehbaren Kulisse CD verschieblich gelagert und im Punkt A mit der Kurbel gelenkig verbunden. Man bestimme für die gezeichnete Lage die Winkelgeschwindigkeit der Stange AB, die Geschwindigkeit des Punktes B sowie die Relativgeschwindigkeit zwischen der Stange und der Kulisse.

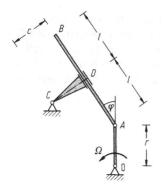

Aufgabe III.2.6 Eine Stange berührt im Punkt A den Boden und im Punkt B die Kante einer Stufe (Höhe h). Der Punkt A wird mit der konstanten Geschwindigkeit v_A nach links geschoben. Man bestimme die Geschwindigkeit und die Beschleunigung des Berührpunktes B der Stange mit der Kante in Abhängigkeit vom Winkel φ. Auf welcher Bahn bewegt sich der Momentanpol?

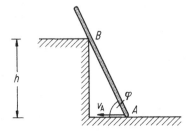

Aufgabe III.2.7 Der dargestellte Hebel ABC wird im Punkt B durch eine Kulisse und im Punkt A durch die Stange MA geführt. Die Stange bewegt sich mit der Winkelgeschwindigkeit $\dot{\varphi}(t)$. Man bestimme für die dargestellte Lage die Geschwindigkeiten der Punkte B und C sowie die Winkelgeschwindigkeit ω und die Winkelbeschleunigung $\dot{\omega}$ des Hebels.

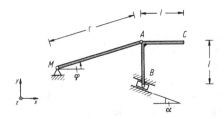

Aufgabe III.2.8 Der starre Rahmen AEF, auf dem die Scheiben 1 und 2 drehbar gelagert sind, dreht sich mit veränderlicher Winkelgeschwindigkeit Ω. Die Scheibe 1 rollt ohne Rutschen auf dem Boden ab und treibt schlupffrei die Scheibe 2 an. Man bestimme die Winkelgeschwindigkeit ω_1 der Scheibe 1, für die Scheibe 2 die Winkelbeschleunigung $\dot{\omega}_2$ sowie die Beschleunigung ihres Punktes D.

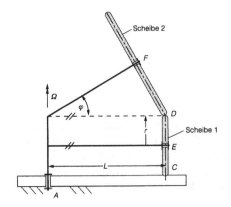

Aufgabe III.2.9 Der dargestellte räumliche Mechanismus wird durch die Kurbel K (Kurbelradius r, Winkelgeschwindigkeit Ω) angetrieben. Die Stange BC ist drehbar und längsverschieblich gelagert. Man bestimme für die dargestellte Lage die Geschwindigkeit des Punktes B sowie die Winkelgeschwindigkeiten der Stangen AB und BC.

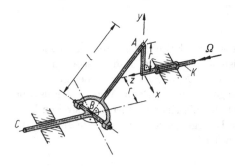

III.3 Kinetik des Massenpunktes und der Massenpunktsysteme

Aufgabe III.3.1 Ein horizontal beginnender Wurf (Luftwiderstand vernachlässigbar) soll so ausgeführt werden, dass der geworfene Ball (Masse m) orthogonal durch einen Ring fliegt, der den horizontalen Abstand a von der Abwurfstelle hat und unter dem Winkel α gegen die Horizontale geneigt ist. Wie müssen dabei der vertikale Abstand b und die Anfangsgeschwindigkeit v_0 gewählt werden? Welche Geschwindigkeit v hat der Ball beim Passieren des Rings?

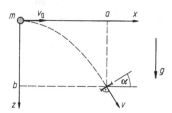

Aufgabe III.3.2 Ein Fußballspieler spielt den Ball (Masse m) mit der Geschwindigkeit v_0 unter dem Winkel α_0 zur Horizontalen ab. Während des Flugs wirkt eine Widerstandskraft $F_W = k\,v$ entgegen der Geschwindigkeit auf den Ball. Man bestimme die Geschwindigkeitskomponenten in Abhängigkeit von der Zeit. Wie groß ist die Horizontalkomponente, wenn der Ball beim Mitspieler (Abstand l) ist?

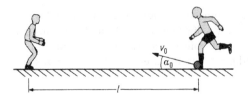

Aufgabe III.3.3 Ein Mann schiebt eine Kiste (Masse m, Abmessungen vernachlässigbar) eine rauhe Kreisbahn (Radius r, Haftungskoeffizient μ_0, Reibungskoeffizient μ) hinauf. Die Kraft $F = km$ wirke dabei immer unter dem Winkel $\alpha = \pi/4$ zur Tangente an die Bahn. Wie groß muss die Konstante k mindestens sein, damit sich die Kiste aus der dargestellten Lage in Bewegung setzt? Wie lauten die Bewegungsgleichungen? Wie groß ist die Beschleunigung der Kiste zu Beginn der Bewegung?

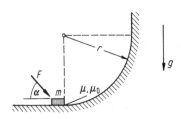

Aufgabe III.3.4 Ein Wagen (Masse m) fährt mit konstanter Geschwindigkeit v durch eine überhöhte, kreisförmige Kurve (Radius r, Neigungswinkel α). Der Haftungskoeffizient zwischen der Straße und den Reifen ist μ_0. In welchem Bereich muss v liegen, damit der Wagen nicht seitlich rutscht?

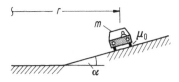

Aufgabe III.3.5 Ein Wagen (Masse m) fährt auf einer Straße mit der Anfangsgeschwindigkeit v_0 in eine Kurve. Vom Beginn der Kurve an wird der Wagen mit konstanter Bahnverzögerung $a_t = -a_0$ abgebremst. Der Haftungskoeffizient zwischen der Straße und den Reifen ist μ_0. Man bestimme die Geschwindigkeit v des Wagens als Funktion des Weges s. Wie groß muss der Krümmungsradius $\varrho(s)$ der Straße mindestens sein, damit der Wagen nicht rutscht?

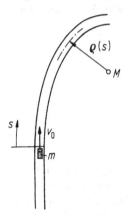

Aufgabe III.3.6 Ein Langläufer (Masse m) hat am Punkt A der Loipe die Geschwindigkeit $v_A = v_0$. Obwohl er beim letzten Aufstieg (Höhe h) zum Punkt B nochmals kräftig zulegt, erreicht er diesen nur mit der Geschwindigkeit $v_B = 2v_0/5$. In aerodynamisch günstiger Haltung (Luftwiderstand vernachlässigbar) fährt er dann dem Ziel in C entgegen, das er mit der Geschwindigkeit $v_C = 4v_0$ durchfährt. Dabei wirkt durch den aufgetauten Schnee zwischen B und C eine konstante Reibungskraft. Welche Arbeit leistet der Läufer auf dem Weg von A nach B, wenn die Arbeit der Reibungskraft zwischen diesen Punkten vernachlässigbar ist? Wie groß ist der Reibungskoeffizient auf der Strecke BC?

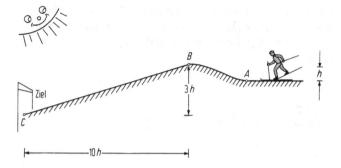

Aufgabe III.3.7 Eine Bowlingkugel (Masse m) gleitet reibungsfrei mit der Geschwindigkeit v_0 auf dem Rücklauf einer Bowlingbahn. Am Ende des Rücklaufs wird die Kugel auf einer Kreisbahn (Radius r) auf die Höhe $2r$ gehoben. Am oberen Teil der Kreisbahn befindet sich eine glatte Führung der Länge $r\varphi_F$. Wie groß muss die Geschwindigkeit v_0 bei gegebenem Winkel φ_F mindestens sein, damit die Kugel die obere Ebene erreicht?

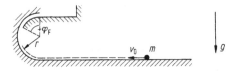

Aufgabe III.3.8 Zwei Fahrzeuge (Massen m_1 bzw. m_2) stoßen mit den Geschwindigkeiten v_1 bzw. v_2 frontal zusammen. Nach dem Stoß, der vollkommen plastisch ist, rutschen beide Fahrzeuge mit blockierten Rädern die Strecke s nach rechts. Der Reibungskoeffizient zwischen den Rädern und der Fahrbahn ist μ. Man bestimme die Geschwindigkeit v_1, wenn v_2 und s bekannt sind.

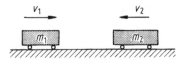

Aufgabe III.3.9 Ein reibungsfrei rollender Wagen (Masse m_1) stößt mit der Geschwindigkeit v_1 ideal-plastisch gegen einen stehenden Wagen (Masse m_2), der ebenfalls reibungsfrei rollen kann. Über eine Feder (Federkonstante c) ist der zweite Wagen an einen Klotz (Masse m_3) gekoppelt, der auf einer rauhen Unterlage (Haftungskoeffizient μ_0) liegt. Wie groß darf v_1 höchstens sein, damit der Klotz nicht rutscht?

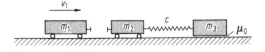

Aufgabe III.3.10 Eine Kugel (Masse m_1) prallt ideal-elastisch auf eine an einem Faden hängende zweite Kugel (Masse m_2). Der Faden kann maximal die Zugkraft S^* aufnehmen. Bei welcher Aufprallgeschwindigkeit v_0 reißt er?

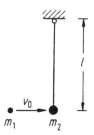

Aufgabe III.3.11 An einer starren Stange (Masse vernachlässigbar) sind zwei Punktmassen (Masse jeweils m) befestigt. Im Abstand a vom Lager A wird eine Stoßkraft $\hat{F}$ aufgebracht. Man bestimme die Winkelgeschwindigkeit der Stange nach dem Stoß. Welche Stoßkraft tritt im Lager auf? Wie groß muss a sein, damit im Lager keine Stoßkraft wirkt?

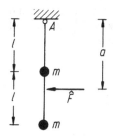

III.4 Relativbewegung des Massenpunktes

Aufgabe III.4.1 Der Aufhängepunkt A eines mathematischen Pendels (Masse m, Länge l) bewegt sich mit der konstanten Beschleunigung a_0 in horizontaler Richtung. Wie lautet die Bewegungsgleichung?

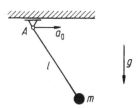

Aufgabe III.4.2 In dem dargestellten System rotieren zwei Scheiben mit den konstanten Winkelgeschwindigkeiten Ω bzw. ω um ihre Achsen. Man bestimme die Beschleunigung des Punktes P in der gezeichneten Lage.

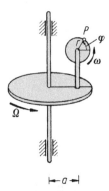

|←— a —→|

Aufgabe III.4.3 Ein abgewinkelter Hebel $0EA$ rotiert mit der konstanten Winkelgeschwindigkeit Ω um die z-Achse. Im Punkt A des Hebels ist eine Scheibe (Radius r) befestigt, die sich mit der konstanten Winkelgeschwindigkeit ω um ihre Achse dreht. Man bestimme die Geschwindigkeit und die Beschleunigung des Punktes P in der dargestellten Lage.

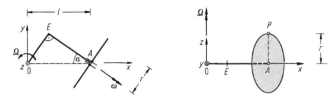

Aufgabe III.4.4 Eine Kreisscheibe rotiert mit der Winkelgeschwindigkeit $\dot{\psi}$ und der Winkelbeschleunigung $\ddot{\psi}$ um ihren Mittelpunkt M. Auf der Scheibe bewegt sich ein Punkt P mit der relativen Winkelgeschwindigkeit $\dot{\varphi}$ und der relativen Winkelbeschleunigung $\ddot{\varphi}$ auf einer Kreisbahn (Mittelpunkt 0, Radius r). Man bestimme die Geschwindigkeit $\boldsymbol{v}_P$ und die Beschleunigung $\boldsymbol{a}_P$ in den scheibenfesten Koordinaten x, y, z.

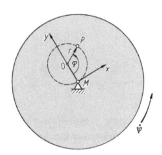

Aufgabe III.4.5 Eine Kreisscheibe (Radius r) rotiert mit der konstanten Winkelgeschwindigkeit Ω. Im Abstand a vom Mittelpunkt ist auf einer glatten Führungsschiene ein Klotz (Masse m) arretiert. Mit welcher Relativgeschwindigkeit erreicht der Klotz nach dem Lösen der Arretierung den Rand der Scheibe?

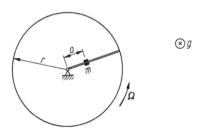

Aufgabe III.4.6 Ein Kreisring (Radius r) rotiert mit konstanter Winkelgeschwindigkeit Ω um die x-Achse. Im Ring befindet sich eine kleine Kugel (Masse m), die relativ zum Ring reibungsfrei gleiten kann. Man ermittle die Bewegungsgleichungen sowie die Gleichgewichtslagen der Kugel relativ zum Ring.

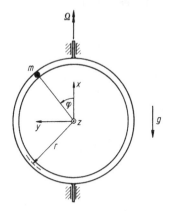

Aufgabe III.4.7 Eine Kreisscheibe rotiert mit der Winkelgeschwindigkeit ω und der Winkelbeschleunigung α um den raumfesten Punkt B. Der scheibenfeste Bolzen C gleitet in der Nut einer in A gelenkig gelagerten Kulisse AD. Man bestimme für die gezeichnete Lage die Geschwindigkeit v_C und die Beschleunigung a_C des Bolzens C. Man ermittle die Relativgeschwindigkeit v_{rel} des Bolzens gegenüber der Kulisse und die Winkelgeschwindigkeit ω_K der

Kulisse. Man bestimme die Relativbeschleunigung a_{rel} des Bolzens gegenüber der Kulisse und die Winkelbeschleunigung α_{K} der Kulisse.

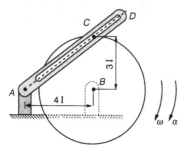

III.5   Kinetik des starren Körpers

Aufgabe III.5.1 Die dargestellte Scheibe (Dichte ϱ) hat im Bereich $r_1 \leq r \leq r_2$ die konstante Breite b_0 und im Bereich $r_2 \leq r \leq r_3$ die veränderliche Breite $b(r) = b_0 r_2 / r$. Man bestimme das Massenträgheitsmoment Θ_{a} bezüglich der Drehachse $a - a$.

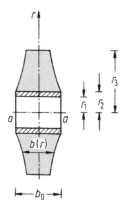

Aufgabe III.5.2 Auf einer Stufenrolle (Radien r_1 bzw. r_2) sind zwei Fäden aufgewickelt, an deren Enden jeweils ein Gewicht (Massen m_1 bzw. m_2) hängt. Die Rolle ist in A um ihre Achse reibungsfrei drehbar gelagert. Wie groß muss das Trägheitsmoment Θ_{A} der Rolle mindestens sein, damit beim Abwickeln keiner der Fäden schlaff wird?

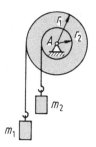

Aufgabe III.5.3 Auf eine reibungsfrei gelagerte, ruhende Scheibe ①
(Masse m, Radius r_1) wird eine mit der Winkelgeschwindigkeit ω_2 rotierende
Scheibe ② (Masse m, Radius r_2) konzentrisch aufgesetzt. Infolge der Rei-
bung zwischen den Scheiben nehmen sie nach einiger Zeit eine gemeinsame
Winkelgeschwindigkeit an. Wie groß ist diese? Wie groß ist die Änderung der
kinetischen Energie?

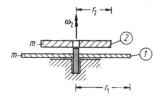

Aufgabe III.5.4 Ein Kind (Masse m) läuft auf dem Außenrand eines
zunächst ruhenden Karussells von der karussellfesten Markierung A aus
um die Drehachse. Das Karussell wird durch eine homogene Kreisscheibe
(Masse M, Radius r) mit reibungsfreier Lagerung idealisiert. Um welchen
Winkel hat sich das Karussell gedreht, wenn das Kind wieder bei der
Markierung ankommt?

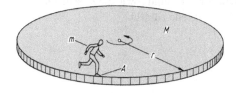

Aufgabe III.5.5 Der Schaufelkranz eines Kompressors kann durch Stäbe (Länge l, Dichte ϱ, Elastizitätsmodul E, Eigengewicht vernachlässigbar) mit Rechteckquerschnitt (konstante Dicke a, linear veränderliche Breite $b(x)$) idealisiert
werden. Die Stäbe sind auf einer Welle (Radius $r \ll l$), die mit konstanter

Winkelgeschwindigkeit ω rotiert, befestigt. Man bestimme die Spannung $\sigma(x)$ und die Spannung $\sigma(l)$ an der Einspannstelle.

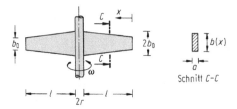

Aufgabe III.5.6 Ein homogener Quader (Höhe h, Breite $b = 2h$, Tiefe c, Dichte ϱ) liegt so auf einer rauhen Stufe (Haftungskoeffizient $\mu_0 = 0,5$), dass sich der Schwerpunkt S vertikal über der Kante befindet. Durch eine kleine Störung fängt er zum Zeitpunkt $t = 0$ zu kippen an. Bei welchem Winkel φ_1 beginnt der Quader im Berührpunkt B zu rutschen?

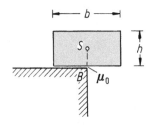

Aufgabe III.5.7 Auf einem Band (Masse vernachlässigbar), das in D befestigt ist und über eine Umlenkrolle (Radius r_1, Masse m_1) geführt wird, liegt ein Zylinder (Radius r_2, Masse m_2). Im Punkt A des Bandes greift eine Kraft F an. Wie groß sind die Schnittkräfte im Band sowie die Beschleunigung des Punktes A, wenn das Band an keiner Stelle rutscht?

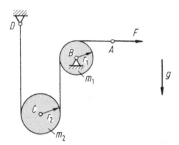

Aufgabe III.5.8 Eine homogene Walze (Radius r, Masse m) liegt auf einer beweglichen, rauhen Unterlage (Reibungskoeffizient μ). Die Unterlage wird ab dem Zeitpunkt $t_0 = 0$ mit der konstanten Geschwindigkeit v_0 nach rechts gezogen. Man bestimme die Winkelbeschleunigung der Walze und die Beschleunigung des Schwerpunkts für $t > 0$. Wie groß sind die maximale Schwerpunktsgeschwindigkeit und die maximale Winkelgeschwindigkeit?

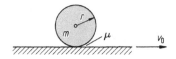

Aufgabe III.5.9 Die Tür (Masse m, Massenträgheitsmoment Θ_A) eines Fahrzeugs steht offen. Der Schwerpunkt S der Tür hat den Abstand b von den reibungsfreien Angeln A. Mit welcher Winkelgeschwindigkeit fällt die Tür ins Schloß, wenn das Fahrzeug mit der konstanten Beschleunigung a_0 anfährt?

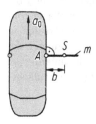

Aufgabe III.5.10 Eine Kugel (Masse m_1, Radius r) und eine Walze (Masse m_2, Radius r) sind durch zwei Stangen (Masse jeweils $m_3/2$, Länge l) miteinander verbunden und rollen eine rauhe schiefe Ebene (Neigungswinkel α) hinab. Wie groß ist die Beschleunigung der Stangen?

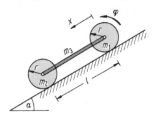

Aufgabe III.5.11 Ein Zylinderrollenlager besteht aus einem dünnwandigen Außenring (Radius r_R, Masse m) und sechs homogenen Zylindern (jeweils Radius r_Z, Masse m). Auf den Außenring ist ein Faden (Masse vernachlässigbar) aufgewickelt, an dessen Ende ein Gewicht (Masse m) hängt. Wie groß ist die Beschleunigung des Gewichts?

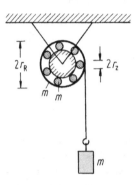

Aufgabe III.5.12 Eine Platte (Masse m) gleitet auf einer rauhen schiefen Ebene (Neigungswinkel α, Reibungskoeffizient μ) abwärts. Auf der Platte rollt eine homogene Kreisscheibe (Radius r, Masse m). Der Haftungskoeffizient zwischen Platte und Scheibe ist μ_0. Man bestimme die Beschleunigungen der Platte und des Schwerpunkts der Scheibe sowie die Winkelbeschleunigung der Scheibe. Wie groß muss μ_0 mindestens sein, damit die Scheibe nicht rutscht?

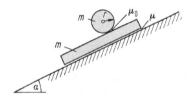

Aufgabe III.5.13 Ein Keil (Masse m_2, Neigungswinkel α) gleitet auf einer glatten Unterlage. Auf dem Keil rollt eine homogene Kugel (Radius r, Masse m_1). Wie groß ist die Winkelbeschleunigung der Kugel?

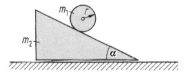

Aufgabe III.5.14 Der dargestellte Schneebob besteht aus einem Rahmen (Masse $m/3$, Schwerpunkt S_R) und einem homogenen Rad (Masse $m/3$, Radius r). Auf ihm sitzt ein Kind (Masse $m/3$, Schwerpunkt S_K). Der Bob wird über das Rad durch ein konstantes Motormoment M_0 angetrieben. Die Reibung zwischen der Gleitschiene und dem Schnee kann vernachlässigt werden. Man bestimme die Beschleunigung des Bobs sowie die Reaktionskräfte mit dem Boden. Wie groß muss der Haftungskoeffizient μ_0 mindestens sein, damit das Rad beim Abheben der Gleitschiene noch nicht durchdreht?

Aufgabe III.5.15 Ein homogener Stab (Länge l, Masse M) setzt sich aus der vertikalen Lage ① durch eine kleine Störung in Bewegung. Nach halber Umdrehung (Lage ②) trifft er auf eine kleine Kugel (Masse m, Radius $r \ll l$). Der Stoß ist ideal-elastisch. Man bestimme die Winkelgeschwindigkeiten des Stabes kurz vor und nach dem Auftreffen sowie die Geschwindigkeit der Kugel nach dem Stoß.

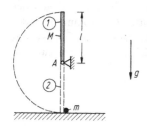

Aufgabe III.5.16 Ein homogener Balken (Masse m) ist in A gelenkig gelagert. Er fällt aus der vertikalen Lage ohne Anfangsgeschwindigkeit auf das Lager B. Man berechne die Kraftstöße in A und in B beim Auftreffen des Balkens, wenn der Stoß vollkommen plastisch ist.

Aufgabe III.5.17 Ein homogener Balken (Masse m) ist in A reibungsfrei gelenkig gelagert. Er fällt aus der vertikalen Lage ohne Anfangsgeschwindigkeit auf das Lager C. Man berechne die Kraftstöße in A und in C beim Auftreffen des Balkens, wenn der Stoß teilplastisch mit der Stoßzahl e erfolgt. Bei welchem Abstand a verschwindet der Kraftstoß im Lager A? Wie groß ist die Änderung der kinetischen Energie?

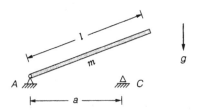

Aufgabe III.5.18 Auf einer glatten, horizontalen Unterlage liegt ein Kreuz (Masse M), das in 0 reibungsfrei drehbar gelagert ist. Eine Scheibe (Radius r, Masse m) stößt in der Lage ① im Punkt P mit der Geschwindigkeit v_0 gegen das Kreuz. Der Stoß ist ideal-elastisch. Man bestimme die Winkelgeschwindigkeit des Kreuzes und die Schwerpunktgeschwindigkeit der Scheibe nach dem Stoß. Für welches Massenverhältnis M/m kommt es in der Lage ② erneut zu einem Stoß? Wie groß sind die Winkelgeschwindigkeit des Kreuzes und die Schwerpunktgeschwindigkeit der Scheibe nach dem zweiten, ebenfalls elastischen Stoß?

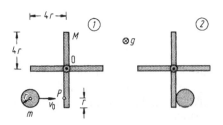

Aufgabe III.5.19 Eine Scheibe ① (Masse $m_1 = m$) bewegt sich rein translatorisch mit der Geschwindigkeit v_1 und stößt unter dem Winkel $\alpha = 30°$
zur Stoßnormalen auf eine ruhende Scheibe ② (Masse $m_2 = m$). Die Oberflächen der Scheiben sind glatt. Die Stoßzahl ist $e = 0,6$. Man bestimme die
Schwerpunktsgeschwindigkeiten der Scheiben nach dem Stoß nach Größe und
Richtung sowie die Änderung der kinetischen Energie.

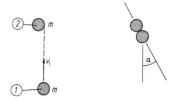

Aufgabe III.5.20 Eine homogene Kreisscheibe (Masse m, Radius r) stößt
mit der Schwerpunktsgeschwindigkeit v unter dem Einfallswinkel $\alpha = 45°$
auf einen starren, rauhen Boden (Haften im Berührpunkt). Der Stoß ist
ideal-elastisch. Welche Drehzahl n muss die Scheibe vor dem Stoß haben,
damit sich ein gleich großer Ausfallswinkel $\bar{\alpha} = 45°$ einstellt?

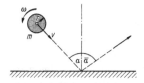

Aufgabe III.5.21 Eine homogene Kreisscheibe ① (Masse m_1) ist im
Punkt A reibungsfrei drehbar mit einer homogenen Kreisscheibe ②
(Masse m_2) verbunden, welche in B reibungsfrei drehbar gelagert ist. Die
Scheibe ① dreht sich zunächst mit der Winkelgeschwindigkeit ω, während die
Scheibe ② in Ruhe ist. Plötzlich blockiert das Lager in A; die beiden Scheiben
sind dann starr miteinander verbunden. Man bestimme die Winkelgeschwin-
digkeit Ω der Scheiben nach dem Blockieren, die in A und in B auftretenden
Kraft- und Momentenstöße sowie die Änderung der kinetischen Energie.

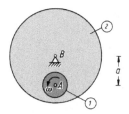

Aufgabe III.5.22 Der dargestellte räumliche Rahmen besteht aus drei gleichen Stäben (Länge l, Masse m), die jeweils orthogonal miteinander verschweißt sind. Er ist in A so gelagert, dass er sich um die Achse AC drehen kann. Wie lautet der Trägheitstensor bezüglich A im gegebenen rahmenfesten Koordinatensystem? Welches Moment wirkt in A, wenn der Rahmen mit konstanter Winkelgeschwindigkeit ω rotiert?

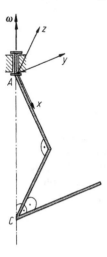

Aufgabe III.5.23 Ein homogener Zylinder (Radius r, Länge $3r$, Masse m) kann reibungsfrei um eine Stange (Masse vernachlässigbar) rotieren. Die Stange ist um die z-Achse reibungsfrei drehbar gelagert. Zur Zeit $t = 0$ hat die Stange eine Anfangsauslenkung $\varphi_0 \ll 1$, ihre Winkelgeschwindigkeit ist Null. Der Zylinder rotiert zu diesem Zeitpunkt mit der Winkelgeschwindigkeit Ω_0 relativ zur Stange. Man bestimme $\Omega(t), \varphi(t)$ und das auf das Lager A wirkende Moment.

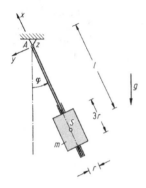

Aufgabe III.5.24 Eine dünne Kreisscheibe (Masse m) rotiert mit konstanter Winkelgeschwindigkeit Ω um einen masselosen Schaft. Im Gelenk A ist der Schaft mit der Länge L in der Zeichenebene frei drehbar. Durch eine kleine Störung kippt das System aus der labilen Gleichgewichtslage $\varphi = 0$. Man berechne die absolute Winkelgeschwindigkeit $\boldsymbol{\omega}_{\text{abs}}(\varphi)$ und das Lagermoment $\boldsymbol{M}_A$.

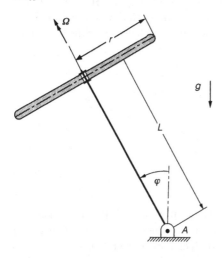

Aufgabe III.5.25 Eine homogene Kugel wird durch eine Stange DA auf einer schiefen Ebene um die Achse DB geführt. Alle Lager sind reibungsfrei. Durch eine kleine Störung rollt die Kugel aus ihrer höchsten (labilen) Gleichgewichtslage. Man bestimme in der tiefsten Stellung ihre Winkelgeschwindigkeit und die Normalkontaktkraft mit der Ebene.

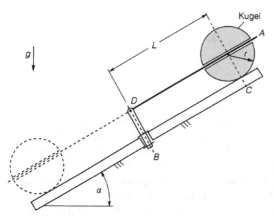

Aufgabe III.5.26 Man löse die Aufgabe III.4.1 mit Hilfe des translatorischen Drallsatzes.

Aufgabe III.5.27 Auf einer Kreisscheibe ①, die sich mit der konstanten Winkelgeschwindigkeit Ω dreht, ist im Gelenk A reibungsfrei drehbar eine zweite Kreisscheibe ② befestigt. Sie besteht aus zwei homogenen Hälften mit den unterschiedlichen Massen m_1 und m_2 ($m_1 = 2m_2$). Man bestimme mit Hilfe des translatorischen Drallsatzes die Bewegungsgleichung der Scheibe ② und die Lagerreaktionen in A.

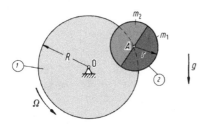

Aufgabe III.5.28 Eine dünne Kreisscheibe ① (Masse m, Radius r) kann in ihrer Ebene reibungsfrei um einen Zapfen B pendeln. Der Punkt B liegt auf dem Scheibenumfang und ist am Rand einer horizontalen Scheibe ②(Radius $R = 3r$) gelagert, die sich reibungsfrei um ihre Achse drehen kann. Das Massenträgheitsmoment dieser Scheibe um ihre Drehachse ist $\Theta_2^{(0)} = 3m\,R^2$. Bestimmen Sie die Bewegungsgleichungen und die Lagereaktionen in B.

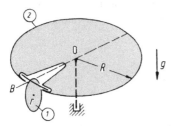

Aufgabe III.5.29 Ein magenkitzelndes Jahrmarktkarrusell besteht aus einer Kreisplattform ①, die als dünne Vollscheibe (Masse $M = 4m$, Radius R) betrachtet werden darf. Eine ungleichmäßige Personenbesetzung wird durch eine Einzelmasse m simuliert. Der Drehpunkt D der Scheibe wird durch einen Hubkolben nach einem gegebenen Hubgesetz $\zeta(t)$ gehoben und gesenkt. Dadurch wird die Plattform von einem Schwenkarmsystem, gegenüber dem sie sich mit konstanter Winkelgeschwindigkeit ω dreht, gekippt. Die Ge-

·

samtanordnung steht auf einer horizontalen Grundplatte ②, die sich mit konstanter Winkelgeschwindigkeit Ω dreht. Bestimmen Sie für den Zeitpunkt t_0, zu dem $\zeta(t_0) = \sqrt{2}R$ gilt und die Zusatzmasse an der höchsten Stelle ist, die Momente, die im Lagerzapfen D auf die Scheibe ① ausgeübt werden.

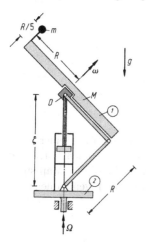

III.6 Schwingungen

Aufgabe III.6.1 Ein Seil (Masse vernachlässigbar) wird über eine homogene, reibungsfrei gelagerte Rolle (Radius r, Masse M) geführt. Das eine Ende des Seils ist über eine Feder (Federkonstante c) mit dem Lager A verbunden, am anderen Ende hängt ein Klotz (Masse m). Das Seil kann auf der Rolle nicht rutschen. Man bestimme die Eigenfrequenz des Systems.

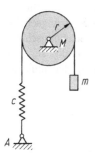

Aufgabe III.6.2 Das Pendel einer Uhr besteht aus einer homogenen Stange (Länge l, Masse m), auf der im Abstand a von der Drehachse eine homogene Kreisscheibe (Radius r, Masse M) nicht drehbar angebracht ist. Man stelle die Bewegungsgleichung für kleine Ausschläge auf und bestimme die Eigenfrequenz. Bei welchem Verhältnis a/l wird für $m = M$ und $r \ll a$ die Eigenfrequenz maximal?

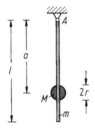

Aufgabe III.6.3 Ein Rad (Radius r, Masse m), das am Ende einer in A gelagerten Stange (Länge l, Masse vernachlässigbar) angebracht ist, kann auf einer festen Führung abrollen. Die Gelenke sind reibungsfrei. Man stelle die Bewegungsgleichung für das Rad auf. Wie groß ist die Eigenfrequenz des Systems für kleine Ausschläge?

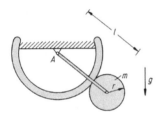

Aufgabe III.6.4 Das dargestellte Getriebe besteht aus zwei Wellen (Drehfedersteifigkeiten c_{T_1} bzw. c_{T_2}, Massen vernachlässigbar) und einem Zahnradpaar (Radien r_1 bzw. r_2, Massen und Zahnflankenreibung vernachlässigbar). Es wird in A angetrieben und ist bei B mit einer Schwungscheibe (Massenträgheitsmoment Θ) verbunden. Für $t < 0$ rotiert die Schwungscheibe mit der konstanten Winkelgeschwindigkeit $\dot{\varphi}_0$. Zum Zeitpunkt $t = 0$ blockiert das Lager in A. Man stelle für $t \geq 0$ die Bewegungsgleichung der Schwungscheibe auf und bestimme deren Lösung.

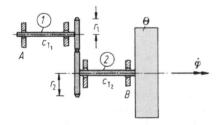

Aufgabe III.6.5 Ein Tragwerk besteht aus einem dehnstarren Balken (Biegesteifigkeit EI, Masse vernachlässigbar) und drei dehnstarren Stäben (Massen vernachlässigbar). Im Punkt A des Balkens ist eine Feder (Federkonstante c) befestigt, an der ein Klotz (Masse m) hängt. Wie groß ist die Eigenfrequenz vertikaler Schwingungen des Systems?

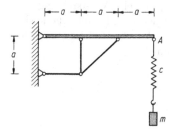

Aufgabe III.6.6 Eine Stange (Länge l, Masse vernachlässigbar) ist bei A gelenkig gelagert und trägt an ihrem freien Ende einen Massenpunkt. Die am Lager angebrachte Drehfeder (Federsteifigkeit c_T) ist für $\varphi = 0$ entspannt. Man stelle die Bewegungsgleichung für das System auf. Wie muss man die Federsteifigkeit c_T wählen, damit $\varphi_0 = \pi/6$ eine Gleichgewichtslage ist? Wie groß ist die Frequenz freier Schwingungen mit kleinen Amplituden um diese Gleichgewichtslage?

Aufgabe III.6.7 Ein Masse-Feder-System ($m = 4\,\text{kg}$, $c = 1\,\text{N/m}$) wird ohne Anfangsgeschwindigkeit aus einer um $x_0 = 1\,\text{m}$ ausgelenkten Lage losgelassen und mit einer zeitabhängigen Kraft $F(t)$ angeregt. Die Systemantwort lautet

$$x(t) = x_0 \left[\cos \frac{t}{2t_0} + 20 \left(1 - \cos \frac{t-T}{2t_0} \right) \langle t - T \rangle^0 \right]$$

mit $t_0 = 1\,\text{s}$ und $T = 5\,\text{s}$. Man berechne und skizziere den zeitlichen Verlauf der Kraft $F(t)$.

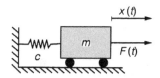

Aufgabe III.6.8 Bei einem Saiteninstrument hängen die Eigenfrequenzen einer Saite von ihrer Vorspannung ab. Dies soll an einem vereinfachenden Modell demonstriert werden. Im Modell besteht die Saite aus zwei gleichen Federn (Federzahl c) zwischen den Lagerböcken im Abstand $2l$. Um die Federn miteinander und mit der auf einen Punkt konzentrierten Saitenmasse m zu verbinden, müssen sie aus ihrer ungespannten Länge um eine Vorspannlängung v gedehnt werden. Man bestimme die Bewegungsgleichung für die Querauslenkung w der Masse m und linearisiere sie ($w \ll l$). Welche Beziehung zwischen v und der Eigenfrequenz liefert die Linearisierung?

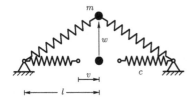

III.7 Prinzipien der Mechanik

Aufgabe III.7.1 Eine homogene Scheibe (Radius r, Masse m) kann auf einer rauhen Unterlage rollen. Ihr Schwerpunkt S ist durch eine Feder (Federkonstante c) mit dem Lager A verbunden. Man bestimme die Bewegungsgleichung a) nach Newton und b) durch formale Rückführung auf die Statik.

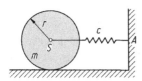

Aufgabe III.7.2 Eine Walze (Radius r, Masse m) rollt auf einer kreisförmigen Bahn (Radius R). Man bestimme die Bewegungsgleichung durch formale Rückführung auf die Statik.

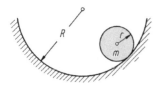

Aufgabe III.7.3 Eine Kurbel rotiert mit der konstanten Winkelgeschwindigkeit Ω. Ihr Handgriff AB (Länge l, Masse m) besitzt eine gleichförmige Massenverteilung und hat einen Kreisquerschnitt (Radius r). Man bestimme die maximale Biegespannung im Handgriff.

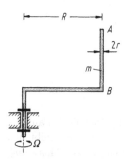

Aufgabe III.7.4 Ein homogener Winkel (Masse m) rotiert mit konstanter Winkelgeschwindigkeit Ω um eine Achse durch 0. Man bestimme die Schnittgrößen durch formale Rückführung auf die Statik.

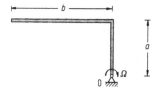

Aufgabe III.7.5 Die Unruh einer Uhr besteht aus einem geschlitzten dünnen Ring (Masse μ pro Länge) mit einem Steg. Die Drehung um die Achse durch 0 erfolgt nach einem gegebenen Zeitgesetz $\varphi = \varphi(t)$. Man bestimme die Schnittgrößen im Querschnitt A-A.

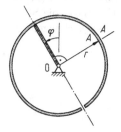

Aufgabe III.7.6 Auf einem Band (Masse vernachlässigbar), das in D befestigt ist und über eine Umlenkrolle (Radius r_1, Masse m_1) geführt wird, liegt ein

Zylinder (Radius r_2, Masse m_2). Im Punkt A des Bandes greift eine Kraft F an. Wie groß ist die Beschleunigung des Punktes A, wenn das Band an keiner Stelle rutscht?

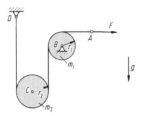

Aufgabe III.7.7 Ein Motor wirkt mit einem konstanten Moment M_0 auf das Antriebsrad (Masse m_1, Radius r_1) einer Hebevorrichtung. Dieses treibt den als Stufenwelle ausgebildeten Abtrieb (Masse m_2, Radius r_2 bzw. Masse m_3, Radius r_3) über die größere Stufe an. Auf der kleineren ist ein Seil (Masse vernachlässigbar) aufgewickelt, an dem eine Last (Masse m_4) hängt. Mit welcher Beschleunigung bewegt sich die Last, wenn zwischen den Rädern kein Rutschen auftritt?

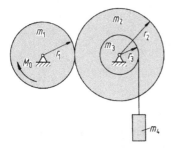

Aufgabe III.7.8 Das dargestellte System besteht aus einem Schlitten (Masse M), einer homogenen Scheibe (Masse m, Radius r) und zwei Federn (Federkonstante c). Der Schlitten gleitet reibungsfrei auf der Unterlage; die Scheibe rollt auf dem Schlitten. Man bestimme die Bewegungsgleichungen des Systems, wenn am Schlitten eine Kraft $F(t)$ angreift.

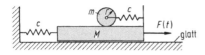

Aufgabe III.7.9 Zwei mathematische Pendel (Länge l, Masse m) sind durch eine Feder (entspannte Länge b, Federkonstante c) verbunden. Man bestimme die Bewegungsgleichungen des Systems.

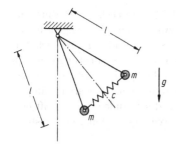

Aufgabe III.7.10 Die Kurbel K des dargestellten Systems ist durch eine Drehfeder (Federkonstante c_T) mit der Stange S gelenkig verbunden. Die Stange und die Kurbel liegen in einer Ebene; ihre Massen sind vernachlässigbar. Am freien Ende der Stange befindet sich eine Punktmasse m. Die Drehfeder ist für $\varphi_1 = \bar{\varphi}_1$ entspannt. Man stelle die Bewegungsgleichungen des Systems auf.

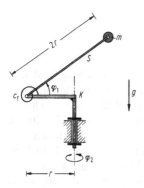

Aufgabe III.7.11 Zwei Scheiben (Massenträgheitsmoment Θ) sind reibungsfrei gelagert und über eine Drehfeder (Federkonstante c_T) miteinander verbunden. An der Scheibe ① greift ein Moment $M(t)$ an. Man stelle die Bewegungsgleichungen des Systems auf und bestimme deren Lösung für $M \equiv 0$.

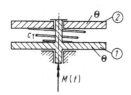

Aufgabe III.7.12 Eine homogene Scheibe (Dichte ρ, Dicke d, Radius $2R$) wurde im Abstand R von ihrem Zentrum mit zwei symmetrisch angeordneten Löchern (Radius $R/2$) versehen. Sie rollt im Schwerefeld der Erde schlupffrei in der Zeichenebene und ist im Punkt D in vertikaler Richtung elastisch gefesselt. Die horizontal frei bewegliche Feder (Steifigkeit k) ist in der Lage $\varphi = 0$ ungespannt. Die Scheibenachse A ist durch einen linearen Dämpfer (Dämpfungskoeffizient c) mit einer starren Wand verbunden. In A greift eine horizontale Kraft $F(t)$ an. Man stelle die Bewegungsgleichung des Systems auf.

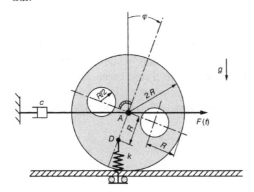

Aufgabe III.7.13 Ein homogener Balken (Länge L, Masse M) ist in A und in B gelenkig mit masselosen Schiebehülsen verbunden, die reibungsfrei auf den beiden Linearführungen gleiten können. Die Schiebehülse A ist durch eine Feder (Steifigkeit k, ungespannte Lage: $\alpha = \alpha_0$) elastisch gefesselt. Zusätzlich ist im Punkt A ein Punktmassependel (Länge l, Masse m) angebracht, an dessen Ende die nichtkonservative Kraft $\boldsymbol{F}$ wirkt. Der Betrag von $\boldsymbol{F}$ ist konstant, die Wirkungslinie ist stets senkrecht zum Pendel. Man stelle unter Verwendung der generalisierten Koordinaten α und φ die kinetische sowie die potentielle Energie auf und berechne die generalisierten Kräfte.

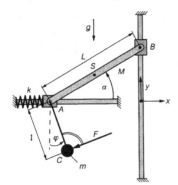

Aufgabe III.7.14 Eine dünne, homogene Kreisscheibe mit dem Gewicht mg sitzt schief auf einer vertikalen Drehachse durch ihren Mittelpunkt. Die Neigung der Scheibe gegen die Drehachse ist $\tan\alpha = 2$. Der tiefste Scheibenpunkt ist über eine starre, masselose Stange der Länge l mit einem an der Drehachse angeschweißten T-Ausleger verbunden. Der höchste Scheibenpunkt ist über eine Feder (masselos, Federzahl c) mit dem am Fuß eingespannten T-Ausleger verbunden. Die Feder ist ungedehnt, wenn sie vertikal hängt. In der Achsbohrung wirken ein Reibmoment M_R und eine Reibkraft K_R. Man bestimme die Bewegungsgleichung der Scheibe ohne Beschränkung auf kleine Drehwinkel. Ein Knicken der Feder bei Druckbeanspruchung und Kollisionen der Feder und der Stange mit der Drehachse bei sehr großen Drehwinkeln sind nicht zu beachten.

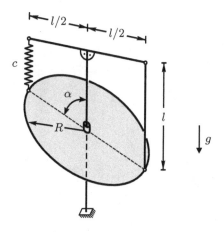

Lösungen

III.1 Kinematik des Punktes

Lösung III.1.1

Geschwindigkeit der Rakete:

$$v = a\,t + v(0)\,.$$

Ort der Rakete:

$$x = a\,t^2/2 + v(0)\,t + x(0)\,.$$

Anfangsbedingungen:

$$v(0) = 0 \qquad\qquad \rightarrow \quad v = a\,t\,,$$

$$x(0) = 0 \qquad\qquad \rightarrow \quad x = \frac{a\,t^2}{2}\,.$$

Winkel des Radarschirms:

$$\tan\varphi = \frac{x}{l} \qquad\qquad \rightarrow \quad \varphi(t) = \arctan\left(\frac{a\,t^2}{2l}\right)\,.$$

Winkelgeschwindigkeit des Schirms:

$$\dot{\varphi}(t) = \frac{a\,t}{l}\Big/\left[1 + \left(\frac{a\,t^2}{2l}\right)^2\right]\,.$$

Winkelbeschleunigung des Schirms:

$$\ddot{\varphi}(t) = \left(\frac{a}{l} - \frac{3a^3\,t^4}{4l^3}\right)\Big/\left[1 + \left(\frac{a\,t^2}{2l}\right)^2\right]^2\,.$$

Zeitpunkt der maximalen Winkelgeschwindigkeit:

$$\ddot{\varphi}(t^*) = 0 \qquad\qquad \rightarrow \quad t^* = \left(\frac{4l^2}{3a^2}\right)^{1/4}\,.$$

Maximale Winkelgeschwindigkeit:

$$\dot{\varphi}_{\text{max}} = \dot{\varphi}(t^*) \qquad \rightarrow \qquad \dot{\varphi}_{\text{max}} = \sqrt{\frac{3\sqrt{3}}{8}\frac{a}{l}}\,.$$

Winkel zum Zeitpunkt t^*:

$$\varphi(t^*) = \arctan(1/\sqrt{3}) \qquad \rightarrow \qquad \varphi(t^*) = 30°\,.$$

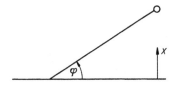

Lösung III.1.2

a) Beschleunigung:

$$a(t) = a_0\left(1 - \frac{t}{2t_e}\right)\,.$$

Geschwindigkeit:

$$v(t) = a_0\,t - \frac{a_0}{4t_e}\,t^2 + v_0\,.$$

Weg:

$$x(t) = \frac{a_0}{2}t^2 - \frac{a_0}{12t_e}\,t^3 + v_0\,t + x_0\,.$$

Anfangsbedingungen:

$$v(0) = 0 \qquad \rightarrow \qquad v_0 = 0\,,$$

$$x(0) = 0 \qquad \rightarrow \qquad x_0 = 0\,.$$

Dauer des Beschleunigungsvorgangs:

$$x(t_e) = l \qquad \rightarrow \qquad t_e = \sqrt{\frac{12l}{5a_0}} \,.$$

Endgeschwindigkeit:

$$v_e = v(t_e) \qquad \rightarrow \qquad v_e = \sqrt{\frac{27}{20} a_0 l} \qquad \rightarrow \qquad v_e = 1{,}16 \sqrt{a_0 l} \,.$$

b) Beschleunigung:

$$a(v) = a_0 \left(1 - \frac{v}{2v_e} \right) \,.$$

Trennen der Variablen:

$$a = \frac{\mathrm{d}v}{\mathrm{d}t} = \frac{\mathrm{d}v}{\mathrm{d}x} \frac{\mathrm{d}x}{\mathrm{d}t} = \frac{\mathrm{d}v}{\mathrm{d}x} v \qquad \rightarrow \qquad \mathrm{d}x = \frac{v}{a(v)} \mathrm{d}v \,.$$

Integration:

$$\int\limits_0^l \mathrm{d}x = \int\limits_0^{v_e} \frac{v \, \mathrm{d}v}{a_0 \left(1 - \dfrac{v}{2v_e} \right)}$$

$$\rightarrow \qquad v_e = \sqrt{\frac{a_0 \, l}{2(2 \ln 2 - 1)}} \qquad \rightarrow \qquad v_e = 1{,}14 \sqrt{a_0 \, l} \,.$$

c) Beschleunigung:

$$a(x) = a_0 \left(1 - \frac{x}{2l} \right) \,.$$

Trennen der Variablen:

$$a = \frac{\mathrm{d}v}{\mathrm{d}x} v \qquad \rightarrow \qquad v \, \mathrm{d}v = a(x) \, \mathrm{d}x \,.$$

Integration:

$$\int\limits_0^{v_e} v\,\mathrm{d}v = \int\limits_0^l a_0\left(1 - \frac{x}{2l}\right)\mathrm{d}x$$

$$\rightarrow \quad v_e = \sqrt{\frac{3}{2}a_0\,l} \qquad \rightarrow \quad \boxed{v_e = 1{,}23\,\sqrt{a_0\,l}\,.}$$

Lösung III.1.3

Geschwindigkeit:

$$v(s) = v_0\left(1 - \frac{s}{l}\right).$$

Trennen der Veränderlichen:

$$\frac{\mathrm{d}s}{\mathrm{d}t} = v \qquad\qquad \rightarrow \quad \frac{\mathrm{d}s}{v_0\left(1 - \frac{s}{l}\right)} = \mathrm{d}t\,.$$

Integration:

$$\int \frac{\mathrm{d}s}{1 - \frac{s}{l}} = v_0 \int \mathrm{d}t \qquad \rightarrow \quad s = l\left[1 - C\exp\left(-\frac{v_0\,t}{l}\right)\right].$$

Anfangsbedingung:

$$s(0) = 0: \qquad 0 = 1 - C \quad \rightarrow \quad s = l\left[1 - \exp\left(-\frac{v_0\,t}{l}\right)\right].$$

Erreichen des Punktes B:

$$s(t_B) = l \qquad \rightarrow \qquad \boxed{t_B \rightarrow \infty\,.}$$

Lösung III.1.4 Zur Lösung werden die Hilfsgrößen l_0 und l eingeführt.

Geometrie:

$$x_C = r\sin\varphi - l\cos\varphi\,,$$

$$r \cos\varphi + l \sin\varphi = 2r \qquad\qquad \rightarrow \quad l = r\frac{2 - \cos\varphi}{\sin\varphi}\,,$$

$$l + r(\varphi_0 + \omega\,t - \varphi) = l_0\,.$$

Differentiation:

$$\dot{x}_C = r\,\dot\varphi\,\cos\varphi + l\,\dot\varphi\,\sin\varphi - \dot{l}\,\cos\varphi \quad \rightarrow \quad \dot{x}_C = 2r\,\dot\varphi - \dot{l}\,\cos\varphi\,,$$

$$\dot{l} = r\frac{\dot\varphi\,\sin^2\varphi - (2 - \cos\varphi)\dot\varphi\,\cos\varphi}{\sin^2\varphi} \quad \rightarrow \quad \dot{l} = r\,\dot\varphi\frac{1 - 2\cos\varphi}{\sin^2\varphi}\,,$$

$$\dot{l} + r\,\omega - r\,\dot\varphi = 0 \qquad\qquad \rightarrow \quad \dot\varphi = \omega\frac{\sin^2\varphi}{(2 - \cos\varphi)\cos\varphi}\,.$$

Einsetzen liefert:

$$\dot{x}_C = \frac{r\,\omega}{\cos\varphi}\,.$$

Beschleunigung des Punktes C:

$$\ddot{x}_C = r\,\omega\frac{\dot\varphi\,\sin\varphi}{\cos^2\varphi} \quad \rightarrow \quad \ddot{x}_C = r\,\omega^2\frac{\tan^3\varphi}{2 - \cos\varphi}\,.$$

$$t = 0 \qquad\qquad t > 0$$

Lösung III.1.5

Gegeben:

$$y = b\left(\frac{x}{a}\right)^2\,, \qquad \varphi = \arctan\,\omega_0\,t\,.$$

Neigungswinkel:

$$\varphi = \arctan \frac{y}{x} \, .$$

Auflösen liefert:

$$x(t) = \frac{a^2}{b} \omega_0 \, t \, , \qquad y(t) = \frac{a^2}{b} \, (\omega_0 \, t)^2 \, .$$

Differentiation:

$$\dot{x}(t) = \frac{a^2}{b} \omega_0 \, , \qquad \dot{y}(t) = 2\frac{a^2}{b} \omega_0^2 \, t \, .$$

Geschwindigkeit des Punktes P:

$$v = \sqrt{\dot{x}^2 + \dot{y}^2} \qquad \rightarrow \qquad v(t) = \frac{a^2}{b} \omega_0 \sqrt{1 + 4\omega_0^2 \, t^2} \, .$$

Erreichen des Punktes B:

$$x(t_\mathrm{B}) = a \qquad \rightarrow \qquad t_\mathrm{B} = \frac{b}{a \, \omega_0} \, .$$

Geschwindigkeit im Punkt B:

$$v_\mathrm{B} = v(t_\mathrm{B}) \qquad \rightarrow \qquad v_\mathrm{B} = \frac{a^2}{b} \omega_0 \sqrt{1 + 4\frac{b^2}{a^2}} \, .$$

Lösung III.1.6 Wir verwenden Polarkoordinaten zur Lösung der Aufgabe.

Polarwinkel:

$$\dot{\varphi} = \Omega = \mathrm{const} \qquad \rightarrow \qquad \varphi = \Omega \, t \, , \qquad \ddot{\varphi} = 0 \, .$$

Ortsvektor:

$$\boldsymbol{r} = \xi \, \boldsymbol{e}_\mathrm{r} \qquad \rightarrow \qquad \boldsymbol{r} = R \sin \omega t \, \boldsymbol{e}_\mathrm{r} \, .$$

Geschwindigkeitsvektor:

$$v = \dot{\xi}\,\boldsymbol{e}_{\mathrm{r}} + \xi\,\dot{\varphi}\,\boldsymbol{e}_{\varphi} \quad \rightarrow \quad \boxed{v = R\,\omega\,\cos\omega t\,\boldsymbol{e}_{\mathrm{r}} + R\,\Omega\,\sin\omega t\,\boldsymbol{e}_{\varphi}\,.}$$

Beschleunigungsvektor:

$$\boldsymbol{a} = (\ddot{\xi} - \xi\,\dot{\varphi}^2)\boldsymbol{e}_{\mathrm{r}} + (\xi\,\ddot{\varphi} + 2\dot{\xi}\,\dot{\varphi})\boldsymbol{e}_{\varphi}$$

$$\rightarrow \quad \boxed{\boldsymbol{a} = -R(\omega^2 + \Omega^2)\sin\omega t\,\boldsymbol{e}_{\mathrm{r}} + 2R\,\omega\,\Omega\,\cos\omega t\,\boldsymbol{e}_{\varphi}\,.}$$

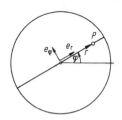

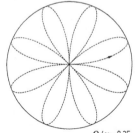
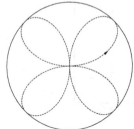

$\Omega/\omega = 0{,}25$ $\Omega/\omega = 0{,}50$

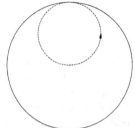
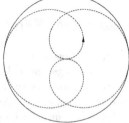

$\Omega/\omega = 1$ $\Omega/\omega = 2$

Bahnkurven von P

Lösung III.1.7 Wir verwenden natürliche Koordinaten zur Lösung der Aufgabe.

Tangentialbeschleunigung:

$$a_t = \frac{dv}{dt} = \frac{dv}{ds} v \quad \rightarrow \quad a_t = \frac{1}{2} k^2 \,.$$

Normalbeschleunigung ($a_n \neq 0$ nur im Bereich BC):

$$a_n = \frac{v^2}{r} \quad \rightarrow \quad a_n = \frac{k^2 s}{r} \,.$$

Gesamtbeschleunigung:

$$a = \sqrt{a_t^2 + a_n^2} \,.$$

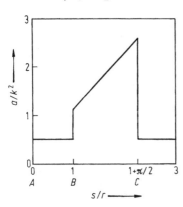

III.2 Kinematik des starren Körpers

Lösung III.2.1 Wir ersetzen das zweiwertige Lager A durch ein in horizontaler Richtung verschiebliches einwertiges Lager. Dadurch wird einerseits die Kraft A_H freigelegt, andererseits wird das System beweglich. Die Streckenlast wird durch ihre Resultierende $R = 2b\,q_0$ ersetzt. Anschließend denken wir uns den Balken BC um einen Winkel $\delta\varphi$ um das Lager B gedreht. Dabei dreht sich der Balken AC um einen Winkel $\delta\psi$ um den Momentanpol M. Die virtuelle Arbeit δW_F der Kraft F ist das Skalarprodukt aus dem Kraftvektor $\boldsymbol{F}$ und dem Verschiebungsvektor $\delta \boldsymbol{w}_F$.

Prinzip der virtuellen Arbeit:

$$\delta W = 0: \quad R\,\delta w_{\mathrm{R}} + F\,\delta w_{\mathrm{F}} \cos 45° - A_{\mathrm{H}}\,\delta w_{\mathrm{A}} = 0\,.$$

Geometrie:

$$\delta w_{\mathrm{R}} = b\,\delta\varphi\,, \quad \delta w_{\mathrm{C}} = 2b\,\delta\varphi = b\,\delta\psi \quad \rightarrow \quad \delta\psi = 2\delta\varphi\,,$$

$$\delta w_{\mathrm{F}} = \frac{\sqrt{2}}{2} b\,\delta\psi\,, \quad \delta w_{\mathrm{A}} = b\,\delta\psi\,.$$

Einsetzen liefert:

$$\left(R + 2\frac{\sqrt{2}}{2}\frac{\sqrt{2}}{2}F - 2A_{\mathrm{H}} \right) b\,\delta\varphi = 0 \quad \rightarrow \quad \boxed{A_{\mathrm{H}} = q_0\,b + F/2\,.}$$

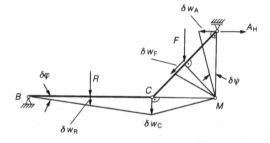

Lösung III.2.2 Mit einem Schnitt durch die Sicherungskette machen wir das System beweglich. Dann führen wir eine vertikale virtuelle Verrückung des Gelenks C ein. Die Fußpunkte A und B können sich nur horizontal bewegen. Somit lassen sich die Momentanpole M_1 und M_2 der beiden Leiterteile ermitteln. Da die Kräfte an einem starren Körper linienflüchtige Vektoren sind, werden nur die virtuellen Verrückungen δu_{G} und δu_{S} (siehe Bild) benötigt. Die virtuellen Arbeiten der Kräfte A und B sind Null.

Prinzip der virtuellen Arbeit:

$$\delta W = 0: \quad G\,\delta u_{\mathrm{G}} - 2S\,\delta u_{\mathrm{S}} = 0\,.$$

Kinematik:

$$\delta u_{\mathrm{S}} = c\,\delta\alpha\,, \quad \delta u_{\mathrm{G}} = b\,\delta\beta \quad \text{mit} \quad \delta\beta = \delta\alpha\,.$$

Geometrie:

$$b/h = a/l, \qquad c = \sqrt{l^2 - a^2}.$$

Einsetzen liefert:

$$(G\,h\,a/l - 2S\sqrt{l^2 - a^2})\delta\alpha = 0 \quad \rightarrow \quad \boxed{S = G\,\frac{a\,h}{2l\sqrt{l^2 - a^2}}.}$$

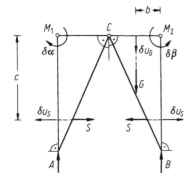

Lösung III.2.3 Wir halten das Gelenk D fest und führen die virtuelle Verdrehung $\delta\alpha$ der Schalen ein. Da der gesamte Bogen AC eine virtuelle Vertikalverschiebung erfährt, liegt der Momentanpol der Stange AB ebenfalls in D.

a) Prinzip der virtuellen Arbeit ($S = 0$):

$$\delta W = 0: \quad -(G/2)\delta u_G + P\,\delta u_P = 0.$$

Kinematik:

$$\delta u_G = (a/2)\delta\alpha, \qquad \delta u_P = \sqrt{2}\,a\,\delta\alpha.$$

Einsetzen liefert:

$$(-G/4 + \sqrt{2}\,P)a\,\delta\alpha = 0 \quad \rightarrow \quad \boxed{P = \sqrt{2}\,G/8.}$$

b) Prinzip der virtuellen Arbeit ($P = 0$):

$$\delta W = 0: \quad -(G/2)\delta u_G + S\,\delta u_S = 0.$$

Kinematik:

$$\delta u_G = (a/2)\delta\alpha, \quad \delta u_S = a\,\delta\alpha.$$

Einsetzen liefert:

$$(-G/4 + S)a\,\delta\alpha = 0 \qquad \rightarrow \qquad \boxed{S = G/4.}$$

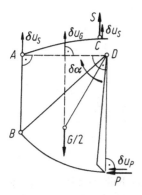

Lösung III.2.4 Wir denken uns das Getriebe durch eine virtuelle Verrückung aus der gegebenen Lage ausgelenkt. Der Momentanpol M der Stange EG ist der Schnittpunkt der Senkrechten zu δu_V und δu_D.

Prinzip der virtuellen Arbeit:

$$\delta W = 0: \quad F\,\delta u_F - P\,\delta u_P \cos\gamma = 0.$$

Kinematik:

$$\delta u_F = a\,\delta\varphi_1, \quad \delta u_H = b\,\delta\varphi_1, \quad \delta u_V = \delta u_H \tan\alpha,$$

$$\delta u_V = d_1\,\delta\varphi_2, \quad \delta u_P = d_2\,\delta\varphi_2.$$

Geometrie:

$$d_1 = \frac{l_1}{\cos\beta}, \qquad d_2 = \frac{l_2}{\cos\gamma}.$$

Einsetzen liefert:

$$\left(Fa - Pb\frac{l_2}{l_1}\tan\alpha\cos\beta\right)\delta\varphi_1 = 0 \qquad \rightarrow \qquad \frac{F}{P} = \frac{b\,l_2}{a\,l_1}\tan\alpha\cos\beta.$$

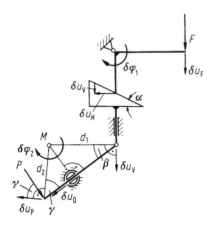

Lösung III.2.5 Wir bezeichnen den Berührpunkt der Kulisse mit der Stange mit D. Der entsprechende Punkt auf der Stange ist D'. Da sich die Stange gegenüber der Kulisse nicht verdrehen kann, stimmen deren Winkelgeschwindigkeiten überein.

Geometrie:

$$a = b = \frac{l}{\cos\varphi}, \qquad d = l\,\tan\varphi.$$

Geschwindigkeit des Punktes A:

$$v_A = r\,\Omega.$$

Winkelgeschwindigkeit der Stange AB:

$$\omega_{AB} = \frac{v_A}{a} \qquad \rightarrow \qquad \omega_{AB} = \frac{r}{l}\,\Omega\cos\varphi.$$

Geschwindigkeit des Punktes B:

$$v_B = b\,\omega_{AB} \qquad \rightarrow \qquad v_B = r\,\Omega.$$

Geschwindigkeit des Punktes D':

$$v_{D'} = d\,\omega_{AB} \qquad \rightarrow \qquad v_{D'} = r\,\Omega\,\sin\varphi\,.$$

Winkelgeschwindigkeit der Kulisse CD:

$$\omega_{CD} = \omega_{AB}\,.$$

Geschwindigkeit des Punktes D:

$$v_D = c\,\omega_{CD} \qquad \rightarrow \qquad v_D = \frac{r}{l}\,c\,\Omega\,\cos\varphi\,.$$

Relativgeschwindigkeit:

$$v_{\text{rel}} = v_D + v_{D'} \qquad \rightarrow \qquad \boxed{v_{\text{rel}} = r\,\Omega\left(\sin\varphi + \frac{c}{l}\cos\varphi\right).}$$

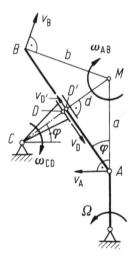

Lösung III.2.6 Die Geschwindigkeit v_B des Punktes B der Stange zeigt in Richtung der Achse der Stange (kein Abheben von der Kante).

Geschwindigkeit des Punktes A:

$$\boldsymbol{v}_A = v_A\cos\varphi\,\boldsymbol{e}_r - v_A\sin\varphi\,\boldsymbol{e}_\varphi\,.$$

Geschwindigkeit des Punktes B:

$$v_B = v_B \, e_r \, .$$

Kinematik:

$$v_B = v_A + v_{AB} \quad \text{mit} \quad v_{AB} = a \, \dot\varphi \, e_\varphi \, .$$

Geometrie:

$$a = \frac{h}{\sin \varphi} \, .$$

Einsetzen liefert:

$$v_B \, e_r = v_A \cos \varphi \, e_r - v_A \sin \varphi \, e_\varphi + \frac{h \, \dot\varphi}{\sin \varphi} \, e_\varphi$$

$$\rightarrow \quad \boxed{v_B = v_A \cos \varphi \, , \qquad \dot\varphi = \frac{v_A}{h} \sin^2 \varphi \, .}$$

Beschleunigung des Punktes B:

$$a_B = a_A + a_{AB}^r + a_{AB}^\varphi$$

$$\text{mit} \quad a_A = 0 \, , \qquad a_{AB}^r = -a \, \dot\varphi^2 \, e_r \, , \qquad a_{AB}^\varphi = a \, \ddot\varphi \, e_\varphi \, .$$

Winkelbeschleunigung der Stange:

$$\ddot\varphi = \frac{v_A}{h} (\sin^2 \varphi)^{\cdot} \quad \rightarrow \quad \ddot\varphi = 2 \frac{v_A^2}{h^2} \sin^3 \varphi \cos \varphi \, .$$

Einsetzen liefert:

$$\boxed{a_B = \frac{v_A^2}{h} \sin^2 \varphi (-\sin \varphi \, e_r + 2 \cos \varphi \, e_\varphi) \, .}$$

Koordinaten des Momentanpols:

$$x_M = h \, \mathrm{ctg}\, \varphi \, , \qquad y_M = h + x_M \, \mathrm{ctg}\, \varphi \, .$$

Bahnkurve des Momentanpols:

$$\boxed{y_M = \frac{x_M^2}{h} + h \, .}$$

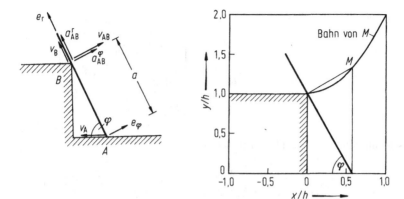

Lösung III.2.7

Geschwindigkeiten der Punkte A und B:

$$v_A = r\,\dot{\varphi} \begin{bmatrix} -\sin\varphi \\ \cos\varphi \\ 0 \end{bmatrix}, \quad v_B = v_B \begin{bmatrix} -\cos\alpha \\ \sin\alpha \\ 0 \end{bmatrix}.$$

Winkelgeschwindigkeit des Hebels ABC:

$$\omega = \begin{bmatrix} 0 \\ 0 \\ \omega \end{bmatrix}.$$

Kinematik:

$$v_B = v_A + \omega \times r_{AB}$$

$$\rightarrow \quad v_B \begin{bmatrix} -\cos\alpha \\ \sin\alpha \\ 0 \end{bmatrix} = r\,\dot{\varphi} \begin{bmatrix} -\sin\varphi \\ \cos\varphi \\ 0 \end{bmatrix} + \begin{bmatrix} \omega\,l \\ 0 \\ 0 \end{bmatrix}.$$

Auflösen liefert:

$$v_B = r\,\dot{\varphi}\,\frac{\cos\varphi}{\sin\alpha}, \qquad \omega = \frac{r\,\dot{\varphi}}{l}\left(\sin\varphi - \frac{\cos\varphi}{\tan\alpha}\right).$$

Geschwindigkeit des Punktes C:

$$v_C = v_A + \omega \times r_{AC} \quad \rightarrow \quad v_C = r\,\dot\varphi \begin{bmatrix} -\sin\varphi \\ \sin\varphi + \cos\varphi - \dfrac{\cos\varphi}{\tan\alpha} \\ 0 \end{bmatrix}.$$

Beschleunigungen der Punkte A und B:

$$a_A = r\,\ddot\varphi \begin{bmatrix} -\sin\varphi \\ \cos\varphi \\ 0 \end{bmatrix} - r\,\dot\varphi^2 \begin{bmatrix} \cos\varphi \\ \sin\varphi \\ 0 \end{bmatrix}, \qquad a_B = a_B \begin{bmatrix} -\cos\alpha \\ \sin\alpha \\ 0 \end{bmatrix}.$$

Winkelbeschleunigung des Hebels ABC:

$$\dot\omega = \begin{bmatrix} 0 \\ 0 \\ \dot\omega \end{bmatrix}.$$

Beschleunigung des Punktes B:

$$a_B = a_A + \dot\omega \times r_{AB} + \omega \times (\omega \times r_{AB})$$

$$\rightarrow \quad a_B \begin{bmatrix} -\cos\alpha \\ \sin\alpha \\ 0 \end{bmatrix} = r\,\ddot\varphi \begin{bmatrix} -\sin\varphi \\ \cos\varphi \\ 0 \end{bmatrix} - r\,\dot\varphi^2 \begin{bmatrix} \cos\varphi \\ \sin\varphi \\ 0 \end{bmatrix} + \begin{bmatrix} \dot\omega\,l \\ 0 \\ 0 \end{bmatrix} + \begin{bmatrix} 0 \\ \omega^2\,l \\ 0 \end{bmatrix}.$$

Auflösen liefert:

$$a_B = \frac{1}{\sin\alpha}(r\,\ddot\varphi\cos\varphi - r\,\dot\varphi^2\sin\varphi + l\,\omega^2),$$

$$\dot\omega = \frac{1}{l}\left[r\,\ddot\varphi\sin\varphi + r\,\dot\varphi^2\cos\varphi - \frac{1}{\tan\alpha}(r\,\ddot\varphi\cos\varphi - r\,\dot\varphi^2\sin\varphi + l\,\omega^2)\right].$$

Lösung III.2.8 Als Führungssystem wird der Rahmen AEF benutzt, als Koordinatensystem ein rahmenfestes x,y,z-Koordinatensystem.

Führungswinkelgeschwindigkeit, Führungsgeschwindigkeiten in C und in D:

$$\boldsymbol{\omega}_{\mathrm{f}} = \begin{bmatrix} 0 \\ \Omega \\ 0 \end{bmatrix}, \quad \boldsymbol{v}_{\mathrm{fC}} = \boldsymbol{\omega}_{\mathrm{f}} \times \boldsymbol{r}^{\mathrm{AC}} = \begin{bmatrix} 0 \\ \Omega \\ 0 \end{bmatrix} \times \begin{bmatrix} L \\ 0 \\ 0 \end{bmatrix} = \begin{bmatrix} 0 \\ 0 \\ -\Omega L \end{bmatrix},$$

$$\boldsymbol{v}_{\mathrm{fD}} = \boldsymbol{\omega}_{\mathrm{f}} \times \boldsymbol{r}^{\mathrm{AD}} = \begin{bmatrix} 0 \\ \Omega \\ 0 \end{bmatrix} \times \begin{bmatrix} L \\ 2r \\ 0 \end{bmatrix} = \begin{bmatrix} 0 \\ 0 \\ -\Omega L \end{bmatrix}.$$

Relativwinkelgeschwindigkeit und Relativgeschwindigkeiten in C und in $D = D_1$ von Scheibe 1:

$$\boldsymbol{\omega}_{1\,\mathrm{rel}} = \begin{bmatrix} \omega_1 \\ 0 \\ 0 \end{bmatrix}, \quad \boldsymbol{v}_{\mathrm{rel}\,C} = \boldsymbol{\omega}_{1\,\mathrm{rel}} \times \boldsymbol{r}^{\mathrm{EC}} = \begin{bmatrix} \omega_1 \\ 0 \\ 0 \end{bmatrix} \times \begin{bmatrix} 0 \\ -r \\ 0 \end{bmatrix} = \begin{bmatrix} 0 \\ 0 \\ -\omega_1 r \end{bmatrix},$$

$$\boldsymbol{v}_{\mathrm{rel}\,D_1} = \boldsymbol{\omega}_{1\,\mathrm{rel}} \times \boldsymbol{r}^{\mathrm{ED}} = \begin{bmatrix} \omega_1 \\ 0 \\ 0 \end{bmatrix} \times \begin{bmatrix} 0 \\ r \\ 0 \end{bmatrix} = \begin{bmatrix} 0 \\ 0 \\ \omega_1 r \end{bmatrix}.$$

Relativwinkelgeschwindigkeit und Relativgeschwindigkeit in $D = D_2$ von Scheibe 2:

$$\boldsymbol{\omega}_{2\,\mathrm{rel}} = \omega_2 \begin{bmatrix} \cos\varphi \\ \sin\varphi \\ 0 \end{bmatrix}, \quad \boldsymbol{v}_{\mathrm{rel}\,D_2} = \boldsymbol{\omega}_{2\,\mathrm{rel}} \times \boldsymbol{r}^{\mathrm{FD}}$$

$$= \omega_2 \begin{bmatrix} \cos\varphi \\ \sin\varphi \\ 0 \end{bmatrix} \times \begin{bmatrix} \sin\varphi \\ -\cos\varphi \\ 0 \end{bmatrix} L\sin\varphi = L\omega_2 \sin\varphi \begin{bmatrix} 0 \\ 0 \\ -1 \end{bmatrix}.$$

Absolutgeschwindigkeit und Rollbedingung in C:

$$\boldsymbol{v}_{\mathrm{C}} = \boldsymbol{v}_{\mathrm{fC}} + \boldsymbol{v}_{\mathrm{rel}\,C} = \boldsymbol{0} \;\rightarrow\; \begin{bmatrix} 0 \\ 0 \\ -\Omega L - \omega_1 r \end{bmatrix} = \begin{bmatrix} 0 \\ 0 \\ 0 \end{bmatrix} \;\rightarrow\; \omega_1 = -\Omega L/r$$

$$\rightarrow \quad \boldsymbol{\omega}_1 = \boldsymbol{\omega}_{\mathrm{f}} + \boldsymbol{\omega}_{1\,\mathrm{rel}} = \Omega \begin{bmatrix} -L/r \\ 1 \\ 0 \end{bmatrix}.$$

Absolutgeschwindigkeiten in D_1 und D_2, Abrollbedingung in D:

$$\boldsymbol{v}_{\mathrm{D}_1} = \boldsymbol{v}_{\mathrm{fD}} + \boldsymbol{v}_{\mathrm{rel}\,D_1}, \; \boldsymbol{v}_{\mathrm{D}_2} = \boldsymbol{v}_{\mathrm{fD}} + \boldsymbol{v}_{\mathrm{rel}\,D_2}; \; \boldsymbol{v}_{\mathrm{D}_1} = \boldsymbol{v}_{\mathrm{D}_2} \rightarrow \boldsymbol{v}_{\mathrm{rel}\,D_1} = \boldsymbol{v}_{\mathrm{rel}\,D_2}$$

$$\rightarrow \quad \begin{bmatrix} 0 \\ 0 \\ -\Omega L \end{bmatrix} = L\omega_2 \sin\varphi \begin{bmatrix} 0 \\ 0 \\ -1 \end{bmatrix} \quad \rightarrow \quad \omega_2 = \Omega/\sin\varphi$$

$$\rightarrow \quad \boldsymbol{\omega}_2 = \boldsymbol{\omega}_f + \boldsymbol{\omega}_{2\,\mathrm{rel}} = \Omega \begin{bmatrix} \mathrm{ctg}\varphi \\ 2 \\ 0 \end{bmatrix}.$$

Winkelbeschleunigung von Scheibe 2:

$$\dot{\boldsymbol{\omega}}_2 = \frac{\mathrm{d}^*}{\mathrm{d}t}\,\boldsymbol{\omega}_2 + \boldsymbol{\omega}_f \times \boldsymbol{\omega}_2 \quad \text{mit} \quad \frac{\mathrm{d}}{\mathrm{d}t^*}: \quad \begin{array}{l} \text{Zeitableitung im bewegten} \\ \text{Führungs- und Koordinatensystem} \end{array}$$

$$\rightarrow \quad \dot{\boldsymbol{\omega}}_2 = \dot{\Omega} \begin{bmatrix} \mathrm{ctg}\varphi \\ 2 \\ 0 \end{bmatrix} + \begin{bmatrix} 0 \\ \Omega \\ 0 \end{bmatrix} \times \begin{bmatrix} \mathrm{ctg}\varphi \\ 2 \\ 0 \end{bmatrix} \Omega \quad \rightarrow \quad \dot{\boldsymbol{\omega}}_2 = \begin{bmatrix} \dot{\Omega}\,\mathrm{ctg}\varphi \\ 2\dot{\Omega} \\ -\Omega^2\,\mathrm{ctg}\varphi \end{bmatrix}.$$

Beschleunigung von Scheibe 2 in D (A' ist ein scheiben- und raumfester Punkt):

$$\boldsymbol{a}_{\mathrm{D}_2} = \boldsymbol{\omega}_2 \times (\boldsymbol{\omega}_2 \times \boldsymbol{r}^{\mathrm{A'D}}) + \dot{\boldsymbol{\omega}}_2 \times \boldsymbol{r}^{\mathrm{A'D}} \quad \text{mit} \quad \boldsymbol{r}^{\mathrm{A'D}} = \begin{bmatrix} L \\ 0 \\ 0 \end{bmatrix}$$

$$\rightarrow \quad \boldsymbol{a}_{\mathrm{D}_2} = \begin{bmatrix} -4\Omega^2 L \\ \Omega^2 L\,\mathrm{ctg}\varphi \\ -2\dot{\Omega} L \end{bmatrix}.$$

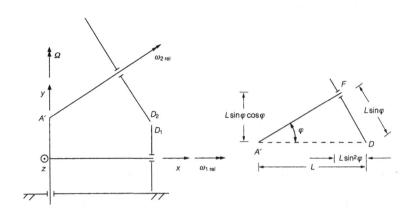

Lösung III.2.9 Der Winkelgeschwindigkeitsvektor $\boldsymbol{\omega}_{AB}$ der Stange AB setzt sich aus zwei Anteilen zusammen: der aus der Rotation der Stange BC folgenden Winkelgeschwindigkeit $\boldsymbol{\omega}_{BC}$ und der aus der Rotation um die Achse DE folgenden Winkelgeschwindigkeit $\boldsymbol{\omega}_{DE}$.

Geschwindigkeiten der Punkte A und B:

$$\boldsymbol{v}_A = -r\,\Omega\,\boldsymbol{e}_x\,, \qquad \boldsymbol{v}_B = v_B\,\boldsymbol{e}_z\,.$$

Kinematik:

$$\boldsymbol{v}_B = \boldsymbol{v}_A + \boldsymbol{\omega}_{AB} \times \boldsymbol{r}_{AB}\,.$$

Winkelgeschwindigkeit der Stange AB:

$$\boldsymbol{\omega}_{AB} = \boldsymbol{\omega}_{BC} + \boldsymbol{\omega}_{DE}$$

mit $\quad \boldsymbol{\omega}_{BC} = \omega_{BC}\,\boldsymbol{e}_z\,, \qquad \boldsymbol{\omega}_{DE} = \dfrac{\sqrt{2}}{2}\,\omega_{DE}(\boldsymbol{e}_x + \boldsymbol{e}_y)\,.$

Geometrie:

$$\boldsymbol{r}_{AB} = r\,\boldsymbol{e}_x - r\,\boldsymbol{e}_y + a\,\boldsymbol{e}_z \quad \text{mit} \quad a = \sqrt{l^2 - 2r^2}\,.$$

Einsetzen liefert:

$$0 = -r\,\Omega + \frac{\sqrt{2}}{2}\,a\,\omega_{DE} + r\,\omega_{BC}\,,$$

$$0 = \quad - \frac{\sqrt{2}}{2}a\,\omega_{DE} + r\,\omega_{BC}\,,$$

$$v_B = -\sqrt{2}\,r\,\omega_{DE}\,.$$

Auflösen liefert:

$$v_B = -\frac{r^2}{a}\,\Omega\boldsymbol{e}_z\,, \qquad \boldsymbol{\omega}_{AB} = \frac{1}{2}\,\Omega\left(\frac{r}{a}\,\boldsymbol{e}_x + \frac{r}{a}\,\boldsymbol{e}_y + \boldsymbol{e}_z\right),$$

$$\boldsymbol{\omega}_{BC} = \frac{1}{2}\,\Omega\boldsymbol{e}_z\,.$$

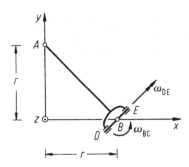

III.3 Kinetik des Massenpunktes und der Massenpunktsysteme

Lösung III.3.1

Bewegungsgleichungen:

$$m\,\ddot{x} = 0\,, \qquad\qquad m\,\ddot{z} = m\,g\,.$$

Integrationen:

$$\dot{x} = C_1\,, \qquad\qquad \dot{z} = g\,t + C_3\,,$$
$$x = C_1\,t + C_2\,, \qquad\qquad z = g\,t^2/2 + C_3\,t + C_4\,.$$

Anfangsbedingungen:

$$\dot{x}(0) = v_0 \quad\rightarrow\quad C_1 = v_0\,, \qquad \dot{z}(0) = 0 \quad\rightarrow\quad C_3 = 0\,,$$
$$x(0) = 0 \quad\rightarrow\quad C_2 = 0\,, \qquad z(0) = 0 \quad\rightarrow\quad C_4 = 0\,.$$

Einsetzen liefert:

$$\dot{x}(t) = v_0\,, \qquad\qquad \dot{z}(t) = g\,t\,,$$
$$x(t) = v_0\,t\,, \qquad\qquad z(t) = g\,t^2/2\,.$$

Passieren des Rings:

$$x(t_\mathrm{R}) = a \quad\rightarrow\quad v_0\,t_\mathrm{R} = a\,, \qquad z(t_\mathrm{R}) = b \quad\rightarrow\quad g\,t_\mathrm{R}^2/2 = b\,,$$
$$\dot{x}(t_\mathrm{R}) = v\sin\alpha \rightarrow v_0 = v\sin\alpha\,, \qquad \dot{z}(t_\mathrm{R}) = v\cos\alpha \rightarrow g\,t_\mathrm{R} = v\cos\alpha\,.$$

Auflösen liefert:

$$b = \frac{a}{2\tan\alpha}, \qquad v_0 = \sqrt{g\,a\,\tan\alpha}, \qquad v = \sqrt{\frac{g\,a}{\sin\alpha\cos\alpha}}.$$

Lösung III.3.2

Bewegungsgleichungen:

$$m\,\ddot{x} = -F_W\cos\alpha, \qquad\qquad m\,\ddot{z} = m\,g + F_W\sin\alpha.$$

Kinematik:

$$\ddot{x} = \frac{\mathrm{d}\dot{x}}{\mathrm{d}t}, \qquad\qquad \ddot{z} = \frac{\mathrm{d}\dot{z}}{\mathrm{d}t}.$$

Komponenten der Geschwindigkeit:

$$\dot{x} = v\cos\alpha, \qquad\qquad \dot{z} = -v\sin\alpha.$$

Einsetzen liefert mit $F_W = k\,v$:

$$m\,\frac{\mathrm{d}\dot{x}}{\mathrm{d}t} = -k\,\dot{x}, \qquad\qquad m\frac{\mathrm{d}\dot{z}}{\mathrm{d}t} = m\,g - k\,\dot{z}.$$

Trennen der Veränderlichen:

$$\frac{\mathrm{d}\dot{x}}{\dot{x}} = -\frac{k}{m}\,\mathrm{d}t, \qquad\qquad \frac{\mathrm{d}\dot{z}}{\dot{z} - \dfrac{m\,g}{k}} = -\frac{k}{m}\,\mathrm{d}t.$$

Integrationen:

$$\ln\frac{\dot{x}}{C_1} = -\frac{k}{m}\,t, \qquad\qquad \ln\frac{\dot{z} - \dfrac{m\,g}{k}}{C_2} = -\frac{k}{m}\,t.$$

Anfangsbedingungen für $t = 0$:

$$C_1 = \dot{x}(0) = v_0\cos\alpha_0 \qquad C_2 = \dot{z}(0) - \frac{m\,g}{k} = -v_0\sin\alpha_0 - \frac{m\,g}{k}.$$

Einsetzen liefert:

$$\dot{x}(t) = v_0 \cos\alpha_0\, e^{-kt/m}, \qquad \dot{z}(t) = \frac{m\,g}{k} - \left(\frac{m\,g}{k} + v_0 \sin\alpha_0\right)e^{-kt/m}.$$

Horizontalkomponente des Weges:

$$x(t) = -\frac{m}{k}v_0 \cos\alpha_0\, e^{-kt/m} + C\,.$$

Anfangsbedingung:

$$x(0) = 0 \quad\to\quad C = \frac{m}{k}v_0 \cos\alpha_0\,.$$

Einsetzen liefert:

$$x(t) = \frac{m}{k}v_0 \cos\alpha_0\left(1 - e^{-kt/m}\right).$$

Erreichen des Mitspielers:

$$x(t^*) = l \quad\to\quad t^* = \frac{m}{k}\ln\frac{m\,v_0 \cos\alpha_0}{m\,v_0 \cos\alpha_0 - k\,l}\,.$$

Horizontalkomponente der Geschwindigkeit:

$$\dot{x}(t^*) = v_0 \cos\alpha_0 - \frac{k\,l}{m}\,.$$

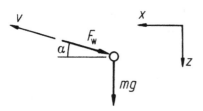

Lösung III.3.3 Die Bewegung setzt ein, wenn die Haftbedingung $H \le \mu_0 N$ verletzt wird. Wir stellen die Bewegungsgleichungen mit Hilfe von natürlichen Koordinaten auf.

Gleichgewichtsbedingungen (in der Anfangslage):

$$\uparrow: \quad N = m\,g + \frac{\sqrt{2}}{2}F\,,$$

$$\rightarrow: \quad H = \frac{\sqrt{2}}{2}F\,.$$

Einsetzen der Bewegung:

$$H > \mu_0\,N \quad \rightarrow \quad k > \frac{\sqrt{2}\,\mu_0\,g}{1 - \mu_0}\,.$$

Bewegungsgleichungen:

$$m\,a_{\mathrm{n}} = +N - m\,g\cos\varphi - \frac{\sqrt{2}}{2}F\,,$$

$$m\,a_{\mathrm{t}} = -R - m\,g\sin\varphi + \frac{\sqrt{2}}{2}F\,.$$

Kinematik:

$$a_{\mathrm{n}} = r\,\dot{\varphi}^2\,, \quad a_{\mathrm{t}} = r\,\ddot{\varphi}\,.$$

Beginn der Bewegung:

$$\varphi(0) = 0\,, \qquad \dot{\varphi}(0) = 0 \quad \rightarrow \quad a_{\mathrm{n}} = 0\,, \qquad N = m\,g + \frac{\sqrt{2}}{2}F\,.$$

Reibungsgesetz:

$$R = \mu\,N\,.$$

Beschleunigung für $\varphi = 0$:

$$a = a_{\mathrm{t}} \quad \rightarrow \quad a = \frac{\sqrt{2}}{2}k(1 - \mu) - \mu\,g\,.$$

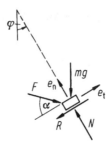

Lösung III.3.4 Wir idealisieren den Wagen als Massenpunkt. Die Bewegung wird mit Hilfe von natürlichen Koordinaten beschrieben. Damit der Wagen nicht rutscht, muss die Haftbedingung erfüllt sein.

Normalbeschleunigung:

$$a_n = \frac{v^2}{r}.$$

Bewegungsgleichung:

$$m\,a_n = N \sin\alpha + H \cos\alpha.$$

Gleichgewichtsbedingung in vertikaler Richtung:

$$0 = N \cos\alpha - H \sin\alpha - m\,g.$$

Auflösen liefert:

$$H = m\,a_n \cos\alpha - m\,g \sin\alpha,$$

$$N = m\,a_n \sin\alpha + m\,g \cos\alpha.$$

Haftbedingung:

$$|H| \le \mu_0\,N \quad\rightarrow\quad \frac{\tan\alpha - \mu_0}{1 + \mu_0 \tan\alpha} \le \frac{v^2}{g\,r} \le \frac{\tan\alpha + \mu_0}{1 - \mu_0 \tan\alpha}.$$

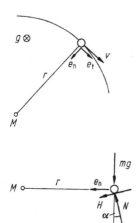

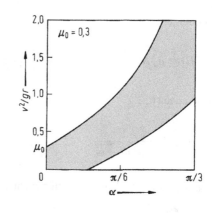

Lösung III.3.5 Wir verwenden natürliche Koordinaten zur Lösung der Aufgabe. Zur Zeit $t = 0$ befinde sich der Wagen am Beginn der Kurve.

Geschwindigkeit:

$$\dot{v} = a_t = -a_0 \quad \rightarrow \quad v(t) = v_0 - a_0\,t\,.$$

Weg:

$$\dot{s} = v \quad \rightarrow \quad s(t) = s_0 + v_0\,t - a_0\,t^2/2\,.$$

Anfangsbedingung:

$$s(0) = s_0 = 0 \quad \rightarrow \quad s(t) = v_0\,t - a_0\,t^2/2\,.$$

Elimination der Zeit liefert:

$$v(s) = \sqrt{v_0^2 - 2a_0\,s}\,.$$

Bewegungsgleichungen:

$$m\,a_t = H_t \quad \rightarrow \quad H_t = -m\,a_0\,,$$

$$m\,a_n = H_n \quad \rightarrow \quad H_n = m\frac{v^2}{\rho}\,,$$

$$0 = N - m\,g \quad \rightarrow \quad N = m\,g\,.$$

Haftbedingung:

$$|H| \le \mu_0 \, N \qquad \rightarrow \qquad a_0^2 + \frac{v^4}{\rho^2} \le \mu_0^2 \, g^2 \, .$$

Auflösen liefert:

$$\varrho(s) \ge \frac{v_0^2 - 2a_0 \, s}{\sqrt{\mu_0^2 \, g^2 - a_0^2}} \, .$$

Für $a_0 > \mu_0 \, g$ ist die Haftbedingung nicht mehr erfüllt.

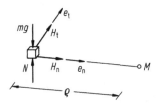

Lösung III.3.6

Arbeitssatz zwischen A und B:

$$E_{\mathrm{kB}} + E_{\mathrm{pB}} = E_{\mathrm{kA}} + E_{\mathrm{pA}} + W \qquad \rightarrow \qquad m \, v_{\mathrm{B}}^2/2 + m \, g \, h = m \, v_{\mathrm{A}}^2/2 + 0 + W \, .$$

Auflösen liefert:

$$W = m(g \, h - 21 v_0^2/50) \, .$$

Arbeitssatz zwischen B und C:

$$E_{\mathrm{kC}} + E_{\mathrm{pC}} = E_{\mathrm{kB}} + E_{\mathrm{pB}} + W \qquad \rightarrow \qquad m \, v_{\mathrm{C}}^2/2 + 0 = m \, v_{\mathrm{B}}^2/2 + 3m \, g \, h - R \, l_{\mathrm{BC}} \, .$$

Normalkraft:

$$N = mg \, \cos \alpha \qquad \rightarrow \qquad N = m \, g \frac{10h}{l_{\mathrm{BC}}} \, .$$

Reibungskraft:

$$R = \mu \, N \qquad \rightarrow \qquad R = \mu \, m \, g \frac{10h}{l_{\mathrm{BC}}} \, .$$

Einsetzen liefert:

$$\mu = \frac{3}{10} - \frac{v_C^2 - v_B^2}{20 g h} \qquad \rightarrow \qquad \boxed{\mu \approx \frac{3}{10} - \frac{4}{5} \frac{v_0^2}{g h}.}$$

Lösung III.3.7 Die Geschwindigkeit v_0 muss mindestens so groß sein, dass die Kugel die obere Ebene mit der Geschwindigkeit $v \geq 0$ erreicht. Außerdem muss sie so groß sein, dass die Normalkraft N zwischen der Kugel und dem äußeren Kreisbogen erst bei Erreichen der Führung verschwindet.

Energiesatz zwischen unterer Ebene und oberer Ebene:

$$E_{k0} + E_{p0} = E_{k1} + E_{p1} \qquad \rightarrow \qquad m v_0^2/2 + 0 = m v^2/2 + 2 m g r.$$

Auflösen liefert:

$$v_0^2 = v^2 + 4 g r \qquad \rightarrow \qquad \boxed{v_0^2 \geq 4 g r.}$$

Energiesatz zwischen unterer Ebene und Beginn der Führung:

$$E_{k0} + E_{p0} = E_{k2} + E_{p2}$$

$$\rightarrow \quad m v_0^2/2 + 0 = m v^2(\varphi_F)/2 + m g r (1 + \cos \varphi_F).$$

Bewegungsgleichung:

$$\searrow: \quad m \frac{v^2(\varphi)}{r} = N + m g \cos \varphi.$$

Forderung für $\varphi = \varphi_F$:

$$N \geq 0 \qquad \rightarrow \qquad v^2(\varphi_F) \geq g r \cos \varphi_F.$$

Auflösen liefert:

$$\boxed{v_0^2 \geq (2 + 3 \cos \varphi_F) g r.}$$

Mindestgeschwindigkeit:

$$v_0^2 = \begin{cases} (2 + 3\cos\varphi_{\mathrm{F}})g\,r & \text{für} \quad \varphi_{\mathrm{F}} < \varphi_{\mathrm{F}}^* = \arccos 2/3\,, \\ 4g\,r & \text{für} \quad \varphi_{\mathrm{F}} > \varphi_{\mathrm{F}}^*\,. \end{cases}$$

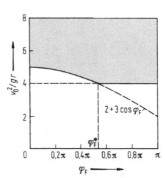

Lösung III.3.8 Wir wählen Geschwindigkeiten nach rechts positiv. Daher geht v_2 negativ in den Impulssatz ein.

Impulserhaltung:

$$m_1\,v_1 - m_2\,v_2 = (m_1 + m_2)\bar{v} \quad \rightarrow \quad \bar{v} = \frac{m_1\,v_1 - m_2\,v_2}{m_1 + m_2}\,.$$

Arbeitssatz:

$$E_{\mathrm{k1}} - E_{\mathrm{k0}} = W\,.$$

Kinetische Energien:

$$E_{\mathrm{k0}} = (m_1 + m_2)\bar{v}^2/2\,, \qquad E_{\mathrm{k1}} = 0\,.$$

Arbeit der Reibungskraft:

$$W = -R\,s\,.$$

Reibungsgesetz:

$$R = \mu\,N \qquad\qquad \rightarrow \quad R = \mu(m_1 + m_2)g\,.$$

Einsetzen liefert:

$$-\frac{1}{2}(m_1 + m_2)\bar{v}^2 = -\mu(m_1 + m_2)g\,s$$

$$\rightarrow \quad v_1 = \frac{m_2}{m_1}v_2 + \left(1 + \frac{m_2}{m_1}\right)\sqrt{2\mu\,g\,s}\,.$$

Lösung III.3.9

Impulserhaltung:

$$m_1\,v_1 = (m_1 + m_2)\bar{v} \qquad \rightarrow \quad \bar{v} = \frac{m_1}{m_1 + m_2}v_1\,.$$

Gleichgewicht am Klotz:

$$\rightarrow: \quad H = F\,,$$

$$\uparrow: \quad N = m_3\,g\,.$$

Haftbedingung:

$$H \leq \mu_0\,N \qquad\qquad \rightarrow \quad F \leq \mu_0\,m_3\,g\,.$$

Federkraft:

$$F = c\,x \qquad\qquad \rightarrow \quad x \leq \frac{\mu_0\,m_3\,g}{c}\,.$$

Maximaler Federweg:

$$x_{\text{max}} = \frac{\mu_0\,m_3\,g}{c}\,.$$

Energiesatz:

$$\frac{1}{2}(m_1 + m_2)\bar{v}^2 = \frac{1}{2}c\,x_{\text{max}}^2 \qquad \rightarrow \quad v_{1\text{max}} = \frac{\mu_0\,m_3\,g}{m_1}\sqrt{\frac{m_1 + m_2}{c}}\,.$$

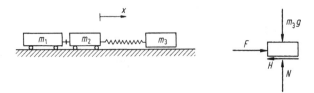

Lösung III.3.10

Impulserhaltung:

$$m_1 v_0 = m_1 \bar{v}_1 + m_2 \bar{v}_2 \,.$$

Energieerhaltung:

$$m_1 v_0^2/2 = m_1 \bar{v}_1^2/2 + m_2 \bar{v}_2^2/2 \,.$$

Auflösen liefert:

$$\bar{v}_2 = \frac{2m_1}{m_1 + m_2} \, v_0 \,.$$

Bewegungsgleichung:

$$\nwarrow: \quad m_2 a_{\mathrm{n}} = S - m_2 g \cos\varphi$$

$$\rightarrow \quad S = m_2 \frac{v_2^2}{l} + m_2 g \cos\varphi \,.$$

Maximale Fadenkraft (für $\varphi = 0$):

$$S_{\max} = m_2(\bar{v}_2^2/l + g) \,.$$

Reißen des Fadens:

$$S_{\max} > S^* \quad \rightarrow \quad v_0 > \frac{m_1 + m_2}{2m_1} \sqrt{l(S^*/m_2 - g)} \,.$$

Lösung III.3.11 Die y-Komponente der Schwerpunktsgeschwindigkeit ist vor und nach dem Stoß Null. Daher ist bei horizontaler Stoßkraft $\hat{F}$ auch die y-Komponente $\hat{A}_y$ der Stoßkraft im Lager Null.

Impulssatz:

$$\rightarrow: \quad 2m(\bar{v}_s - v_s) = \hat{A}_x - \hat{F}\,.$$

Drallsatz:

$$\widehat{S}: \quad 2\left(\frac{l}{2}\right)^2 m(\bar{\omega} - \omega) = \hat{A}_x \frac{3}{2} l - \hat{F}\left(\frac{3}{2} l - a\right)\,.$$

Kinematik:

$$\bar{v}_s = -3l\,\bar{\omega}/2\,.$$

Geschwindigkeiten vor dem Stoß:

$$v_s = 0\,, \qquad \omega = 0\,.$$

Auflösen liefert:

$$\bar{\omega} = \frac{\hat{F}\,a}{5l^2 m}\,, \qquad \hat{A}_x = \left(1 - \frac{3a}{5l}\right)\hat{F}\,.$$

Forderung:

$$\hat{A}_x = 0 \quad \rightarrow \quad a = 5l/3\,.$$

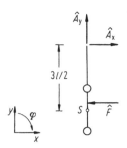

III.4 Relativbewegung des Massenpunktes

Lösung III.4.1 Wir führen ein ξ, η-Koordinatensystem ein, das sich rein translatorisch mit dem Aufhängepunkt bewegt und beschreiben die Bewegung in
diesem System.

Bewegungsgleichung:

$$m\,\boldsymbol{a}_\mathrm{P} = \boldsymbol{F} \quad \text{mit} \quad \boldsymbol{a}_\mathrm{P} = \boldsymbol{a}_\mathrm{f} + \boldsymbol{a}_\mathrm{rel} \quad (\boldsymbol{a}_\mathrm{c} = \boldsymbol{0})\,.$$

Führungs- und Relativbeschleunigung:

$$\boldsymbol{a}_\mathrm{f} = \begin{bmatrix} a_0 \\ 0 \end{bmatrix}\,, \qquad \boldsymbol{a}_\mathrm{rel} = \begin{bmatrix} \ddot{\xi} \\ \ddot{\eta} \end{bmatrix}\,.$$

Geometrie:

$$\xi = l\sin\varphi \quad \rightarrow \quad \ddot{\xi} = l\,\ddot{\varphi}\cos\varphi - l\,\dot{\varphi}^2\sin\varphi\,,$$
$$\eta = -l\cos\varphi \quad \rightarrow \quad \ddot{\eta} = l\,\ddot{\varphi}\sin\varphi + l\,\dot{\varphi}^2\cos\varphi\,.$$

Kraft:

$$\boldsymbol{F} = \begin{bmatrix} -S\sin\varphi \\ S\cos\varphi - mg \end{bmatrix}\,.$$

Einsetzen liefert:

$$m(a_0 + l\,\ddot{\varphi}\cos\varphi - l\,\dot{\varphi}^2\sin\varphi) = -S\sin\varphi\,,$$
$$m(l\,\ddot{\varphi}\sin\varphi + l\,\dot{\varphi}^2\cos\varphi) = S\cos\varphi - m\,g\,.$$

Elimination von S liefert:

$$l\ddot{\varphi} + g \sin\varphi + a_0 \cos\varphi = 0.$$

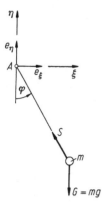

Lösung III.4.2 Wir beschreiben die Bewegung des Punktes P in einem mit der großen Scheibe fest verbundenen Koordinatensystem.

Beschleunigung des Punktes P:

$$a_P = a_f + a_{\text{rel}} + a_c.$$

Führungsbeschleunigung und Relativbeschleunigung:

$$a_f = \begin{bmatrix} 0 \\ -(a + r\cos\varphi)\Omega^2 \\ 0 \end{bmatrix}, \qquad a_{\text{rel}} = \begin{bmatrix} 0 \\ -r\,\omega^2 \cos\varphi \\ -r\,\omega^2 \sin\varphi \end{bmatrix}.$$

Winkelgeschwindigkeit des Führungssystems und Relativgeschwindigkeit:

$$\Omega = \begin{bmatrix} 0 \\ 0 \\ \Omega \end{bmatrix}, \qquad v_{\text{rel}} = \begin{bmatrix} 0 \\ -r\,\omega\sin\varphi \\ r\,\omega\cos\varphi \end{bmatrix}.$$

Coriolisbeschleunigung:

$$a_c = 2\Omega \times v_{\text{rel}} \quad \rightarrow \quad a_c = \begin{bmatrix} 2r\,\omega\,\Omega\sin\varphi \\ 0 \\ 0 \end{bmatrix}.$$

Einsetzen liefert:

$$
a_P = \begin{bmatrix} 2r\,\omega\Omega\,\sin\varphi \\ -(a + r\cos\varphi)\Omega^2 - r\,\omega^2\cos\varphi \\ -r\,\omega^2\sin\varphi \end{bmatrix}.
$$

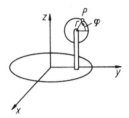

Lösung III.4.3 Das Koordinatensystem rotiere mit dem Hebel um die z-Achse.

Geschwindigkeit des Punktes P:

$$
\boldsymbol{v}_P = \boldsymbol{v}_f + \boldsymbol{v}_{rel}.
$$

Winkelgeschwindigkeit des Hebels:

$$
\boldsymbol{\Omega} = \begin{bmatrix} 0 \\ 0 \\ \Omega \end{bmatrix}.
$$

Führungsgeschwindigkeit:

$$
\boldsymbol{v}_f = \boldsymbol{v}_0 + \boldsymbol{\Omega} \times \boldsymbol{r}_{0P} \quad \rightarrow \quad \boldsymbol{v}_f = \begin{bmatrix} 0 \\ l\,\Omega \\ 0 \end{bmatrix}.
$$

Relativgeschwindigkeit:

$$
\boldsymbol{v}_{rel} = \frac{d^*\boldsymbol{r}_{AP}}{dt} \quad \rightarrow \quad \boldsymbol{v}_{rel} = \begin{bmatrix} -r\,\omega\sin\alpha \\ -r\,\omega\cos\alpha \\ 0 \end{bmatrix}.
$$

Einsetzen liefert:

$$\boldsymbol{v}_P = \begin{bmatrix} -r\,\omega\,\sin\alpha \\ l\,\Omega - r\,\omega\,\cos\alpha \\ 0 \end{bmatrix}.$$

Beschleunigung des Punktes P:

$$\boldsymbol{a}_P = \boldsymbol{a}_f + \boldsymbol{a}_{rel} + \boldsymbol{a}_c\,.$$

Führungsbeschleunigung:

$$\boldsymbol{a}_f = \boldsymbol{a}_0 + \dot{\boldsymbol{\Omega}} \times \boldsymbol{r}_{0P} + \boldsymbol{\Omega} \times (\boldsymbol{\Omega} \times \boldsymbol{r}_{0P}) \quad \rightarrow \quad \boldsymbol{a}_f = \begin{bmatrix} -l\,\Omega^2 \\ 0 \\ 0 \end{bmatrix}.$$

Relativbeschleunigung:

$$\boldsymbol{a}_{rel} = \frac{\mathrm{d}^*\boldsymbol{v}_{rel}}{\mathrm{d}t} \quad \rightarrow \quad \boldsymbol{a}_{rel} = \begin{bmatrix} 0 \\ 0 \\ -r\,\omega^2 \end{bmatrix}.$$

Coriolisbeschleunigung:

$$\boldsymbol{a}_c = 2\boldsymbol{\Omega} \times \boldsymbol{v}_{rel} \quad \rightarrow \quad \boldsymbol{a}_c = 2 \begin{bmatrix} r\,\Omega\,\omega\,\cos\alpha \\ -r\,\Omega\,\omega\,\sin\alpha \\ 0 \end{bmatrix}.$$

Einsetzen liefert:

$$\boldsymbol{a}_P = \begin{bmatrix} -l\,\Omega^2 + 2r\,\Omega\,\omega\,\cos\alpha \\ -2r\,\Omega\,\omega\,\sin\alpha \\ -r\,\omega^2 \end{bmatrix}.$$

Lösung III.4.4

Geschwindigkeit des Punktes P:

$$\boldsymbol{v}_P = \boldsymbol{v}_f + \boldsymbol{v}_{rel}\,.$$

Winkelgeschwindigkeit der Scheibe:

$$\boldsymbol{\Omega} = \begin{bmatrix} 0 \\ 0 \\ \dot{\psi} \end{bmatrix} .$$

Führungsgeschwindigkeit:

$$\boldsymbol{v}_\mathrm{f} = \boldsymbol{v}_0 + \boldsymbol{\Omega} \times \boldsymbol{r}_\mathrm{0P} \quad \rightarrow \quad \boldsymbol{v}_\mathrm{f} = \begin{bmatrix} -r\,\dot{\psi} + r\,\dot{\psi}\cos\varphi \\ r\,\dot{\psi}\sin\varphi \\ 0 \end{bmatrix} .$$

Relativgeschwindigkeit:

$$\boldsymbol{v}_\mathrm{rel} = \frac{\mathrm{d}^*\boldsymbol{r}_\mathrm{0P}}{\mathrm{d}t} \quad \rightarrow \quad \boldsymbol{v}_\mathrm{rel} = \begin{bmatrix} r\,\dot{\varphi}\cos\varphi \\ r\,\dot{\varphi}\sin\varphi \\ 0 \end{bmatrix} .$$

Einsetzen liefert:

$$\boldsymbol{v}_\mathrm{P} = \begin{bmatrix} -r\,\dot{\psi} + r(\dot{\psi} + \dot{\varphi})\cos\varphi \\ r(\dot{\psi} + \dot{\varphi})\sin\varphi \\ 0 \end{bmatrix} .$$

Beschleunigung des Punktes P:

$$\boldsymbol{a}_\mathrm{P} = \boldsymbol{a}_\mathrm{f} + \boldsymbol{a}_\mathrm{rel} + \boldsymbol{a}_\mathrm{c} .$$

Führungsbeschleunigung:

$$\boldsymbol{a}_\mathrm{f} = \boldsymbol{a}_0 + \dot{\boldsymbol{\Omega}} \times \boldsymbol{r}_\mathrm{0P} + \boldsymbol{\Omega} \times (\boldsymbol{\Omega} \times \boldsymbol{r}_\mathrm{0P})$$

$$\rightarrow \quad \boldsymbol{a}_\mathrm{f} = \begin{bmatrix} -r\,\ddot{\psi} + r\,\ddot{\psi}\cos\varphi - r\,\dot{\psi}^2\sin\varphi \\ -r\,\dot{\psi}^2 + r\,\ddot{\psi}\sin\varphi + r\,\dot{\psi}^2\cos\varphi \\ 0 \end{bmatrix} .$$

Relativbeschleunigung:

$$\boldsymbol{a}_\mathrm{rel} = \frac{\mathrm{d}^*\boldsymbol{v}_\mathrm{rel}}{\mathrm{d}t} \quad \rightarrow \quad \boldsymbol{a}_\mathrm{rel} = \begin{bmatrix} r\,\ddot{\varphi}\cos\varphi - r\,\dot{\varphi}^2\sin\varphi \\ r\,\ddot{\varphi}\sin\varphi + r\,\dot{\varphi}^2\cos\varphi \\ 0 \end{bmatrix} .$$

Coriolisbeschleunigung:

$$a_c = 2\boldsymbol{\Omega} \times \boldsymbol{v}_{rel} \qquad \to \qquad a_c = \begin{bmatrix} -2r\,\dot{\psi}\,\dot{\varphi}\sin\varphi \\ 2r\,\dot{\psi}\,\dot{\varphi}\cos\varphi \\ 0 \end{bmatrix}.$$

Einsetzen liefert:

$$a_P = \begin{bmatrix} -r\,\ddot{\psi}(1-\cos\varphi) - r(\dot{\psi}+\dot{\varphi})^2\sin\varphi + r\,\ddot{\varphi}\cos\varphi \\ -r\,\dot{\psi}^2 + r(\dot{\psi}+\dot{\varphi})^2\cos\varphi + r(\ddot{\psi}+\ddot{\varphi})\sin\varphi \\ 0 \end{bmatrix}.$$

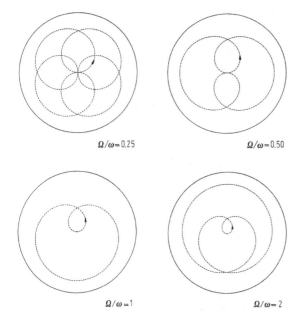

$\Omega/\omega = 0{,}25$ $\qquad\qquad\qquad$ $\Omega/\omega = 0{,}50$

$\Omega/\omega = 1$ $\qquad\qquad\qquad$ $\Omega/\omega = 2$

Bahnkurven von $P\,(\Omega = \dot{\psi} = \text{const}, \ \omega = \dot{\varphi} = \text{const})$

Lösung III.4.5 Wir beschreiben die Bewegung des Klotzes in einem scheiben-festen x, y-Koordinatensystem.

Beschleunigung des Klotzes:

$$a_K = a_f + a_{rel} + a_c.$$

Führungs-, Relativ- und Coriolisbeschleunigung:

$$\boldsymbol{a}_{\mathrm{f}} = \begin{bmatrix} -x\,\Omega^2 \\ 0 \end{bmatrix}, \quad \boldsymbol{a}_{\mathrm{rel}} = \begin{bmatrix} \ddot{x} \\ 0 \end{bmatrix}, \quad \boldsymbol{a}_{\mathrm{c}} = \begin{bmatrix} 0 \\ 2\Omega\,\dot{x} \end{bmatrix}.$$

Einsetzen liefert:

$$\boldsymbol{a}_{\mathrm{K}} = \begin{bmatrix} \ddot{x} - \Omega^2\,x \\ 2\Omega\,\dot{x} \end{bmatrix}.$$

Kraft auf den Klotz:

$$\boldsymbol{F} = \begin{bmatrix} 0 \\ F_{\mathrm{y}} \end{bmatrix}.$$

Bewegungsgleichung:

$$m\,\boldsymbol{a}_{\mathrm{K}} = \boldsymbol{F}.$$

Bewegungsgleichung in x-Richtung:

$$m(\ddot{x} - \Omega^2\,x) = 0 \qquad \rightarrow \quad \ddot{x} - \Omega^2\,x = 0.$$

Allgemeine Lösung:

$$x(t) = A \cosh \Omega t + B \sinh \Omega t.$$

Anfangsbedingungen:

$$x(0) = a \qquad \rightarrow \quad A = a,$$
$$\dot{x}(0) = 0 \qquad \rightarrow \quad B = 0.$$

Einsetzen liefert:

$$x(t) = a \cosh \Omega t.$$

Erreichen des Randes:

$$x(t_{\mathrm{R}}) = r \qquad \rightarrow \quad \cosh \Omega t_{\mathrm{R}} = r/a.$$

Relativgeschwindigkeit:

$$\dot{x}(t_R) = a\,\Omega\,\sinh\Omega t_R \qquad \rightarrow \qquad \boxed{\dot{x}(t_R) = \Omega\sqrt{r^2 - a^2}\,.}$$

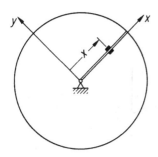

Lösung III.4.6 Wir idealisieren die Kugel als Massenpunkt und beschreiben ihre Bewegung in einem ringfesten x, y, z-Koordinatensystem.

Beschleunigung der Kugel:

$$a_K = a_f + a_{rel} + a_c\,.$$

Führungsbeschleunigung:

$$a_f = \begin{bmatrix} 0 \\ -r\,\Omega^2\sin\varphi \\ 0 \end{bmatrix}\,.$$

Relativbeschleunigung:

$$a_{rel} = \begin{bmatrix} -r\,\dot{\varphi}^2\cos\varphi - r\,\ddot{\varphi}\sin\varphi \\ -r\,\dot{\varphi}^2\sin\varphi + r\,\ddot{\varphi}\cos\varphi \\ 0 \end{bmatrix}\,.$$

Winkelgeschwindigkeit des Rings:

$$\boldsymbol{\Omega} = \begin{bmatrix} \Omega \\ 0 \\ 0 \end{bmatrix}\,.$$

Relativgeschwindigkeit:

$$v_{\text{rel}} = \begin{bmatrix} -r\,\dot{\varphi}\,\sin\varphi \\ r\,\dot{\varphi}\,\cos\varphi \\ 0 \end{bmatrix}.$$

Coriolisbeschleunigung:

$$a_{\text{c}} = 2\boldsymbol{\Omega} \times v_{\text{rel}} \quad \rightarrow \quad a_{\text{c}} = \begin{bmatrix} 0 \\ 0 \\ 2r\,\Omega\,\dot{\varphi}\cos\varphi \end{bmatrix}.$$

Eingeprägte Kraft:

$$G = \begin{bmatrix} -m\,g \\ 0 \\ 0 \end{bmatrix}.$$

Normalkraft:

$$N = \begin{bmatrix} N_{\text{x}} \\ N_{\text{y}} \\ N_{\text{z}} \end{bmatrix} \quad \text{mit} \quad N_{\text{y}}/N_{\text{x}} = \tan\varphi.$$

Bewegungsgleichung:

$$m\,a_{\text{K}} = G + N.$$

Einsetzen liefert:

$$-m(r\,\dot{\varphi}^2\,\cos\varphi + r\,\ddot{\varphi}\,\sin\varphi) = -m\,g + N_{\text{x}},$$

$$-m(r\,\dot{\varphi}^2\,\sin\varphi - r\,\ddot{\varphi}\,\cos\varphi + r\,\Omega^2\,\sin\varphi) = N_{\text{x}}\tan\varphi,$$

$$2m\,r\,\Omega\,\dot{\varphi}\,\cos\varphi = N_{\text{z}}.$$

Bedingung für Gleichgewichtslagen relativ zum Ring:

$$\dot{\varphi} = 0, \quad \ddot{\varphi} = 0 \quad \rightarrow \quad \left(r\,\Omega^2 + \frac{g}{\cos\varphi}\right)\sin\varphi = 0.$$

Gleichgewichtslagen:

$$\varphi_1 = 0\,, \qquad \varphi_2 = \pi\,, \qquad \varphi_{3,4} = \pi \pm \arccos \frac{g}{r\,\Omega^2}\,.$$

Die Gleichgewichtslagen $\varphi_{3,4}$ existieren nur für $\Omega^2 > g/r$.

Lösung III.4.7 Bei der Lösung wird ein in A von der Kulisse mitgeführtes x,y-Koordinatensystem benutzt.

Geometrie:

$$a = \sqrt{16l^2 + 9l^2} = 5l\,, \quad \sin\beta = 3/5\,, \quad \cos\beta = 4/5\,.$$

Geschwindigkeit von C:

$$\boldsymbol{v}_C = 3l\,\omega \begin{bmatrix} \cos\beta \\ -\sin\beta \end{bmatrix} \quad \rightarrow \quad \boldsymbol{v}_C = \frac{3l\,\omega}{5} \begin{bmatrix} 4 \\ -3 \end{bmatrix}\,.$$

Beschleunigung von C:

$$\boldsymbol{a}_C = \boldsymbol{a}_{Cn} + \boldsymbol{a}_{Ct} = 3l\,\omega^2 \begin{bmatrix} -\sin\beta \\ -\cos\beta \end{bmatrix} + 3l\,\alpha \begin{bmatrix} \cos\beta \\ -\sin\beta \end{bmatrix}$$

$$\rightarrow \quad \boldsymbol{a}_C = \frac{3l}{5} \begin{bmatrix} -3\omega^2 + 4\alpha \\ -4\omega^2 - 3\alpha \end{bmatrix}\,.$$

Führungsgeschwindigkeit der Kulisse in C und Relativgeschwindigkeit von C gegenüber Kulisse:

$$\boldsymbol{v}_f = \dot\beta\,l \begin{bmatrix} 0 \\ 5 \end{bmatrix}\,, \quad \boldsymbol{v}_{rel} = v_{rel} \begin{bmatrix} 1 \\ 0 \end{bmatrix}\,.$$

Auswertung:

$$\boldsymbol{v}_C = \boldsymbol{v}_f + \boldsymbol{v}_{rel} \quad \rightarrow \quad \frac{3l\,\omega}{5} \begin{bmatrix} 4 \\ -3 \end{bmatrix} = \dot\beta\,l \begin{bmatrix} 0 \\ 5 \end{bmatrix} + v_{rel} \begin{bmatrix} 1 \\ 0 \end{bmatrix}$$

$$\rightarrow \quad \omega_K = \dot\beta = -\frac{9}{25}\,\omega\,, \qquad \boldsymbol{v}_{rel} = \frac{12}{5}\,\omega\,l \begin{bmatrix} 1 \\ 0 \end{bmatrix}\,.$$

Führungsbeschleunigung der Kulisse in C, Coriolisbeschleunigung und Relativbeschleunigung von C gegenüber der Kulisse:

$$a_\mathrm{f} = 5l \begin{bmatrix} -\dot{\beta}^2 \\ \ddot{\beta} \end{bmatrix}, \quad a_\mathrm{cor} = 2\omega_\mathrm{K} \times v_\mathrm{rel} = 2\omega_\mathrm{K}\, v_\mathrm{rel} \begin{bmatrix} 0 \\ 1 \end{bmatrix} = -\frac{216}{125}\, \omega^2 l \begin{bmatrix} 0 \\ 1 \end{bmatrix},$$

$$a_\mathrm{rel} = a_\mathrm{rel} \begin{bmatrix} 1 \\ 0 \end{bmatrix}.$$

Auswertung:

$$a_C = a_\mathrm{f} + a_\mathrm{cor} + a_\mathrm{rel}$$

$$\rightarrow \quad \frac{3l}{5} \begin{bmatrix} -3\,\omega^2 + 4\alpha \\ -4\omega^2 - 3\alpha \end{bmatrix} = l \begin{bmatrix} -81\omega^2/125 \\ \ddot{\beta} \end{bmatrix} - \frac{216}{125}\, \omega^2 l \begin{bmatrix} 0 \\ 1 \end{bmatrix} + a_\mathrm{rel} \begin{bmatrix} 1 \\ 0 \end{bmatrix}$$

$$\rightarrow \quad a_\mathrm{rel} = l\left(\frac{12}{5}\alpha - \frac{144}{125}\omega^2\right) \begin{bmatrix} 1 \\ 0 \end{bmatrix}, \quad \dot{\omega}_\mathrm{K} = \ddot{\beta} = -\frac{9}{5}\alpha - \frac{84}{125}\omega^2.$$

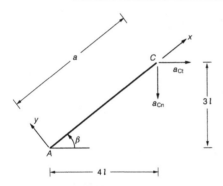

III.5   Kinetik des starren Körpers

Lösung III.5.1

Massenträgheitsmoment:

$$\Theta_\mathrm{a} = \Theta_1 + \Theta_2.$$

Bereich $r_1 \le r \le r_2$:

$$\Theta_1 = \varrho\, r_2^2\, \pi\, b_0\, r_2^2/2 - \varrho\, r_1^2\, \pi\, b_0\, r_1^2/2 \quad \rightarrow \quad \Theta_1 = \pi\, \varrho\, b_0\, (r_2^4 - r_1^4)/2.$$

Bereich $r_2 \leq r \leq r_3$:

$$\Theta_2 = \int r^2 \, dm = \varrho \int r^2 \, dV \,.$$

Volumenelement:

$$dV = 2\pi \, r \, dr \, b(r) = 2\pi \, b_0 \, r_2 \, dr$$

$$\rightarrow \quad \Theta_2 = 2\pi \, \varrho \, b_0 \, r_2 \int\limits_{r_2}^{r_3} r^2 \, dr = 2\pi \, \varrho \, b_0 \, r_2 (r_3^3 - r_2^3)/3 \,.$$

Einsetzen liefert:

$$\Theta_a = \pi \, \varrho \, b_0 [(r_2^4 - r_1^4)/2 + 2 r_2 (r_3^3 - r_2^3)/3] \,.$$

Lösung III.5.2

Bewegungsgleichung für die Rolle:

$$\stackrel{\frown}{A}: \quad \Theta_A \, \ddot{\varphi} = S_1 \, r_1 + S_2 \, r_2 \,.$$

Bewegungsgleichungen für die Gewichte:

$$\downarrow: \quad m_1 \, \ddot{x}_1 = m_1 \, g - S_1 \,,$$
$$\downarrow: \quad m_2 \, \ddot{x}_2 = m_2 \, g - S_2 \,.$$

Kinematik:

$$\dot{x}_1 = r_1 \, \dot{\varphi} \,, \qquad \dot{x}_2 = r_2 \, \dot{\varphi} \,.$$

Auflösen liefert:

$$S_1 = m_1 \, g \, \frac{\Theta_A - m_2 \, r_2 (r_1 - r_2)}{\Theta_A + m_1 \, r_1^2 + m_2 \, r_2^2} \,,$$

$$S_2 = m_2 \, g \, \frac{\Theta_A + m_1 \, r_1 (r_1 - r_2)}{\Theta_A + m_1 \, r_1^2 + m_2 \, r_2^2} > 0 \,.$$

Forderung:

$$S_1 > 0 \quad \rightarrow \quad \Theta_A > m_2 \, r_2 (r_1 - r_2) \,.$$

Für $\Theta_A < m_2\, r_2(r_1 - r_2)$ wird der äußere Faden schlaff.

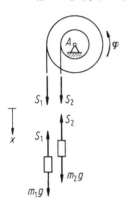

Lösung III.5.3

Massenträgheitsmomente:

$$\Theta_1 = m\, r_1^2/2\,, \qquad \Theta_2 = m\, r_2^2/2\,.$$

Drallerhaltung:

$$\Theta_2\, \omega_2 = (\Theta_1 + \Theta_2)\bar{\omega} \qquad \rightarrow \qquad \bar{\omega} = \frac{r_2^2}{r_1^2 + r_2^2}\, \omega_2\,.$$

Änderung der kinetischen Energie:

$$\Delta E_k = \frac{1}{2}\,(\Theta_1 + \Theta_2)\bar{\omega}^2 - \frac{1}{2}\,\Theta_2\, \omega_2^2 \qquad \rightarrow \qquad \Delta E_k = -\frac{1}{4}\, m\, \omega_2^2\, \frac{r_1^2\, r_2^2}{r_1^2 + r_2^2}\,.$$

Lösung III.5.4 Die Winkelgeschwindigkeit bzw. den Drehwinkel des Karussells bezeichnen wir mit ω_K bzw. φ_K, die relative Winkelgeschwindigkeit bzw. den relativen Winkel des Kindes bezüglich des Karussells mit ω_{rel} bzw. φ_{rel}.

Massenträgheitsmoment des Karussells:

$$\Theta_0 = M\, r^2/2\,.$$

Drehimpuls bezüglich des Karussellmittelpunkts:

$$L^{(0)} = \Theta_0\, \omega_{\mathrm{K}} + m\, r^2(\omega_{\mathrm{K}} + \omega_{\mathrm{rel}})\,.$$

Drehimpulssatz:

$$\frac{\mathrm{d}L^{(0)}}{\mathrm{d}t} = 0 \qquad \rightarrow \qquad L^{(0)} = \mathrm{const}\,.$$

Anfangsbedingung:

$$L^{(0)}(0) = 0 \qquad \rightarrow \qquad L^{(0)} \equiv 0\,.$$

Integration:

$$\int\limits_0^t L^{(0)}\, \mathrm{d}\bar{t} = 0 \qquad \rightarrow \qquad \Theta_0\, \varphi_{\mathrm{K}} + m\, r^2(\varphi_{\mathrm{K}} + \varphi_{\mathrm{rel}}) = 0\,.$$

Relativer Winkel:

$$\varphi_{\mathrm{rel}} = 2\pi \qquad \rightarrow \qquad \varphi_{\mathrm{K}} = -\frac{2\pi}{\dfrac{M}{2m} + 1}\,.$$

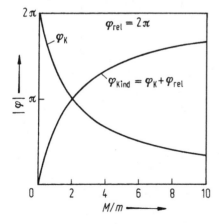

Lösung III.5.5

Geometrie:

$$b(x) = b_0\left(1 + \frac{x}{l}\right) , \quad A(x) = a\,b_0\left(1 + \frac{x}{l}\right) ,$$

$$V(x) = \frac{1}{2}\,a\,b_0\left(2 + \frac{x}{l}\right)x .$$

Schwerpunktskoordinate:

$$x_s = \frac{\int \xi\,dV}{\int dV} = \frac{\int_0^x \xi\,A(\xi)\,d\xi}{\int_0^x A(\xi)\,d\xi} \quad \rightarrow \quad x_s = \frac{x(3l + 2x)}{3(2l + x)} .$$

Normalbeschleunigung:

$$a_n(x_s) = (l - x_s)\omega^2 .$$

Normalkraft:

$$N(x) = m(x)\,a_n(x_s) = \varrho\,V(x)\,a_n(x_s) .$$

Spannung an der Stelle x:

$$\sigma(x) = \frac{N(x)}{A(x)} \quad \rightarrow \quad \sigma(x) = \varrho\,\omega^2\,\frac{x(3l^2 - x^2)}{3(l + x)} .$$

Spannung an der Einspannstelle $x = l$:

$$\sigma(l) = \varrho\,l^2\,\omega^2/3 .$$

Lösung III.5.6 Vor Beginn des Rutschvorgangs führt der Quader eine reine Rotation um den Punkt B aus.

Massenträgheitsmoment bezüglich Achse durch S:

$$\Theta_S = \varrho\, c\, I_p \qquad\qquad \rightarrow \quad \Theta_S = \varrho\, c \left(\frac{b\,h^3}{12} + \frac{h\,b^3}{12}\right) = \frac{5}{12}\, m\,h^2\,.$$

Massenträgheitsmoment bezüglich Achse durch B:

$$\Theta_B = \Theta_S + \left(\frac{h}{2}\right)^2 m \qquad\qquad \rightarrow \quad \Theta_B = \frac{2}{3}\, m\,h^2\,.$$

Drehimpulssatz:

$$\overset{\frown}{B}: \quad \Theta_B\, \ddot{\varphi} = m\,g\,\frac{h}{2}\,\sin\varphi\,.$$

Zeitfreie Integration:

$$\int_0^{\dot\varphi} \dot{\bar\varphi}\, \mathrm{d}\dot{\bar\varphi} = \frac{m\,g\,h}{2\Theta_B} \int_0^{\varphi} \sin\bar\varphi \,\mathrm{d}\bar\varphi \qquad \rightarrow \quad \dot{\varphi}^2 = \frac{3g}{2h}\,(1-\cos\varphi)\,.$$

Beschleunigung des Schwerpunkts (natürliche Koordinaten):

$$a_n = \frac{h}{2}\,\dot{\varphi}^2\,, \qquad a_t = \frac{h}{2}\,\ddot{\varphi}\,.$$

Schwerpunktsatz:

$$\swarrow: \quad m\,a_n = m\,g\cos\varphi - N \quad \rightarrow \quad N = m\,g(7\cos\varphi - 3)/4\,,$$

$$\searrow: \quad m\,a_t = m\,g\sin\varphi - H \quad \rightarrow \quad H = 5m\,g\sin\varphi/8\,.$$

Haftbedingung:

$$H \le \mu_0\, N \qquad\qquad \rightarrow \quad 7\cos\varphi - 5\sin\varphi \ge 3\,.$$

Ablesen liefert:

$$\varphi_1 = 0{,}19\pi \,\hat{=}\, 34°\,.$$

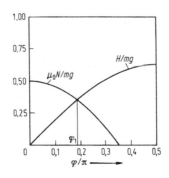

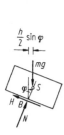

Lösung III.5.7

Massenträgheitsmomente:

$$\Theta_B = m_1 r_1^2/2, \qquad \Theta_C = m_2 r_2^2/2.$$

Kräftegleichgewicht im Punkt A:

$\rightarrow: \quad \boxed{S_1 = F.}$

Bewegungsgleichung für die Rolle:

$\overset{\frown}{B}: \quad \Theta_B \ddot{\varphi}_1 = S_1 r_1 - S_2 r_1.$

Bewegungsgleichungen für den Zylinder:

$\overset{\frown}{C}: \quad \Theta_C \ddot{\varphi}_2 = S_2 r_2 - S_3 r_2,$

$\uparrow: \quad m_2 \ddot{y}_C = S_2 + S_3 - m_2 g.$

Kinematik:

$$\dot{x} = r_1 \dot{\varphi}_1, \quad \dot{y}_C = r_2 \dot{\varphi}_2, \qquad \dot{x} = 2 r_2 \dot{\varphi}_2.$$

Auflösen liefert:

$$S_2 = \frac{3F + 2m_1 g}{3 + 4m_1/m_2}, \qquad S_3 = \frac{F + (2m_1 + m_2)g}{3 + 4m_1/m_2},$$

$$\ddot{x} = \frac{8F/m_2 - 4g}{3 + 4m_1/m_2}.$$

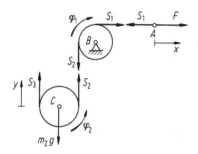

Lösung III.5.8 Zunächst rutscht die Walze. Dabei sind die Winkelbeschleunigung $\ddot{\varphi}$ und die Beschleunigung $\ddot{x}_S$ des Schwerpunkts unabhängig voneinander. Der Rutschvorgang ist zu Ende, wenn der Berührpunkt B der Walze mit der Unterlage die Geschwindigkeit v_0 erreicht hat. Anschließend rollt die Walze mit konstanter Geschwindigkeit und konstanter Winkelgeschwindigkeit auf der Unterlage.

Massenträgheitsmoment:

$$\Theta_S = m\,r^2/2\,.$$

Bewegungsgleichungen:

$\rightarrow:\quad m\,\ddot{x}_S = R\,,$

$\uparrow:\quad 0 = N - m\,g \quad \rightarrow \quad N = m\,g\,,$

$\overset{\frown}{S}:\quad \Theta_S\,\ddot{\varphi} = R\,r\,.$

Reibungsgesetz:

$$R = \mu\,N \qquad \rightarrow \quad R = \mu\,m\,g\,.$$

Auflösen liefert:

$$\ddot{x}_S = \mu\,g\,, \qquad \ddot{\varphi} = 2\,\frac{\mu\,g}{r}\,.$$

Schwerpunktsgeschwindigkeit:

$$\dot{x}_S = \mu\,g\,t + \dot{x}_S(0) \quad \rightarrow \quad \dot{x}_S = \mu\,g\,t\,.$$

Winkelgeschwindigkeit:

$$\dot{\varphi} = 2\frac{\mu g}{r}t + \dot{\varphi}(0) \qquad \rightarrow \qquad \dot{\varphi} = 2\frac{\mu g}{r}t.$$

Geschwindigkeit des Berührpunkts B:

$$\dot{x}_B = \dot{x}_S + r\dot{\varphi} \qquad \rightarrow \qquad \dot{x}_B = 3\mu g t.$$

Ende des Rutschvorgangs:

$$\dot{x}_B = v_0 \qquad \rightarrow \qquad t^* = \frac{v_0}{3\mu g}.$$

Maximale Schwerpunktsgeschwindigkeit:

$$\dot{x}_{S\,max} = \dot{x}_S(t^*) \qquad \rightarrow \qquad \boxed{\dot{x}_{S\,max} = v_0/3.}$$

Maximale Winkelgeschwindigkeit:

$$\dot{\varphi}_{max} = \dot{\varphi}(t^*) \qquad \rightarrow \qquad \boxed{\dot{\varphi}_{max} = \frac{2v_0}{3r}.}$$

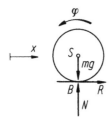

Lösung III.5.9

Beschleunigung des Schwerpunkts:

$$\boldsymbol{a}_S = \boldsymbol{a}_A + \boldsymbol{a}_{AS}^r + \boldsymbol{a}_{AS}^\varphi \quad \text{mit} \quad a_A = a_0, \quad a_{AS}^r = b\dot{\varphi}^2, \quad a_{AS}^\varphi = b\ddot{\varphi}.$$

Schwerpunktsatz:

$$\swarrow: \quad m(b\ddot{\varphi} - a_0\cos\varphi) = A_t.$$

Drallsatz:

$$\overset{\frown}{S}: \quad \Theta_S \ddot\varphi = -A_t b.$$

Massenträgheitsmoment bezüglich S:

$$\Theta_S = \Theta_A - m b^2.$$

Auflösen liefert:

$$\ddot\varphi = \frac{m a_0 b}{\Theta_A} \cos\varphi.$$

Integration:

$$\frac{1}{2}\dot\varphi^2(\varphi) = \frac{m a_0 b}{\Theta_A}\sin\varphi \quad \rightarrow \quad \dot\varphi\left(\frac{\pi}{2}\right) = \sqrt{\frac{2m a_0 b}{\Theta_A}}.$$

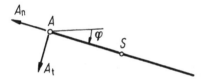

Lösung III.5.10

Energiesatz:

$$E_k + E_p = \text{const.}$$

Kinetische Energie:

$$E_k = (m_1 + m_2 + m_3)\dot x^2/2 + (\Theta_1 + \Theta_2)\dot\varphi^2/2.$$

Potentielle Energie:

$$E_p = -(m_1 + m_2 + m_3)g\,x\sin\alpha.$$

Kinematik:

$$\dot{x} = r\,\dot{\varphi}\,.$$

Massenträgheitsmomente:

$$\Theta_1 = 2m_1\,r^2/5\,, \qquad \Theta_2 = m_2\,r^2/2\,.$$

Einsetzen liefert:

$$(7m_1/10 + 3m_2/4 + m_3/2)\dot{x}^2 - (m_1 + m_2 + m_3)g\,x\,\sin\alpha = \text{const.}$$

Differentiation des Energiesatzes:

$$2(7m_1/10 + 3m_2/4 + m_3/2)\dot{x}\,\ddot{x} - (m_1 + m_2 + m_3)g\,\dot{x}\sin\alpha = 0$$

$$\rightarrow \quad \ddot{x} = \frac{(m_1 + m_2 + m_3)\sin\alpha}{7m_1/5 + 3m_2/2 + m_3}\,g\,.$$

Lösung III.5.11

Energiesatz:

$$E_\mathrm{k} + E_\mathrm{p} = \text{const.}$$

Kinetische Energie:

$$E_\mathrm{k} = m\,\dot{x}^2/2 + \Theta_\mathrm{R}\,\omega_\mathrm{R}^2/2 + 6(m\,v_\mathrm{Z}^2/2 + \Theta_\mathrm{Z}\,\omega_\mathrm{Z}^2/2)\,.$$

Potentielle Energie:

$$E_\mathrm{p} = -m\,g\,x\,.$$

Kinematik:

$$\dot{x} = r_\mathrm{R}\,\omega_\mathrm{R}\,, \qquad v_\mathrm{Z} = r_\mathrm{Z}\,\omega_\mathrm{Z}\,, \qquad \dot{x} = 2v_\mathrm{Z}\,.$$

Massenträgheitsmomente:

$$\Theta_R = m\, r_R^2\,, \qquad \Theta_Z = m\, r_Z^2/2\,.$$

Einsetzen liefert:

$$17\dot{x}^2/8 - g\,x = \text{const.}$$

Differentiation des Energiesatzes:

$$17\dot{x}\,\ddot{x}/4 - g\,\dot{x} = 0 \quad \rightarrow \quad \boxed{\ddot{x} = 4g/17\,.}$$

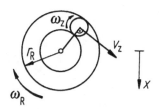

Lösung III.5.12 Wir bezeichnen die Beschleunigung der Platte bzw. des Schwerpunkts der Scheibe mit $\ddot{x}_1$ bzw. $\ddot{x}_2$.

Massenträgheitsmoment:

$$\Theta_S = m\, r^2/2\,.$$

Bewegungsgleichungen für die Kreisscheibe:

$$\swarrow:\ m\,\ddot{x}_2 \;=\; m\,g\sin\alpha - H\,,$$

$$\nwarrow:\ 0 \;=\; N_2 - m\,g\cos\alpha \qquad\qquad \rightarrow \quad N_2 = m\,g\cos\alpha\,,$$

$$\widehat{S}:\ \Theta_S\,\ddot{\varphi} \;=\; H\,r\,.$$

Bewegungsgleichungen für die Platte:

$$\swarrow:\ m\,\ddot{x}_1 \;=\; m\,g\sin\alpha - R + H\,,$$

$$\nwarrow:\ 0 \;=\; N_1 - N_2 - m\,g\cos\alpha \qquad \rightarrow \quad N_1 = 2m\,g\cos\alpha\,.$$

Reibungsgesetz:

$$R = \mu \, N_1 \qquad\qquad \rightarrow \quad R = 2\mu \, m \, g \cos \alpha \, .$$

Kinematik:

$$\dot{x}_2 = \dot{x}_1 + r \, \dot{\varphi} \, .$$

Auflösen liefert:

$$\ddot{x}_1 = g(\sin \alpha - \tfrac{3}{2}\mu \cos \alpha) \, ,$$

$$\ddot{x}_2 = g(\sin \alpha - \tfrac{1}{2}\mu \cos \alpha) \, ,$$

$$\ddot{\varphi} = \frac{\mu \, g}{r} \cos \alpha \, .$$

Haftungskraft:

$$H = \frac{1}{r} \, \Theta_S \, \ddot{\varphi} \quad \rightarrow \quad H = \frac{1}{2} \, \mu \, m \, g \cos \alpha \, .$$

Haftbedingung:

$$H \leq \mu_0 \, N_2 \quad \rightarrow \quad \mu_0 \geq \mu/2 \, .$$

Für $\mu = 0$ wird $\ddot{\varphi} = 0$. Dann ist die Relativgeschwindigkeit zwischen der Kreisscheibe und der Platte Null.

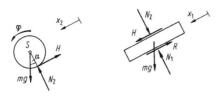

Lösung III.5.13 Wir bezeichnen die Horizontal- bzw. die Vertikalbeschleunigung des Schwerpunkts der Kugel mit $\ddot{x}_1$ bzw. $\ddot{y}_1$.

Massenträgheitsmoment:

$$\Theta_S = 2m_1 \, r^2 / 5 \, .$$

Drallsatz für die Kugel:

$$\widehat{S}: \quad \Theta_S \ddot{\varphi} = H r \,.$$

Schwerpunktsatz für die Kugel:

$$\rightarrow: \quad m_1 \ddot{x}_1 = -H \cos\alpha + N_1 \sin\alpha \,,$$

$$\uparrow: \quad m_1 \ddot{y}_1 = H \sin\alpha + N_1 \cos\alpha - m_1 g \,.$$

Schwerpunktsatz für den Keil:

$$\rightarrow: \quad m_2 \ddot{x}_2 = H \cos\alpha - N_1 \sin\alpha \,.$$

Kinematik:

$$\dot{x}_1 = \dot{x}_2 + r\,\dot{\varphi}\cos\alpha \,, \qquad \dot{y}_1 = -r\,\dot{\varphi}\sin\alpha \,.$$

Auflösen liefert:

$$\ddot{\varphi} = \frac{\dfrac{g}{r}\sin\alpha}{\dfrac{7}{5} - \dfrac{m_1}{m_1 + m_2}\cos^2\alpha} \,.$$

Der Schwerpunkt des Gesamtsystems hat eine konstante Geschwindigkeit $(m_1 \ddot{x}_1 + m_2 \ddot{x}_2 = 0)$.

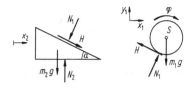

Lösung III.5.14 Wir bezeichnen den Gesamtschwerpunkt von Rahmen und Kind mit S_V.

Bewegungsgleichungen für den Rahmen mit Kind:

$$\leftarrow: \quad 2m\,\ddot{x}/3 \;=\; A_x \,,$$

$$\uparrow: \quad 2m\,\ddot{y}/3 \;=\; N_1 + A_y - 2m\,g/3 \,,$$

$$\widehat{S_V}: \quad \Theta_V\,\ddot{\psi} \;=\; 2r\,A_y - 2r\,A_x - 2r\,N_1 - M_0 \,.$$

Bewegungsgleichungen für das Rad:

$$\leftarrow:\ m\,\ddot{x}/3\ =\ H - A_{\mathrm{x}}\,,$$

$$\uparrow:\ m\,\ddot{y}/3\ =\ N_2 - A_{\mathrm{y}} - m\,g/3\,,$$

$$\overset{\frown}{A}:\ \Theta_{\mathrm{A}}\,\ddot{\varphi}\ =\ M_0 - r\,H\,.$$

Massenträgheitsmoment:

$$\Theta_{\mathrm{A}} = m\,r^2/6\,.$$

Kinematik:

$$\ddot{y} = 0\,,\qquad \ddot{\psi} = 0\,,\qquad \ddot{x} = r\,\ddot{\varphi}\,.$$

Auflösen liefert:

$$\ddot{x} = \frac{6M_0}{7m\,r}\,,\qquad\qquad H = \frac{6M_0}{7r}\,,$$

$$N_1 = \frac{m\,g}{3} - \frac{15M_0}{28r}\,,\qquad N_2 = \frac{2m\,g}{3} + \frac{15M_0}{28r}\,.$$

Abheben der Gleitschiene:

$$N_1 = 0 \qquad\rightarrow\qquad M_0/r = 28m\,g/45\,.$$

Haftbedingung:

$$H \le \mu_0\,N_2 \qquad\rightarrow\qquad \mu_0 \ge 8/15\,.$$

Mit dem Abheben der Gleitschiene ändern sich die kinematischen Gleichungen.

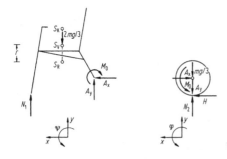

Lösung III.5.15

Massenträgheitsmoment des Stabs:

$$\Theta_A = M\,l^2/3\,.$$

Energiesatz:

$$M\,g\,l/2 = \Theta_A\,\omega^2/2 - M\,g\,l/2 \quad \rightarrow \quad \boxed{\omega = \sqrt{6g/l}\,.}$$

Energieerhaltung beim Stoß:

$$\Theta_A\,\omega^2/2 = \Theta_A\,\bar\omega^2/2 + m\,\bar v^2/2\,.$$

Drehimpulserhaltung beim Stoß:

$$\Theta_A\,\omega = \Theta_A\,\bar\omega + m\,l\,\bar v\,.$$

Auflösen liefert:

$$\boxed{\bar\omega = \frac{M - 3m}{M + 3m}\,\omega\,, \qquad \bar v = \frac{2l\,M}{M + 3m}\,\omega\,.}$$

Lösung III.5.16

Energiesatz:

$$m\,g\,l/2 = \Theta_A\,\dot\varphi^2/2 \quad \rightarrow \quad \dot\varphi^2 = 3g/l\,.$$

Impulssatz:

$$\rightarrow: \quad m(\bar{\dot x}_S - \dot x_S) = \hat A_H\,,$$
$$\uparrow: \quad m(\bar{\dot y}_S - \dot y_S) = \hat A_V + \hat B\,.$$

Drehimpulssatz:

$$\overset{\frown}{A}: \quad \Theta_A\,(\bar{\dot\varphi} - \dot\varphi) = -\hat B\,l\,.$$

Geschwindigkeiten vor dem Stoß:

$$\dot{x}_S = 0, \quad \dot{y}_S = -\frac{l}{2}\sqrt{3g/l}, \quad \dot{\varphi} = \sqrt{3g/l}.$$

Geschwindigkeiten nach dem Stoß:

$$\bar{\dot{x}}_S = 0, \quad \bar{\dot{y}}_S = 0, \quad \bar{\dot{\varphi}} = 0.$$

Einsetzen und Auflösen liefert:

$$\hat{A}_H = 0, \qquad \hat{A}_V = m\sqrt{3gl}/6, \qquad \hat{B} = m\sqrt{3gl}/3.$$

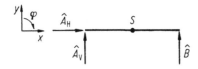

Lösung III.5.17

Energiesatz:

$$m\,g\,l/2 = \Theta_A\,\dot{\varphi}^2/2 \quad \rightarrow \quad \dot{\varphi}^2 = 3g/l.$$

Impulssatz:

$$\rightarrow: \quad m(\bar{\dot{x}}_S - \dot{x}_S) = \hat{A}_H,$$

$$\uparrow: \quad m(\bar{\dot{y}}_S - \dot{y}_S) = \hat{A}_V + \hat{C}.$$

Drehimpulssatz:

$$\overset{\curvearrowleft}{A}: \quad \Theta_A\,(\bar{\dot{\varphi}} - \dot{\varphi}) = -\hat{C}\,a.$$

Geschwindigkeiten vor dem Stoß:

$$\dot{x}_S = 0, \quad \dot{y}_S = -\sqrt{3gl}/2, \quad \dot{\varphi} = \sqrt{3g/l}.$$

Stoßbedingung:

$$e = -\frac{\bar{\dot{y}}_C}{\dot{y}_C} \quad \rightarrow \quad \bar{\dot{\varphi}} = -e\,\dot{\varphi}.$$

Geschwindigkeiten nach dem Stoß:

$$\bar{x}_S = 0, \quad \bar{y}_S = e\sqrt{3gl}/2, \quad \bar{\dot{\varphi}} = -e\sqrt{3g/l}.$$

Einsetzen und Auflösen liefert:

$$\hat{A}_H = 0, \quad \hat{A}_V = \frac{(1+e)(3a-2l)\,m}{6a}\sqrt{3gl}, \quad \hat{C} = \frac{(1+e)m\,l}{3a}\sqrt{3gl}.$$

Verschwindender Kraftstoß im Lager A:

$$\hat{A}_V = 0 \quad \rightarrow \quad \boxed{a = 2l/3.}$$

Änderung der kinetischen Energie:

$$\Delta E_k = -(1-e^2)m\,g\,l/2.$$

Anm.: Für $a = l$ und $e = 0$ erhält man die Ergebnisse der Aufgabe III.5.16.

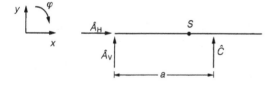

Lösung III.5.18

Impulssatz:

$$\rightarrow: \quad m(\bar{v} - v_0) = -\hat{F}.$$

Massenträgheitsmoment:

$$\Theta_0 = 16M\,r^2/3.$$

Drehimpulssatz:

$$\widehat{0}: \quad \Theta_0(\bar{\dot{\varphi}} - 0) = 3r\,\hat{F}.$$

Stoßbedingung:

$$1 = -\frac{3r\,\bar{\dot{\varphi}} - \bar{v}}{0 - v_0}.$$

Auflösen liefert:

$$\bar{\dot{\varphi}} = \frac{18}{27 + 16M/m}\frac{v_0}{r}\,, \qquad \bar{v} = \frac{27 - 16M/m}{27 + 16M/m}\,v_0\,.$$

Bewegung der Scheibe nach dem Stoß:

$$x = \bar{v}\,t\,.$$

Bewegung des Kreuzes nach dem Stoß:

$$\varphi = \bar{\dot{\varphi}}\,t\,.$$

Zweiter Stoß zur Zeit t^*:

$$x(t^*) = 2r \quad \rightarrow \quad \bar{v}\,t^* = 2r\,,$$
$$\varphi(t^*) = \pi/2 \quad \rightarrow \quad \bar{\dot{\varphi}}\,t^* = \pi/2\,.$$

Elimination von t^*:

$$\frac{\bar{v}}{\bar{\dot{\varphi}}} = \frac{4r}{\pi} \quad \rightarrow \quad \frac{M}{m} = \frac{9}{16\pi}\,(3\pi - 8) \quad \rightarrow \quad \frac{M}{m} = 0,26\,.$$

Impulssatz:

$$\rightarrow: \quad m(\bar{\bar{v}} - \bar{v}) = \hat{\bar{F}}\,.$$

Drehimpulssatz:

$$\stackrel{\frown}{0}: \quad \Theta_0(\bar{\bar{\dot{\varphi}}} - \bar{\dot{\varphi}}) = -3r\hat{\bar{F}}\,.$$

Stoßbedingung:

$$1 = -\frac{3r\,\bar{\bar{\dot{\varphi}}} - \bar{\bar{v}}}{3r\,\bar{\dot{\varphi}} - \bar{v}}\,.$$

Auflösen liefert:

$$\bar{\bar{\varphi}} = 0\,, \quad \bar{\bar{v}} = v_0\,.$$

Für diesen Sonderfall bleibt das Kreuz nach dem zweiten Stoß in Ruhe.

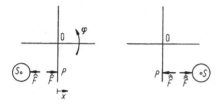

Lösung III.5.19 Da die Oberflächen glatt sind, bewegen sich beide Scheiben nach dem Stoß rein translatorisch, und $\bar{v}_2$ hat die Richtung der Stoßnormalen.

Impulssatz:

$$\searrow: \quad m_1(\bar{v}_{1x} - v_{1x}) = \hat{F}\,, \qquad m_2(\bar{v}_{2x} - v_{2x}) = -\hat{F}\,,$$
$$\nearrow: \quad m_1(\bar{v}_{1y} - v_{1y}) = 0\,, \qquad m_2(\bar{v}_{2y} - v_{2y}) = 0\,.$$

Komponenten der Schwerpunktsgeschwindigkeiten vor dem Stoß:

$$v_{1x} = -\sqrt{3}\,v_1/2\,, \qquad v_{2x} = 0\,,$$
$$v_{1y} = v_1/2\,, \qquad v_{2y} = 0\,.$$

Stoßbedingung:

$$e = -\frac{\bar{v}_{1x}^{P} - \bar{v}_{2x}^{P}}{v_{1x}^{P} - v_{2x}^{P}}\,.$$

Kinematik:

$$v_{1x}^{P} = v_{1x}\,, \qquad \bar{v}_{1x}^{P} = \bar{v}_{1x}\,, \qquad v_{2x}^{P} = v_{2x}\,, \qquad \bar{v}_{2x}^{P} = \bar{v}_{2x}\,.$$

Auflösen liefert:

$$\bar{v}_{1x} = -\frac{\sqrt{3}}{10}\,v_1\,, \qquad \bar{v}_{1y} = \frac{1}{2}\,v_1 \qquad \rightarrow \qquad \boxed{\bar{v}_1 = \frac{1}{5}\,\sqrt{7}\,v_1\,,}$$

$$\bar{v}_{2x} = -\frac{2}{5}\,\sqrt{3}\,v_1\,, \qquad \bar{v}_{2y} = 0 \qquad \rightarrow \qquad \boxed{\bar{v}_2 = \frac{2}{5}\,\sqrt{3}\,v_1\,.}$$

Richtung der Schwerpunktsgeschwindigkeit $\bar{v}_1$:

$$\tan\bar{\alpha} = \frac{\bar{v}_{1y}}{\bar{v}_{1x}} = -\frac{5}{3}\sqrt{3} \qquad\qquad \rightarrow \quad \boxed{\bar{\alpha} = 109°}.$$

Änderung der kinetischen Energie:

$$\Delta E_k = m\,\bar{v}_1^2/2 + m\,\bar{v}_2^2/2 - m\,v_1^2/2 \qquad \rightarrow \quad \boxed{\Delta E_k = -3m\,v_1^2/25}.$$

Es gehen 24% der kinetischen Energie verloren.

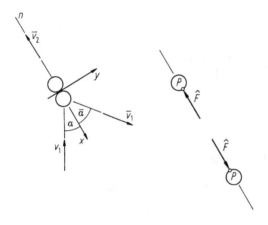

Lösung III.5.20 Während des Stoßes haftet die Scheibe im Stoßpunkt P.

Impulssatz:

$$\downarrow:\quad m(\bar{v}_x - v_x) = -\hat{F}_x,$$
$$\rightarrow:\quad m(\bar{v}_y - v_y) = -\hat{F}_y.$$

Drehimpulssatz:

$$\overset{\frown}{S}:\quad \Theta_S(\bar{\omega} - \omega) = -r\,\hat{F}_y.$$

Massenträgheitsmoment:

$$\Theta_S = m\,r^2/2.$$

Komponenten der Schwerpunktsgeschwindigkeit vor dem Stoß:

$$v_x = \frac{\sqrt{2}}{2} v, \qquad v_y = \frac{\sqrt{2}}{2} v.$$

Stoßbedingung:

$$e = -\frac{\bar{v}_x^P}{v_x^P} = 1 \quad \rightarrow \quad \bar{v}_x^P = -v_x^P.$$

Haftbedingung:

$$\bar{v}_y^P = 0.$$

Kinematik:

$$v_x^P = v_x, \qquad \bar{v}_x^P = \bar{v}_x, \qquad \bar{v}_y^P = \bar{v}_y + r\,\bar{\omega}.$$

Auflösen liefert:

$$\bar{v}_x = -v_x, \qquad \bar{v}_y = 2v_y/3 - r\,\omega/3.$$

Forderung:

$$\bar{\alpha} = 45° \qquad \rightarrow \quad \bar{v}_x = -\bar{v}_y.$$

Einsetzen liefert:

$$\omega = -\frac{\sqrt{2}}{2}\frac{v}{r}.$$

Drehzahl (bedeutet Umdrehungen pro Zeit):

$$n = \frac{|\omega|}{2\pi} \qquad \rightarrow \quad n = \frac{\sqrt{2}}{4\pi}\frac{v}{r}.$$

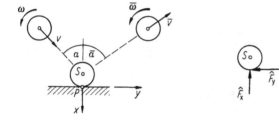

Lösung III.5.21 Es treten keine Kraftstöße in y-Richtung auf ($\hat{A}_y = \hat{B}_y = 0$), da die Schwerpunktgeschwindigkeit der Scheibe ① keine Änderung in y-Richtung erfährt.

Impulssatz und Drehimpulssatz für die Scheibe ①:

$$\rightarrow: \quad m_1(\bar{\dot{x}}_A - \dot{x}_A) = \hat{A}, \qquad \stackrel{\curvearrowright}{A}: \quad \Theta_1^{(A)}(\bar{\dot{\varphi}} - \dot{\varphi}) = -\hat{M}.$$

Impulssatz und Drehimpulssatz für die Scheibe ②:

$$\rightarrow: \quad m_2(\bar{\dot{x}}_B - \dot{x}_B) = \hat{B} - \hat{A}, \quad \stackrel{\curvearrowright}{B}: \quad \Theta_2^{(B)}(\bar{\dot{\psi}} - \dot{\psi}) = \hat{M} - a\,\hat{A}.$$

Geschwindigkeiten vor dem Blockieren:

$$\dot{x}_A = 0, \qquad \dot{\varphi} = \omega, \qquad \dot{x}_B = 0, \qquad \dot{\psi} = 0.$$

Geschwindigkeiten nach dem Blockieren:

$$\bar{\dot{x}}_A = a\,\Omega, \qquad \bar{\dot{\varphi}} = \Omega, \qquad \bar{\dot{x}}_B = 0, \qquad \bar{\dot{\psi}} = \Omega.$$

Einsetzen liefert:

$$m_1\,a\,\Omega = \hat{A}, \qquad \Theta_1^{(A)}(\Omega - \omega) = -\hat{M}, \qquad \hat{B} = \hat{A},$$

$$\Theta_2^{(B)}\,\Omega = \hat{M} - a\,\hat{A}.$$

Auflösen liefert:

$$\Omega = \frac{\Theta_1^{(A)}}{\Theta_1^{(A)} + \Theta_2^{(B)} + m_1\,a^2}\,\omega,$$

$$\hat{A} = \hat{B} = \frac{m_1\,a\,\Theta_1^{(A)}}{\Theta_1^{(A)} + \Theta_2^{(B)} + m_1\,a^2}\,\omega,$$

$$\hat{M} = \frac{\Theta_2^{(B)} + m_1\,a^2}{\Theta_1^{(A)} + \Theta_2^{(B)} + m_1\,a^2}\,\Theta_1^{(A)}\,\omega.$$

Änderung der kinetischen Energie:

$$\Delta E_k = \frac{1}{2}\,\Theta_2^{(B)}\,\Omega^2 + \frac{1}{2}\,m_1(a\,\Omega)^2 + \frac{1}{2}\,\Theta_1^{(A)}\,\Omega^2 - \frac{1}{2}\,\Theta_1^{(A)}\,\omega^2$$

$$\rightarrow \quad \Delta E_k = -\frac{\Theta_1^{(A)}(\Theta_2^{(B)} + m_1\,a^2)}{2(\Theta_1^{(A)} + \Theta_2^{(B)} + m_1\,a^2)}\,\omega^2 .$$

Lösung III.5.22 Die Komponenten des Trägheitstensors werden mit Hilfe des Satzes von Steiner ermittelt.

Trägheitsmomente:

$$\Theta_x^{(A)} = \frac{m\,l^2}{3} + \frac{m\,l^2}{12} + \left[l^2 + \left(\frac{l}{2}\right)^2\right]m \qquad \rightarrow \qquad \Theta_x^{(A)} = \frac{5}{3}\,m\,l^2 ,$$

$$\Theta_y^{(A)} = \frac{m\,l^2}{3} + \frac{m\,l^2}{12} + \left[l^2 + \left(\frac{l}{2}\right)^2\right]m + 2l^2\,m \qquad \rightarrow \qquad \Theta_y^{(A)} = \frac{11}{3}\,m\,l^2 ,$$

$$\Theta_z^{(A)} = \frac{m\,l^2}{3} + l^2\,m + \frac{m\,l^2}{12} + \left[l^2 + \left(\frac{l}{2}\right)^2\right]m \qquad \rightarrow \qquad \Theta_z^{(A)} = \frac{8}{3}\,m\,l^2 ,$$

$$\Theta_{xy}^{(A)} = -l\,\frac{l}{2}\,m \qquad \rightarrow \qquad \Theta_{xy}^{(A)} = -\frac{1}{2}\,m\,l^2 ,$$

$$\Theta_{yz}^{(A)} = -\frac{l}{2}\,(-l)m \qquad \rightarrow \qquad \Theta_{yz}^{(A)} = \frac{1}{2}\,m\,l^2 ,$$

$$\Theta_{zx}^{(A)} = -\left(-\frac{l}{2}\right)l\,m - (-l)l\,m \qquad \rightarrow \qquad \Theta_{zx}^{(A)} = \frac{3}{2}\,m\,l^2 .$$

Trägheitstensor:

$$\boldsymbol{\Theta}^{(A)} = \frac{1}{6}\,m\,l^2 \begin{bmatrix} 10 & -3 & 9 \\ -3 & 22 & 3 \\ 9 & 3 & 16 \end{bmatrix}.$$

Winkelgeschwindigkeit:

$$\boldsymbol{\omega} = \frac{\sqrt{2}}{2}\,\omega \begin{bmatrix} -1 \\ 0 \\ 1 \end{bmatrix}.$$

Drehimpuls:

$$\boldsymbol{L}^{(A)} = \boldsymbol{\Theta}^{(A)} \cdot \boldsymbol{\omega} \quad \rightarrow \quad \boldsymbol{L}^{(A)} = \frac{\sqrt{2}}{12}\,m\,l^2\omega \begin{bmatrix} -1 \\ 6 \\ 7 \end{bmatrix}.$$

Moment:

$$\boldsymbol{M}^{(A)} = \frac{\mathrm{d}^*\boldsymbol{L}^{(A)}}{\mathrm{d}t} + \boldsymbol{\omega} \times \boldsymbol{L}^{(A)} = \boldsymbol{\Theta}^{(A)} \cdot \dot{\boldsymbol{\omega}} + \boldsymbol{\omega} \times \boldsymbol{L}^{(A)} \quad \text{mit} \quad \dot{\boldsymbol{\omega}} = 0.$$

Einsetzen liefert:

$$\boldsymbol{M}^{(A)} = \frac{1}{2}\,m\,l^2\omega^2 \begin{bmatrix} -1 \\ 1 \\ -1 \end{bmatrix}.$$

Lösung III.5.23 Wir beschreiben die Bewegung des Zylinders in dem mit der Stange fest verbundenen x, y, z-Koordinatensystem.

Winkelgeschwindigkeit der Stange:

$$\boldsymbol{\omega}_\mathrm{S} = \begin{bmatrix} 0 \\ 0 \\ \dot{\varphi} \end{bmatrix}.$$

Winkelgeschwindigkeit des Zylinders:

$$\boldsymbol{\omega}_Z = \begin{bmatrix} \Omega \\ 0 \\ \dot{\varphi} \end{bmatrix} .$$

Trägheitsmomente bezüglich A (vgl. Tabelle III.5.1):

$$\Theta_x^{(A)} = m\,r^2/2 , \qquad \Theta_y^{(A)} = \Theta_z^{(A)} = m(r^2 + l^2)$$

$$\rightarrow \quad \boldsymbol{\Theta}^{(A)} = \begin{bmatrix} mr^2/2 & 0 & 0 \\ 0 & m(r^2 + l^2) & 0 \\ 0 & 0 & m(r^2 + l^2) \end{bmatrix} .$$

Drehimpuls:

$$\boldsymbol{L}^{(A)} = \boldsymbol{\Theta}^{(A)} \cdot \boldsymbol{\omega}_Z \quad \rightarrow \quad \boldsymbol{L}^{(A)} = \begin{bmatrix} m\,r^2\,\Omega/2 \\ 0 \\ m(r^2 + l^2)\dot{\varphi} \end{bmatrix} .$$

Moment bezüglich A:

$$\boldsymbol{M}^{(A)} = \begin{bmatrix} 0 \\ M_y \\ -m\,g\,l\sin\varphi \end{bmatrix} .$$

Bewegungsgleichungen:

$$\frac{d^*\boldsymbol{L}^{(A)}}{dt} + \boldsymbol{\omega}_S \times \boldsymbol{L}^{(A)} = \boldsymbol{M}^{(A)}$$

$$\rightarrow \quad \begin{bmatrix} m\,r^2\,\dot{\Omega}/2 \\ 0 \\ m(r^2 + l^2)\ddot{\varphi} \end{bmatrix} + \begin{bmatrix} 0 \\ m\,r^2\,\dot{\varphi}\,\Omega/2 \\ 0 \end{bmatrix} = \begin{bmatrix} 0 \\ M_y \\ -m\,g\,l\sin\varphi \end{bmatrix} .$$

x-Komponente:

$$\dot{\Omega} = 0 \quad \rightarrow \quad \boxed{\Omega(t) = \Omega_0} .$$

z-Komponente:

$$\ddot{\varphi} + \frac{g\,l}{r^2 + l^2}\sin\varphi = 0 .$$

Linearisieren ($\sin \varphi \approx \varphi$) liefert:

$$\ddot{\varphi} + \omega^2\,\varphi = 0\,, \qquad \omega^2 = \frac{g\,l}{r^2 + l^2}\,.$$

Allgemeine Lösung:

$$\varphi(t) = A\cos\omega t + B\sin\omega t\,.$$

Anfangsbedingungen:

$$\dot{\varphi}(0) = 0 \qquad\qquad \rightarrow \quad B = 0\,,$$

$$\varphi(0) = \varphi_0 \qquad\qquad \rightarrow \quad A = \varphi_0 \quad \rightarrow \quad \boxed{\varphi(t) = \varphi_0 \cos\omega t\,.}$$

y-Komponente:

$$M_{\mathrm{y}} = m\,r^2\,\Omega_0\,\dot{\varphi}/2 \qquad \rightarrow \quad \boxed{M_{\mathrm{y}} = -m\,r^2\,\Omega_0\,\omega\,\varphi_0\sin\omega t/2\,.}$$

Lösung III.5.24

Relativ-, Führungs- und Absolutwinkelgeschwindigkeit:

$$\boldsymbol{\omega}_{\mathrm{rel}} = \begin{bmatrix} \Omega \\ 0 \\ 0 \end{bmatrix}\,, \qquad \boldsymbol{\omega}_{\mathrm{f}} = \begin{bmatrix} 0 \\ 0 \\ \dot{\varphi} \end{bmatrix}\,, \qquad \boldsymbol{\omega}_{\mathrm{abs}} = \boldsymbol{\omega}_{\mathrm{f}} + \boldsymbol{\omega}_{\mathrm{rel}} = \begin{bmatrix} \Omega \\ 0 \\ \dot{\varphi} \end{bmatrix}\,.$$

Massenträgheitsmomente mit Bezugspunkt M:

$$\Theta_{\mathrm{xx}}^{(\mathrm{M})} = m\,r^2/2\,, \quad \Theta_{\mathrm{yy}}^{(\mathrm{M})} = \Theta_{\mathrm{zz}}^{(\mathrm{M})} = m\,r^2/4\,.$$

Massenträgheitsmomente mit Bezugspunkt A (Satz von Steiner):

$$\Theta_{\mathrm{xx}}^{(\mathrm{A})} = m\,r^2/2\,, \quad \Theta_{\mathrm{yy}}^{(\mathrm{A})} = \Theta_{\mathrm{zz}}^{(\mathrm{A})} = m\left(\frac{r^2}{4} + L^2\right)\,.$$

Kinetische Energie (A ist ein materieloser Punkt der Scheibe und fest):

$$E_{\mathrm{k}} = (\Theta_{\mathrm{xx}}^{(\mathrm{A})}\,\Omega^2 + \Theta_{\mathrm{zz}}^{(\mathrm{A})}\,\dot{\varphi}^2)/2 = \frac{m}{2}\left(\frac{r^2}{2}\,\Omega^2 + \frac{r^2}{4}\,\dot{\varphi}^2 + L^2\,\dot{\varphi}^2\right)\,.$$

Potentielle Energie:

$$E_{\mathrm{p}} = m\,g\,L\,\cos\varphi\,.$$

Energiesatz:

$$\frac{m}{2}\left(\frac{r^2}{2}\,\Omega^2 + \frac{r^2}{4}\,\dot{\varphi}^2 + L^2\,\dot{\varphi}^2\right) + m\,g\,L\,\cos\varphi = \frac{m\,r^2}{4}\,\Omega^2 + m\,g\,L$$

$$\rightarrow\ \dot{\varphi} = \pm\sqrt{\frac{8gL(1-\cos\varphi)}{4L^2+r^2}}\ \rightarrow\ \boldsymbol{\omega}_{\text{abs}} = \begin{bmatrix} \Omega \\ 0 \\ \sqrt{\dfrac{8g\,L(1-\cos\varphi)}{4L^2+r^2}} \end{bmatrix}.$$

Drall um den festen Punkt A:

$$\boldsymbol{L}^{(A)} = m\begin{bmatrix} r^2\,\Omega/2 \\ 0 \\ (L^2+r^2/4)\dot{\varphi} \end{bmatrix}.$$

Drallsatz ($\boldsymbol{\omega}_{\text{f}} = \boldsymbol{\omega}_{\text{rech}}$):

$$\dot{\boldsymbol{L}}^{(A)} = \boldsymbol{M}^{(A)}$$

$$\rightarrow\ m\begin{bmatrix} 0 \\ 0 \\ (L^2+r^2/4)\ddot{\varphi} \end{bmatrix} + \begin{bmatrix} 0 \\ 0 \\ \dot{\varphi} \end{bmatrix} \times \begin{bmatrix} r^2\,\Omega/2 \\ 0 \\ (L^2+r^2/4)\dot{\varphi} \end{bmatrix} m = \begin{bmatrix} M_{Ax} \\ M_{Ay} \\ m\,g\,L\,\sin\varphi \end{bmatrix}$$

$$\rightarrow\ \boxed{M_{Ax} = 0},\quad M_{Ay} = m\,r^2\frac{\Omega\dot{\varphi}}{2} = m\,r^2\,\Omega\sqrt{\frac{2g\,L(1-\cos\varphi)}{4L^2+r^2}}.$$

(Kontrolle: $\ddot{\varphi} = \dfrac{1}{2}\dfrac{\mathrm{d}\dot{\varphi}^2}{\mathrm{d}\varphi} = \dfrac{4m\,g\,L\sin\varphi}{4L^2+r^2}$ ist erfüllt.)

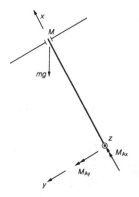

Lösung III.5.25 Benutzt wird ein stangenfestes x, y, z-Koordinatensystem. Wegen der Rollbedingung bewegt sich der Schwerpunkt S auf einer Kreisbahn um die Achse DB.

Winkelgeschwindigkeit der Stange:

$$\boldsymbol{\omega}_{\mathrm{f}} = \omega_{\mathrm{f}} \begin{bmatrix} 0 \\ 1 \\ 0 \end{bmatrix} .$$

Winkelgeschwindigkeit der Kugel (der Punkt D ruht und ist materieloser Punkt der Kugel; wegen des Rollens ruht der Punkt C, d.h. DC ist Drehachse):

$$\boldsymbol{\omega} = \begin{bmatrix} \omega_{\mathrm{r}} \\ \omega_{\mathrm{f}} \\ 0 \end{bmatrix} \quad \text{mit } \omega_{\mathrm{r}}/\omega_{\mathrm{f}} = -L/r, \quad \dot{\omega}_{\mathrm{r}}/\dot{\omega}_{\mathrm{f}} = -L/r .$$

Massenträgheitsmomente mit den Bezugspunkten S und D:

$$\Theta_{xx}^{(\mathrm{S})} = \Theta_{yy}^{(\mathrm{S})} = \Theta_{zz}^{(\mathrm{S})} = 2m\,r^2/5 ,$$

$$\Theta_{xx}^{(\mathrm{D})} = 2m\,r^2/5 , \quad \Theta_{yy}^{(\mathrm{D})} = \Theta_{zz}^{(\mathrm{D})} = m(2r^2/5 + L^2) .$$

Kinetische Energie:

$$E_{\mathrm{k}} = \frac{1}{2}\left(\Theta_{xx}^{(\mathrm{D})}\,\omega_{\mathrm{r}}^2 + \Theta_{yy}^{(\mathrm{D})}\,\omega_{\mathrm{f}}^2\right) = \frac{1}{2}\,\omega_{\mathrm{f}}^2\left(\Theta_{xx}^{(\mathrm{D})}\,\frac{L^2}{r^2} + \Theta_{yy}^{(\mathrm{D})}\right)$$

$$= m\,\omega_{\mathrm{f}}^2(2r^2 + 7L^2)/10 .$$

Energiesatz (Index 1: tiefste Stellung):

$$E_{\mathrm{k}} + E_{\mathrm{p}} = \text{const.} \quad \rightarrow \quad m\,\omega_{\mathrm{f}1}^2\,(2r^2 + 7L^2)/10 - m\,g\,L\,\sin\alpha = m\,g\,L\,\sin\alpha$$

$$\rightarrow \quad \omega_{\mathrm{f}1}^2 = \frac{20g\,L\sin\alpha}{7L^2 + 2r^2} \quad \rightarrow \quad \boldsymbol{\omega}_1 = \sqrt{\frac{20g\,L\sin\alpha}{7L^2 + 2r^2}} \begin{bmatrix} -L/r \\ 1 \\ 0 \end{bmatrix} .$$

Normalbeschleunigung von S in tiefster Stellung:

$$a_x = -\omega_f^2 L = -\frac{20g\, L^2 \sin\alpha}{7L^2 + 2r^2}\,.$$

Schwerpunktsatz:

$$m\,a_x = C_x + m\,g\,\sin\alpha \quad\rightarrow\quad C_x = -\frac{20m\,g\,L^2\sin\alpha}{7L^2 + 2r^2} - m\,g\,\sin\alpha\,.$$

Drall:

$$\boldsymbol{L}^{(D)} = \begin{bmatrix} \Theta_{xx}^{(D)}\,\omega_r \\ \Theta_{yy}^{(D)}\,\omega_f \\ 0 \end{bmatrix}.$$

Drallsatz:

$$\frac{d^*\boldsymbol{L}^{(D)}}{dt} + \boldsymbol{\omega}\times\boldsymbol{L}^{(D)} = \boldsymbol{M}^{(D)}$$

$$\rightarrow\quad \begin{bmatrix} \Theta_{xx}^{(D)}\,\dot\omega_r \\ \Theta_{yy}^{(D)}\,\dot\omega_f \\ 0 \end{bmatrix} + \begin{bmatrix} 0 \\ \omega_f \\ 0 \end{bmatrix} \times \begin{bmatrix} \Theta_{xx}^{(D)}\,\omega_r \\ \Theta_{yy}^{(D)}\,\omega_f \\ 0 \end{bmatrix} = \begin{bmatrix} -C_z\, r \\ -C_z\, L \\ NL + C_x\, r - m\,g\,L\cos\alpha \end{bmatrix}.$$

x- und y-Komponente:

$$-\Theta_{xx}^{(D)}\frac{L}{r}\dot\omega_f = -C_z\, r\,, \quad \Theta_{yy}^{(D)}\dot\omega_f = -C_z\, L \quad\rightarrow\quad \dot\omega_f = \dot\omega_r = 0\,,\quad C_z = 0\,.$$

z-Komponente:

$$-\Theta_{xx}^{(D)}\,\omega_f\,\omega_r = \Theta_{xx}^{(D)}\frac{L}{r}\,\omega_f^2 = NL + C_x\, r - m\,g\,L\cos\alpha$$

$$\rightarrow\quad N = m\,g\cos\alpha - C_x\, r/L + \Theta_{xx}^{(D)}\,\omega_f^2/r\,.$$

Einsetzen liefert:

$$N = m\,g\left(\cos\alpha + \frac{r}{L}\sin\alpha + \frac{28L\,r\sin\alpha}{7L^2 + 2r^2}\right).$$

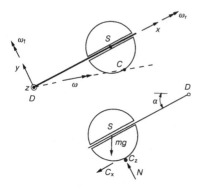

Lösung III.5.26 Wir benutzen den Aufhängepunkt A als Bezugspunkt und verwenden ein mit A translatorisch bewegtes Koordinatensystem (Rechensystem = translatorisches System).

Translatorischer Drallsatz (ebener Fall):

$$\Theta^{(A)}\,\ddot{\varphi} + m(\boldsymbol{r}^{AP} \times \boldsymbol{a}^{A}) \cdot \boldsymbol{e}_z = M^{(A)}$$

mit

$$\Theta^{(A)} = m\,l^2\,, \qquad M^{(A)} = -m\,g\,l\,\sin\varphi\,,$$
$$(\boldsymbol{r}^{AP} \times \boldsymbol{a}^{A}) \cdot \boldsymbol{e}_z = l\,a_0\,\cos\varphi\,.$$

Einsetzen liefert:

$$l\,\ddot{\varphi} + a_0\,\cos\varphi + g\,\sin\varphi = 0\,.$$

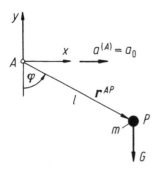

Lösung III.5.27 Wir benutzen den bewegten, vom Schwerpunkt S verschiedenen Scheibenpunkt A als Bezugspunkt und verwenden ein translatorisch bewegtes („schleifendes") x, y, z-Rechensystem. Den absoluten Drehwinkel der Scheibe ② bezeichnen wir mit φ.

Translatorischer Drallsatz (ebener Fall):

$$\Theta^{(A)}\,\ddot{\varphi} + (m_1 + m_2)(\boldsymbol{r}^{AS} \times \boldsymbol{a}^{A}) \cdot \boldsymbol{e}_z = M^{(A)}\,.$$

Massenträgheitsmoment (konstant im schleifenden Koordinatensystem):

$$\Theta^{(A)} = (m_1 + m_2)r^2/2 = 3m_2\,r^2/2\,.$$

Scheibenschwerpunkt:

$$r^{AS} = \frac{4r}{3\pi}\frac{m_1 - m_2}{m_1 + m_2} = \frac{4r}{9\pi} \quad \rightarrow \quad \boldsymbol{r}^{AS} = \frac{4r}{9\pi}\left(\cos\varphi\,\boldsymbol{e}_x + \sin\varphi\,\boldsymbol{e}_y\right).$$

Beschleunigung von A:

$$a^{A} = R\,\dot{\psi}^2 = R\,\Omega^2 \quad \rightarrow \quad \boldsymbol{a}^{A} = R\,\Omega^2(\sin\psi\,\boldsymbol{e}_x - \cos\psi\,\boldsymbol{e}_y)\,.$$

Somit gilt:

$$(\boldsymbol{r}^{AS} \times \boldsymbol{a}^{A}) \cdot \boldsymbol{e}_z = -\frac{4r\,R\,\Omega^2}{9\pi}\left(\cos\varphi\,\cos\psi + \sin\varphi\,\sin\psi\right).$$

Moment der äußeren Kraft:

$$M^{(A)} = -3m_2\,g\,r^{AS}\sin\varphi\,.$$

Einsetzen liefert:

$$\ddot{\varphi} - \frac{8R\,\Omega^2}{9\pi\,r}\left(\cos\varphi\,\cos\psi + \sin\varphi\,\sin\psi\right) + \frac{8g}{9\pi\,r}\,\sin\varphi = 0\,.$$

Impulssatz ($m\boldsymbol{a}^{\mathrm{S}} = \boldsymbol{F}$):

$$\downarrow:\quad 3m_2\left[R\,\Omega^2\,\sin\psi - \frac{4r}{9\pi}\left(\ddot{\varphi}\sin\varphi + \dot{\varphi}^2\cos\varphi\right)\right] = A_{\mathrm{x}} + G \quad \rightarrow$$

$$A_{\mathrm{x}} = 3m_2\left[R\,\Omega^2\,\sin\psi - \frac{4r}{9\pi}\left(\ddot{\varphi}\sin\varphi + \dot{\varphi}^2\cos\varphi\right) - g\right],$$

$$\rightarrow:\quad A_{\mathrm{y}} = 3m_2\left[-R\,\Omega^2\,\cos\psi + \frac{4r}{9\pi}\left(\ddot{\varphi}\cos\varphi - \dot{\varphi}^2\sin\varphi\right)\right].$$

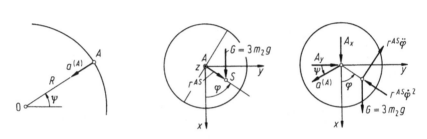

Lösung III.5.28 Wir führen ein x, y, z-Koordinatensystem ein, das mit der pendelnden Scheibe ① fest verbunden ist und benutzen den Zapfenpunkt B als Bezugspunkt für den Drallsatz dieser Scheibe. Das physikalische (translatorische) System, in dem wir die Kinetik der Scheibe ① beobachten, bewegt sich mit B, dreht sich aber nicht mit der Scheibe ② mit. (Erläuterung: Ein Beobachter in B, der zu einem Zeitpunkt z. B. nach links blickt, blickt ständig nach links.)

Schwerpunkt der Scheibe ①:

$$\boldsymbol{r}^{\mathrm{BS}} = \begin{bmatrix} -r \\ 0 \\ 0 \end{bmatrix}.$$

Winkelgeschwindigkeit und Winkelbeschleunigung von ①, Beschleunigung von B:

$$\boldsymbol{\omega} = \begin{bmatrix} \dot{\psi}\cos\varphi \\ -\dot{\psi}\sin\varphi \\ \dot{\varphi} \end{bmatrix}, \qquad \dot{\boldsymbol{\omega}} = \begin{bmatrix} \ddot{\psi}\cos\varphi - \dot{\psi}\,\dot{\varphi}\sin\varphi \\ -\ddot{\psi}\sin\varphi - \dot{\psi}\,\dot{\varphi}\cos\varphi \\ \ddot{\varphi} \end{bmatrix},$$

$$\boldsymbol{a}^B = \begin{bmatrix} -R\,\dot{\psi}^2\sin\varphi \\ -R\,\dot{\psi}^2\cos\varphi \\ R\,\ddot{\psi} \end{bmatrix}.$$

Trägheitstensor und translatorischer Drall von ① um B:

$$\boldsymbol{\Theta}^{(B)} = \begin{bmatrix} m\,r^2/4 & 0 & 0 \\ 0 & m\,r^2/4 + m\,r^2 & 0 \\ 0 & 0 & m\,r^2/2 + m\,r^2 \end{bmatrix} = \begin{bmatrix} \mu & 0 & 0 \\ 0 & 5\mu & 0 \\ 0 & 0 & 6\mu \end{bmatrix},$$

$$\boldsymbol{L}^{(B)} = \boldsymbol{\Theta}^{(B)}\cdot\boldsymbol{\omega} = \mu \begin{bmatrix} \dot{\psi}\cos\varphi \\ -5\dot{\psi}\sin\varphi \\ 6\dot{\varphi} \end{bmatrix} \quad \text{mit} \quad \mu = m\,r^2/4.$$

Translatorische Dralländerung:

$$\frac{\mathrm{d}^{\mathrm{tr}}\boldsymbol{L}^{(B)}}{\mathrm{d}t} = \frac{\mathrm{d}^{\mathrm{rech}}\boldsymbol{L}^{(B)}}{\mathrm{d}t} + \boldsymbol{\omega}\times\boldsymbol{L}^{(B)} = \mu \begin{bmatrix} \ddot{\psi}\cos\varphi - 2\dot{\psi}\,\dot{\varphi}\sin\varphi \\ -5\ddot{\psi}\sin\varphi - 10\dot{\psi}\,\dot{\varphi}\cos\varphi \\ 6\ddot{\varphi} - 4\dot{\psi}^2\sin\varphi\cos\varphi \end{bmatrix}.$$

Moment der Trägheitskräfte des translatorischen Systems um B:

$$-m\,\boldsymbol{r}^{\mathrm{BS}}\times\boldsymbol{a}^B = -12\mu \begin{bmatrix} 0 \\ \ddot{\psi} \\ \dot{\psi}^2\cos\varphi \end{bmatrix}.$$

Moment der Lagerreaktionen und der Gewichtskraft um B:

$$\boldsymbol{M}^{(B)} = \boldsymbol{M}^B + \boldsymbol{r}^{\mathrm{BS}}\times\boldsymbol{G} = \begin{bmatrix} M_{\mathrm{x}}^{\mathrm{B}} \\ M_{\mathrm{y}}^{\mathrm{B}} \\ -m\,g\,r\sin\varphi \end{bmatrix} = \begin{bmatrix} M_{\mathrm{x}}^{\mathrm{B}} \\ M_{\mathrm{y}}^{\mathrm{B}} \\ -\mu\,\gamma\sin\varphi \end{bmatrix}$$

mit $\gamma = 4g/r$.

Translatorischer Drallsatz:

$$\frac{\mathrm{d}^{\mathrm{tr}} \boldsymbol{L}^{(\mathrm{B})}}{\mathrm{d}t} + m\,\boldsymbol{r}^{\mathrm{BS}} \times \boldsymbol{a}^{\mathrm{B}} = \boldsymbol{M}^{(\mathrm{B})}:$$

$$6\ddot{\varphi} + 4\dot{\psi}^2 \cos\varphi\,(3 - \sin\varphi) + \gamma\,\sin\varphi = 0 \qquad \text{(1. Bewegungsgleichung)},$$

$$M_{\mathrm{x}}^{\mathrm{B}} = \mu(\ddot{\psi}\cos\varphi - 2\dot{\psi}\,\dot{\varphi}\,\sin\varphi)\,,$$

$$M_{\mathrm{y}}^{\mathrm{B}} = \mu[\,\ddot{\psi}(12 - 5\sin\varphi) - 10\dot{\psi}\,\dot{\varphi}\,\cos\varphi\,]\,.$$

Schwerpunktsbeschleunigung der Scheibe ①:

$$\boldsymbol{a}^{\mathrm{S}} = \boldsymbol{a}^{\mathrm{B}} + \boldsymbol{\omega} \times (\boldsymbol{\omega} \times \boldsymbol{r}^{\mathrm{BS}}) + \dot{\boldsymbol{\omega}} \times \boldsymbol{r}^{\mathrm{BS}}$$

$$= r \begin{bmatrix} \dot{\psi}^2 \sin\varphi\,(\sin\varphi - 3) + \dot{\varphi}^2 \\ \dot{\psi}^2 \cos\varphi\,(\sin\varphi - 3) - \ddot{\varphi} \\ \ddot{\psi}(3 - \sin\varphi) - 2\dot{\psi}\,\dot{\varphi}\,\cos\varphi \end{bmatrix}.$$

Impulssatz für die Scheibe ①:

$$m\boldsymbol{a}^{\mathrm{S}} = \boldsymbol{F}:$$

$$m\,r \begin{bmatrix} \dot{\psi}^2 \sin\varphi\,(\sin\varphi - 3) + \dot{\varphi}^2 \\ \dot{\psi}^2 \cos\varphi\,(\sin\varphi - 3) - \ddot{\varphi} \\ \ddot{\psi}(3 - \sin\varphi) - 2\dot{\psi}\,\dot{\varphi}\,\cos\varphi \end{bmatrix} = \begin{bmatrix} B_{\mathrm{x}} - m\,g\,\cos\varphi \\ B_{\mathrm{y}} + m\,g\,\sin\varphi \\ B_{\mathrm{z}} \end{bmatrix}.$$

Drallsatz für die horizontale Scheibe ②:

$$\Theta_2^{(0)}\,\ddot{\psi} = -B_{\mathrm{z}}\,R + M_{\mathrm{y}}^{\mathrm{B}}\,\sin\varphi - M_{\mathrm{x}}^{\mathrm{B}}\,\cos\varphi:$$

$$\ddot{\psi}(145 - 24\sin\varphi + 4\sin^2\varphi) - 4\dot{\psi}\,\dot{\varphi}\,\cos\varphi\,(6 - 2\sin\varphi) = 0$$

(2. Bewegungsgleichung),

$$B_{\mathrm{x}} = m[\,r\,\dot{\psi}^2 \sin\varphi\,(\sin\varphi - 3) + r\,\dot{\varphi}^2 + g\,\cos\varphi\,]\,,$$

$$B_{\mathrm{y}} = m[\,r\,\dot{\psi}^2 \cos\varphi\,(\sin\varphi - 3) - r\,\ddot{\varphi} - g\,\sin\varphi\,]\,,$$

$$B_{\mathrm{z}} = m\,r[\,\ddot{\psi}(3 - \sin\varphi) - 2\dot{\psi}\,\dot{\varphi}\,\cos\varphi\,]\,.$$

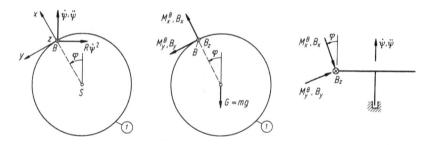

Lösung III.5.29 Wir benutzen den Drehpunkt D als Bezugspunkt und, da dieser vom Schwerpunkt S verschieden ist, den translatorischen Drallsatz. Als Rechensystem verwenden wir das mit der Plattform ① fest verbundene x, y, z-Koordinatensystem; das translatorische System hebt und senkt sich mit D, ohne die Drehung der Scheibe ② mitzumachen. Da Zeitableitungen zu bilden sind, dürfen wir für die Winkel ψ und φ erst nach dem Differenzieren ihre Werte zum gegebenen Zeitpunkt einsetzen.

Bewegung von D (des translatorischen Systems):

$$\zeta = 2R\,\sin\psi\,, \qquad \dot\zeta = 2R\,\dot\psi\,\cos\psi\,, \qquad \ddot\zeta = 2R(\ddot\psi\,\cos\psi - \dot\psi^2\,\sin\psi)\,,$$

$$\zeta(t_0) = \sqrt{2}\,R\,, \qquad \dot\zeta(t_0) = \sqrt{2}\,R\dot\psi\,, \qquad \ddot\zeta(t_0) = \sqrt{2}\,R(\ddot\psi - \dot\psi^2)\,,$$

$$\boldsymbol{a}^{\mathrm{D}} = \ddot\zeta \begin{bmatrix} \sin\psi\,\cos\varphi \\ -\sin\psi\,\sin\varphi \\ \cos\psi \end{bmatrix}\,, \qquad \boldsymbol{a}^{\mathrm{D}}(t_0) = \frac{\sqrt{2}}{2}\,\ddot\zeta \begin{bmatrix} 1 \\ 0 \\ 1 \end{bmatrix}\,.$$

Absolute Winkelgeschwindigkeit der Plattform ① (auch Winkelgeschwindigkeit des Rechensystems):

$$\boldsymbol{\omega} = \boldsymbol{\omega}_{\mathrm{rech}} = \Omega \begin{bmatrix} \sin\psi\,\cos\varphi \\ -\sin\psi\,\sin\varphi \\ \cos\psi \end{bmatrix} + \dot\psi \begin{bmatrix} -\sin\varphi \\ -\cos\varphi \\ 0 \end{bmatrix} + \begin{bmatrix} 0 \\ 0 \\ \dot\varphi = \omega \end{bmatrix}\,,$$

$$\boldsymbol{\omega}(t_0) = \begin{bmatrix} \tilde\Omega \\ -\dot\psi \\ \tilde\Omega + \omega \end{bmatrix} \quad \text{mit} \quad \tilde\Omega = \sqrt{2}\,\Omega/2\,.$$

Schwerpunkt:

$$\boldsymbol{r}^{DS} = \frac{m\,R}{m+M} \begin{bmatrix} 1 \\ 0 \\ 1/5 \end{bmatrix} = \frac{R}{25} \begin{bmatrix} 5 \\ 0 \\ 1 \end{bmatrix} .$$

Trägheitstensor:

$$\boldsymbol{\Theta}^{(D)} = \begin{bmatrix} M\,R^2/4 + m\,R^2/25 & 0 & -m\,R^2/5 \\ 0 & M\,R^2/4 + m(R^2 + R^2/25) & 0 \\ -m\,R^2/5 & 0 & M\,R^2/2 + m\,R^2 \end{bmatrix}$$

$$= \mu \begin{bmatrix} 26 & 0 & -5 \\ 0 & 51 & 0 \\ -5 & 0 & 75 \end{bmatrix} \quad \text{mit} \quad \mu = m\,R^2/25.$$

Drall und Dralländerung:

$$\boldsymbol{L}^{(D)} = \boldsymbol{\Theta}^{(D)} \cdot \boldsymbol{\omega} = \mu \begin{bmatrix} 26(\Omega \sin\psi \cos\varphi - \dot{\psi} \sin\varphi) - 5(\Omega \cos\psi + \omega) \\ -51(\Omega \sin\psi \sin\varphi + \dot{\psi} \cos\varphi) \\ -5(\Omega \sin\psi \cos\varphi - \dot{\psi} \sin\varphi) + 75(\Omega \cos\psi + \omega) \end{bmatrix},$$

$$\boldsymbol{L}^{(D)}(t_0) = \mu \begin{bmatrix} 21\tilde{\Omega} - 5\omega \\ -51\dot{\psi} \\ 70\tilde{\Omega} + 75\omega \end{bmatrix},$$

$$\frac{\mathrm{d}^{\mathrm{rech}}\boldsymbol{L}^{(D)}}{\mathrm{d}t} =$$

$$\mu \begin{bmatrix} 26(\Omega \dot{\psi} \cos\psi \cos\varphi - \Omega \omega \sin\psi \sin\varphi - \ddot{\psi} \sin\varphi - \dot{\psi} \omega \cos\varphi) + 5\Omega \dot{\psi} \sin\psi \\ -51(\Omega \dot{\psi} \cos\psi \sin\varphi + \Omega \omega \sin\psi \cos\varphi + \ddot{\psi} \cos\varphi - \dot{\psi} \omega \sin\varphi) \\ -5(\Omega \dot{\psi} \cos\psi \cos\varphi - \Omega \omega \sin\psi \sin\varphi - \ddot{\psi} \sin\varphi - \dot{\psi} \omega \cos\varphi) - 75\Omega \dot{\psi} \sin\psi \end{bmatrix},$$

$$\frac{\mathrm{d}^{\mathrm{rech}}\boldsymbol{L}^{(D)}(t_0)}{\mathrm{d}t} = \mu \begin{bmatrix} 31\tilde{\Omega} \dot{\psi} - 26\dot{\psi} \omega \\ -51(\tilde{\Omega} \omega + \ddot{\psi}) \\ 80\tilde{\Omega} \dot{\psi} + 5\dot{\psi} \omega \end{bmatrix},$$

$$\boldsymbol{\omega}(t_0) \times \boldsymbol{L}^{(\mathrm{D})}(t_0) = \mu \begin{bmatrix} \tilde{\Omega} \\ -\dot{\psi} \\ \tilde{\Omega} + \omega \end{bmatrix} \times \begin{bmatrix} 21\tilde{\Omega} - 5\omega \\ -51\dot{\psi} \\ 70\tilde{\Omega} + 75\omega \end{bmatrix}$$

$$= \mu \begin{bmatrix} -\dot{\psi}(19\tilde{\Omega} + 24\omega) \\ -49\tilde{\Omega}^2 - 59\tilde{\Omega}\omega - 5\omega^2 \\ -\dot{\psi}(30\tilde{\Omega} + 5\omega) \end{bmatrix},$$

$$(M + m)\boldsymbol{r}^{\mathrm{DS}} \times \boldsymbol{a}^{\mathrm{D}}(t_0) = (M + m)\frac{R}{25}\frac{\sqrt{2}}{2}\sqrt{2}\,R(\ddot{\psi} - \dot{\psi}^2) \begin{bmatrix} 5 \\ 0 \\ 1 \end{bmatrix} \times \begin{bmatrix} 1 \\ 0 \\ 1 \end{bmatrix}$$

$$= 5\mu(\ddot{\psi} - \dot{\psi}^2) \begin{bmatrix} 0 \\ -4 \\ 0 \end{bmatrix}.$$

Momente:

$$\boldsymbol{M}^{(\mathrm{D})} = \begin{bmatrix} M_{\mathrm{x}}^{\mathrm{D}} \\ M_{\mathrm{y}}^{\mathrm{D}} \\ M_{\mathrm{z}}^{\mathrm{D}} \end{bmatrix} + m\,g\,R\,\frac{\sqrt{2}}{2} \begin{bmatrix} 1 \\ 0 \\ 1/5 \end{bmatrix} \times \begin{bmatrix} -1 \\ 0 \\ -1 \end{bmatrix}$$

$$= \begin{bmatrix} M_{\mathrm{x}}^{\mathrm{D}} \\ M_{\mathrm{y}}^{\mathrm{D}} \\ M_{\mathrm{z}}^{\mathrm{D}} \end{bmatrix} + m\,g\,R\,\frac{\sqrt{2}}{2} \begin{bmatrix} 0 \\ 4/5 \\ 0 \end{bmatrix};$$

$M_{\mathrm{x}}^{\mathrm{D}}$, $M_{\mathrm{y}}^{\mathrm{D}}$: Lagerreaktionsmomente auf Scheibe,

$M_{\mathrm{z}}^{\mathrm{D}}$:   Antriebsmoment.

Translatorischer Drallsatz:

$$\frac{\mathrm{d}^{\mathrm{rech}}\boldsymbol{L}^{(\mathrm{D})}}{\mathrm{d}t} + \boldsymbol{\omega}_{\mathrm{rech}} \times \boldsymbol{L}^{(\mathrm{D})} + (M + m)\,\boldsymbol{r}^{\mathrm{DS}} \times \boldsymbol{a}^{\mathrm{D}} = \boldsymbol{M}^{(\mathrm{D})}:$$

$$M_{\mathrm{x}}^{\mathrm{D}} = \mu(12\tilde{\Omega}\,\dot{\psi} - 50\dot{\psi}\,\omega),$$

$$M_{\mathrm{y}}^{\mathrm{D}} = \mu(-110\tilde{\Omega}\,\omega - 71\ddot{\psi} - 49\tilde{\Omega}^2 - 5\omega^2 + 20\dot{\psi}^2) - 2\sqrt{2}\,m\,g\,R/5,$$

$$M_{\mathrm{z}}^{\mathrm{D}} = -110\mu\,\tilde{\Omega}\,\dot{\psi}.$$

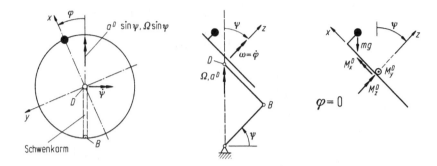

III.6 Schwingungen

Lösung III.6.1 Wir zählen die x-Koordinate von der Lage des Klotzes bei entspannter Feder.

Bewegungsgleichung für den Klotz:

$$\downarrow:\quad m\,\ddot{x} = m\,g - S_1\,.$$

Drallsatz für die Rolle:

$$\overset{\frown}{B}:\quad M\,r^2\,\ddot{\varphi}/2 = S_1\,r - S_2\,r\,.$$

Kinematik:

$$\dot{x} = r\,\dot{\varphi}\,.$$

Federgesetz:

$$S_2 = c\,x\,.$$

Auflösen liefert:

$$\ddot{x} + \frac{2c}{M + 2m}\,x = \frac{2m\,g}{M + 2m}\,.$$

Eigenfrequenz:

$$\omega = \sqrt{\frac{2c}{M + 2m}}\,.$$

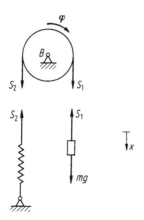

Lösung III.6.2

Massenträgheitsmoment:

$$\Theta_{\mathrm{A}} = m\,l^2/3 + M(r^2 + 2a^2)/2\,.$$

Drallsatz um A:

$$\widehat{A}: \quad \Theta_{\mathrm{A}}\,\ddot{\varphi} = -mg\,\frac{l}{2}\,\sin\varphi - M\,g\,a\,\sin\varphi\,.$$

Linearisieren ($\sin\varphi \approx \varphi$) liefert:

$$\ddot{\varphi} + \frac{(m\,l + 2M\,a)\,g}{2\Theta_{\mathrm{A}}}\,\varphi = 0\,.$$

Eigenfrequenz:

$$\omega = \sqrt{\frac{(m\,l + 2M\,a)\,g}{2\Theta_{\mathrm{A}}}}\,.$$

Eigenfrequenz für $m = M$ und $r \ll a$:

$$\omega = \sqrt{\frac{3l + 6a}{2l^2 + 6a^2}\,g}\,.$$

Abstand a bei maximaler Eigenfrequenz:

$$\frac{\mathrm{d}\omega}{\mathrm{d}a} = 0 \quad \rightarrow \quad a = \frac{1}{2}\left(\sqrt{\frac{7}{3}} - 1\right)l\,.$$

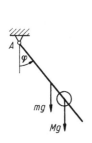
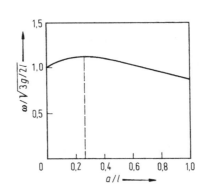

Lösung III.6.3

Massenträgheitsmoment des Rads:

$$\Theta_\mathrm{S} = m\,r^2/2\,.$$

Kinematik:

$$v_\mathrm{S} = l\,\dot\varphi\,, \qquad v_\mathrm{S} = r\,\dot\psi \quad \rightarrow \quad l\,\dot\varphi = r\,\dot\psi\,.$$

Kinetische Energie:

$$E_\mathrm{k} = m\,v_\mathrm{S}^2/2 + \Theta_\mathrm{S}\,\dot\psi^2/2 \quad \rightarrow \quad E_\mathrm{k} = 3m\,l^2\,\dot\varphi^2/4\,.$$

Potientielle Energie:

$$E_\mathrm{p} = -m\,g\,l\,\cos\varphi\,.$$

Energiesatz:

$$E_\mathrm{k} + E_\mathrm{p} = \text{ const} \quad \rightarrow \quad 3l\,\dot\varphi^2/4 - g\cos\varphi = \text{ const}\,.$$

Differentiation des Energiesatzes:

$$\frac{3}{2}\,l\,\dot{\varphi}\,\ddot{\varphi} + g\,\dot{\varphi}\,\sin\varphi = 0 \quad \rightarrow \quad \ddot{\varphi} + \frac{2g}{3l}\sin\varphi = 0\,.$$

Linearisieren ($\sin\varphi \approx \varphi$) liefert:

$$\ddot{\varphi} + \frac{2g}{3l}\,\varphi = 0 \qquad\qquad \rightarrow \quad \omega = \sqrt{\frac{2g}{3l}}\,.$$

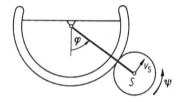

Lösung III.6.4 Die beiden Wellen wirken als Drehfedern und sind in Reihe geschaltet. Das Zahnradpaar wirkt als Übersetzung.

Ersatzfedersteifigkeit:

$$M = c_{\mathrm{T}}^{*}\,\varphi \quad \rightarrow \quad c_{\mathrm{T}}^{*} = \frac{M}{\varphi}\,.$$

Drehwinkel der Schwungscheibe:

$$\varphi = \varphi_2 + \frac{M}{c_{\mathrm{T}2}}\,.$$

Übersetzung:

$$\varphi_2 = \frac{r_1}{r_2}\,\varphi_1\,.$$

Momentengleichgewicht:

$$M = F\,r_2\,.$$

Drehwinkel des oberen Zahnrads:

$$\varphi_1 = \frac{F\, r_1}{c_{T_1}}\,.$$

Einsetzen liefert:

$$c_T^* = \frac{c_{T_1}\, c_{T_2}}{c_{T_1} + (r_1/r_2)^2\, c_{T_2}}\,.$$

Bewegungsgleichung:

$$\Theta\, \ddot{\varphi} = -c_T^*\, \varphi \quad \rightarrow \quad \boxed{\ddot{\varphi} + \omega^2 \varphi = 0} \quad \text{mit} \quad \omega^2 = \frac{c_T^*}{\Theta}\,.$$

Allgemeine Lösung:

$$\varphi(t) = A\, \cos \omega t + B\, \sin \omega t\,.$$

Anfangsbedingungen:

$$\varphi(0) = 0 \qquad \rightarrow \quad A = 0\,,$$

$$\dot{\varphi}(0) = \dot{\varphi}_0 \qquad \rightarrow \quad B = \frac{\dot{\varphi}_0}{\omega}\,.$$

Einsetzen liefert:

$$\boxed{\varphi(t) = \frac{\dot{\varphi}_0}{\omega} \sin \omega t\,.}$$

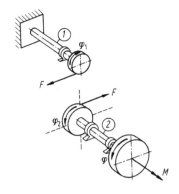

Lösung III.6.5 Das Tragwerk und die Feder sind in Reihe geschaltet.

Absenkung des Punktes A unter einer Kraft F (s. Aufgabe II.4.10):

$$v = \frac{F \, a^3}{EI} \, .$$

Federkonstante des Tragwerks:

$$c_1 = \frac{F}{v} \qquad \rightarrow \qquad c_1 = \frac{EI}{a^3} \, .$$

Federkonstante der Ersatzfeder:

$$\frac{1}{c^*} = \frac{1}{c} + \frac{1}{c_1} \qquad \rightarrow \qquad c^* = \frac{c \, EI}{c \, a^3 + EI} \, .$$

Eigenfrequenz:

$$\omega = \sqrt{\frac{c^*}{m}} \qquad \rightarrow \qquad \omega = \sqrt{\frac{c \, EI}{(c \, a^3 + EI) m}} \, .$$

Lösung III.6.6

Drallsatz:

$$\overset{\curvearrowright}{A}: \quad \Theta_A \, \ddot{\varphi} = m \, g \, l \, \cos \varphi - M_A \, .$$

Massenträgheitsmoment:

$$\Theta_A = m \, l^2 \, .$$

Rückstellmoment:

$$M_A = c_T \, \varphi \, .$$

Auflösen liefert:

$$\ddot{\varphi} = \frac{g}{l}\cos\varphi - \frac{c_T}{m\,l^2}\,\varphi\,.$$

Gleichgewichtslage $\varphi_0 = \pi/6$:

$$\ddot{\varphi}(\varphi_0) = 0$$

$$\rightarrow \quad \frac{\sqrt{3}}{2}\frac{g}{l} - \frac{\pi}{6}\frac{c_T}{m\,l^2} = 0 \qquad \rightarrow \quad c_T = \frac{3\sqrt{3}}{\pi}\,m\,g\,l\,.$$

Kleine Schwingungen um die Gleichgewichtslage:

$$\varphi = \varphi_0 + \psi \quad \text{mit} \quad |\psi| \ll 1\,.$$

Einsetzen liefert:

$$\ddot{\psi} = \frac{g}{l}\cos(\varphi_0 + \psi) - \frac{c_T}{m\,l^2}(\varphi_0 + \psi)\,.$$

Additionstheorem:

$$\cos(\varphi_0 + \psi) = \cos\varphi_0 \cos\psi - \sin\varphi_0 \sin\psi$$

$$\rightarrow \quad \cos(\varphi_0 + \psi) = \frac{\sqrt{3}}{2}\cos\psi - \frac{1}{2}\sin\psi\,.$$

Einsetzen und Linearisieren ($\cos\psi \approx 1$, $\sin\psi \approx \psi$) liefern:

$$\ddot{\psi} = -\frac{1}{2}\frac{g}{l}\psi - \frac{c_T}{m\,l^2}\psi + \frac{\sqrt{3}}{2}\frac{g}{l} - \frac{\pi}{6}\frac{c_T}{m\,l^2}$$

$$\rightarrow \quad \ddot{\psi} + \left(\frac{1}{2} + \frac{3\sqrt{3}}{\pi}\right)\frac{g}{l}\psi = 0\,.$$

Eigenfrequenz:

$$\omega = \sqrt{\left(\frac{1}{2} + \frac{3\sqrt{3}}{\pi}\right)\frac{g}{l}}\,.$$

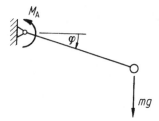

Lösung III.6.7 Wir bestimmen die Kraft $F(t)$ getrennt in den Zeitbereichen $t < T$ und $t > T$.

Newtonsches Grundgesetz:

$$F(t) = m\,\ddot{x} + c\,x\,.$$

Fallunterscheidung:

a) $\quad t < T: \ \langle t - T \rangle^0 = 0\,.$

Systemantwort und Zeitableitungen:

$$x(t) = x_0 \cos \frac{t}{2t_0} \quad \rightarrow \quad \dot{x} = -\frac{x_0}{2t_0} \sin \frac{t}{2t_0}$$

$$\rightarrow \quad \ddot{x} = -\frac{x_0}{4t_0^2} \cos \frac{t}{2t_0}\,.$$

Einsetzen liefert:

$$F(t) = \left(-\frac{m\,x_0}{4t_0^2} + c\,x_0 \right) \cos \frac{t}{2t_0} \quad \rightarrow \quad \boxed{F(t) = 0\,.}$$

b) $\quad t > T: \ \langle t - T \rangle^0 = 1\,.$

Systemantwort und Zeitableitungen:

$$x(t) = x_0 \left[\cos \frac{t}{2t_0} + 20 \left(1 - \cos \frac{t-T}{2t_0} \right) \right]$$

$$\rightarrow \quad \dot{x} = \frac{x_0}{2t_0} \left[-\sin \frac{t}{2t_0} + 20 \sin \frac{t-T}{2t_0} \right]$$

$$\rightarrow \quad \ddot{x} = \frac{x_0}{4t_0^2}\left[-\cos\frac{t}{2t_0} + 20\cos\frac{t-T}{2t_0}\right].$$

Einsetzen liefert:

$$F(t) = \left(-\frac{m\,x_0}{4t_0^2} + c\,x_0\right)\cos\frac{t}{2t_0}$$

$$+ \left(\frac{20\,m\,x_0}{4t_0^2} - 20\,c\,x_0\right)\cos\frac{t-T}{2t_0} + 20\,c\,x_0 \quad \rightarrow \quad \boxed{F(t) = 20\,\mathrm{N}}.$$

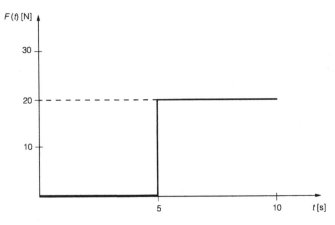

Lösung III.6.8

Ungespannte und gespannte Federlänge, Federlängung:

$$f_0 = l - v, \quad f = \sqrt{l^2 + w^2}, \quad \Delta f = f - f_0 = \sqrt{l^2 + w^2} - (l - v).$$

Potentielle Energie der Federn:

$$E_\mathrm{p} = 2\frac{1}{2}c\,(\Delta f)^2 = c\left[l^2 + w^2 - 2(l-v)\sqrt{l^2+w^2} + (l-v)^2\right].$$

Kinetische Energie:

$$E_\mathrm{k} = \frac{1}{2}m\,\dot{w}^2.$$

Energiesatz:

$$E_\mathrm{p} + E_\mathrm{k} = \text{const}$$

$$\rightarrow \quad \frac{1}{2}\,m\,\dot{w}^2 + c\left[l^2 + w^2 - 2(l-v)\sqrt{l^2+w^2} + (l-v)^2\right] = \text{const}.$$

Zeitableitung des Energiesatzes, Bewegungsgleichung:

$$m\,\dot{w}\,\ddot{w} + c\left[2\,w\,\dot{w} - 2(l-v)\frac{w\,\dot{w}}{\sqrt{l^2+w^2}}\right] = 0$$

$$\rightarrow \quad \ddot{w} + \frac{2c}{m}\left(1 - \frac{l-v}{\sqrt{l^2+w^2}}\right)w = 0.$$

Linearisierung der Bewegungsgleichung, Eigenfrequenz:

$$\sqrt{l^2+w^2} \approx l \quad \rightarrow \quad \ddot{w} + \frac{2c}{m}\frac{v}{l}w = 0 \quad \rightarrow \quad \omega^2 = \frac{2c\,v}{m\,l}$$

$$\rightarrow \quad \omega = \sqrt{\frac{2c}{m\,l}}\,\sqrt{v}, \qquad \omega \sim \sqrt{v}.$$

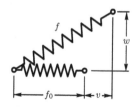

III.7 Prinzipien der Mechanik

Lösung III.7.1

Kinematik und Federkraft:

$$x_\mathrm{S} = r\,\varphi \quad \rightarrow \quad \ddot{x}_\mathrm{S} = r\,\ddot{\varphi}, \qquad F = c\,x_\mathrm{S} = c\,r\,\varphi.$$

a) Schwerpunktsatz und Drallsatz:

$$\leftarrow: \quad m\,\ddot{x}_\mathrm{S} = -F - H,$$

$\uparrow$: $0 = N - G$ $\rightarrow$ $N = G$,

$\overset{\frown}{S}$: $\Theta_S \ddot{\varphi} = r\,H$ mit $\Theta_S = m\,r^2/2$.

Auflösen liefert:

$$\ddot{\varphi} + \omega^2\,\varphi = 0 \quad \text{mit} \quad \boxed{\omega^2 = \frac{2c}{3m}} \,.$$

b) Wir zählen die Koordinate x nach links und die Koordinate φ entgegen dem Uhrzeigersinn. Die Trägheitskraft $m\,\ddot{x}_S$ und das Scheinmoment $\Theta_S\,\ddot{\varphi}$ wirken in den entgegengesetzten Richtungen. Als Bezugspunkt für das Momentengleichgewicht wählen wir den Punkt B, da dann die unbekannte Kraft H nicht auftritt:

$\overset{\frown}{B}$: $\Theta_S\,\ddot{\varphi} + r\,m\,\ddot{x}_S + r\,F = 0$.

Einsetzen von Kinematik, Federkraft und $\Theta_S = m\,r^2/2$ liefert:

$$\ddot{\varphi} + \omega^2\varphi = 0 \quad \text{mit} \quad \boxed{\omega^2 = \frac{2c}{3m}} \,.$$

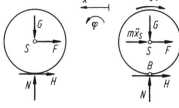

Lösung III.7.2 (Vgl. mit Lösung III.6.3)

Kinematik:

$$v_S = (R - r)\dot{\varphi} = r\,\dot{\psi} \quad \rightarrow \quad (R - r)\ddot{\varphi} = r\ddot{\psi} \quad \rightarrow \quad \ddot{\psi} = (R/r - 1)\ddot{\varphi} \,.$$

Momentengleichgewicht bezüglich B:

$\overset{\frown}{B}$: $\Theta_S\,\ddot{\psi} + m\,(R - r)\ddot{\varphi}\,r + m\,g\,r\sin\varphi = 0$ mit $\Theta_S = m\,r^2/2$.

Einsetzen liefert:

$$\ddot{\varphi} + \frac{2g}{3(R-r)} \sin\varphi = 0 \,.$$

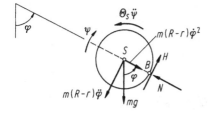

Lösung III.7.3 Auf ein Massenelement dm wirkt als „Belastung" die d'Alembertsche Trägheitskraft d$F_T = dm\,R\,\Omega^2$. Die resultierende Trägheitskraft $F_T = m\,R\,\Omega^2$ greift im Schwerpunkt des Handgriffs an.

Maximales Biegemoment (bei B):

$$M_B = F_T\,l/2 = m\,R\,\Omega^2\,l/2 \,.$$

Maximale Biegespannung:

$$\sigma_{\max} = \frac{M_B}{W} \quad \text{mit} \quad W = \pi\,r^3/4 \quad \rightarrow \quad \boxed{\sigma_{\max} = \frac{2m\,l\,R\,\Omega^2}{\pi\,r^3}} \,.$$

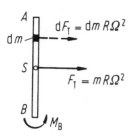

Lösung III.7.4 Wir schneiden zuerst den äußeren Schenkel an der Stelle x_1. Auf ein Massenelement dm an der Stelle s (Abstand vom linken Ende) wirkt als „Belastung" die d'Alembertsche Trägheitskraft d$m\,r\,\Omega^2$. Die Schnittgrößen folgen durch Integration.

Massenelement:

$$dm = \frac{m}{a+b}\, ds = \mu\, ds\,, \qquad \mu = \frac{m}{a+b}\,: \quad \text{Masse pro Längeneinheit.}$$

Geometrie:

$$\cos\varphi = (b-s)/r\,, \qquad \sin\varphi = a/r\,.$$

Normalkraft $(0 \le x_1 \le b)$:

$$N(x_1) = \int r\,\Omega^2 \cos\varphi\, dm = \int_0^{x_1} \Omega^2(b-s)\mu\, ds$$

$$= \mu\,\Omega^2[b\,s - s^2/2]\big|_0^{x_1} \quad \rightarrow \quad \boxed{N(x_1) = \mu\Omega^2(b\,x_1 - x_1^2/2)\,.}$$

Querkraft $(0 \le x_1 \le b)$:

$$Q(x_1) = \int r\,\Omega^2 \sin\varphi\, dm = \int_0^{x_1} \Omega^2 a\,\mu\, ds \quad \rightarrow \quad \boxed{Q(x_1) = \mu\,\Omega^2 a\,x_1\,.}$$

Biegemoment $(0 \le x_1 \le b)$:

$$M(x_1) = \int_0^{x_1} Q(s)\, ds \qquad\qquad \rightarrow \quad \boxed{M(x_1) = \mu\,\Omega^2 a\,x_1^2/2\,.}$$

Übergangsbedingungen:

$$N_0 = N(x_2 = 0) = Q(x_1 = b) = \mu\,\Omega^2 a\,b\,,$$

$$Q_0 = Q(x_2 = 0) = -N(x_1 = b) = -\mu\,\Omega^2 b^2/2\,,$$

$$M_0 = M(x_2 = 0) = M(x_1 = b) = \mu\,\Omega^2 a\,b^2/2\,.$$

Normalkraft, Querkraft und Biegemoment $(0 \le x_2 \le a)$:

$$N(x_2) = N_0 + \int_0^{x_2} \mu\,\Omega^2(a-s)ds \quad \rightarrow \quad \boxed{N(x_2) = \mu\,\Omega^2(a\,b + a\,x_2 - x_2^2/2)\,,}$$

$$Q(x_2) = Q_0 \qquad\qquad\qquad \rightarrow \quad \boxed{Q(x_2) = -\mu\,\Omega^2 b^2/2\,,}$$

$$M(x_2) = M_0 + x_2\,Q_0 \qquad\quad \rightarrow \quad \boxed{M(x_2) = \mu\,\Omega^2 b^2(a - x_2)/2\,.}$$

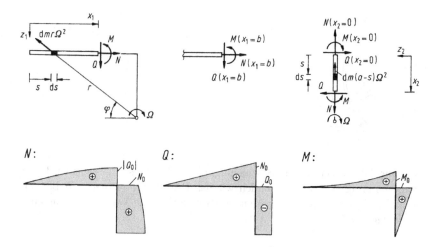

Lösung III.7.5

Dynamisches Gleichgewicht:

$$\nwarrow: \quad N - \int_0^{\pi/2} \mu r^2 \ddot{\varphi} \sin\psi \, d\psi - \int_0^{\pi/2} \mu r^2 \dot{\varphi}^2 \cos\psi \, d\psi = 0$$

$$\rightarrow \quad N = \mu r^2 (\ddot{\varphi} + \dot{\varphi}^2),$$

$$\nearrow: \quad Q - \int_0^{\pi/2} \mu r^2 \ddot{\varphi} \cos\psi \, d\psi + \int_0^{\pi/2} \mu r^2 \dot{\varphi}^2 \sin\psi \, d\psi = 0$$

$$\rightarrow \quad Q = \mu r^2 (\ddot{\varphi} - \dot{\varphi}^2),$$

$$\widehat{0}: \quad M - Nr + \int_0^{\pi/2} \mu r^3 \ddot{\varphi} \, d\psi = 0$$

$$\rightarrow \quad M = \mu r^3[(1 - \pi/2)\ddot{\varphi} + \dot{\varphi}^2].$$

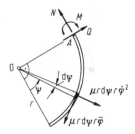

Lösung III.7.6 Da nur die Beschleunigung des Punktes A gesucht wird (vgl. dagegen Aufgabe III.5.7), wenden wir das Prinzip der virtuellen Arbeit an. Dazu denken wir uns das System durch eine virtuelle Verrückung aus einer beliebigen Lage ausgelenkt.

Prinzip der virtuellen Arbeit:

$$\delta W + \delta W_{\mathrm{T}} = 0:$$

$$F\,\delta x - m_2\,g\,\delta y_{\mathrm{C}} - \Theta_{\mathrm{B}}\,\ddot{\varphi}_1\,\delta\varphi_1 - \Theta_{\mathrm{C}}\,\ddot{\varphi}_2\,\delta\varphi_2 - m_2\,\ddot{y}_{\mathrm{C}}\,\delta y_{\mathrm{C}} = 0\,.$$

Massenträgheitsmomente:

$$\Theta_{\mathrm{B}} = m_1\,r_1^2/2\,, \qquad \Theta_{\mathrm{C}} = m_2\,r_2^2/2\,.$$

Kinematik:

$$\delta x = r_1\,\delta\varphi_1\,, \qquad \delta y_{\mathrm{C}} = r_2\,\delta\varphi_2\,, \qquad \delta x = 2r_2\,\delta\varphi_2\,,$$

$$\dot{x} = r_1\,\dot{\varphi}_1\,, \qquad \dot{y}_{\mathrm{C}} = r_2\,\dot{\varphi}_2\,, \qquad \dot{x} = 2r_2\,\dot{\varphi}_2\,.$$

Einsetzen liefert:

$$\left(F - \frac{1}{2}\,m_2\,g - \frac{1}{2}\,m_1\,\ddot{x} - \frac{1}{8}\,m_2\,\ddot{x} - \frac{1}{4}\,m_2\,\ddot{x} \right)\delta x = 0 \quad \rightarrow \quad \ddot{x} = \frac{8F - 4m_2\,g}{4m_1 + 3m_2}\,.$$

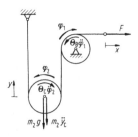

Lösung III.7.7

Prinzip der virtuellen Arbeit:

$\delta W + \delta W_{\mathrm{T}} = 0$:

$(M_0 - \Theta_1 \ddot{\varphi}_1)\delta\varphi_1 - \Theta_2 \ddot{\varphi}_2 \delta\varphi_2 - (m_4 g + m_4 \ddot{y})\,\delta y = 0$.

Massenträgheitsmomente:

$$\Theta_1 = m_1 r_1^2/2, \qquad \Theta_2 = m_2 r_2^2/2 + m_3 r_3^2/2.$$

Kinematik:

$$r_1 \delta\varphi_1 = r_2 \delta\varphi_2, \qquad \delta y = r_3 \delta\varphi_2,$$

$$r_1 \dot{\varphi}_1 = r_2 \dot{\varphi}_2, \qquad \dot{y} = r_3 \dot{\varphi}_2.$$

Einsetzen liefert:

$$\left[M_0 \frac{r_2}{r_1 r_3} - \frac{1}{2} m_1 \left(\frac{r_2}{r_3}\right)^2 \ddot{y} - \frac{1}{2} m_2 \left(\frac{r_2}{r_3}\right)^2 \ddot{y} - \frac{1}{2} m_3 \ddot{y} - m_4 g - m_4 \ddot{y} \right] \delta y = 0$$

$$\rightarrow \quad \ddot{y} = \frac{\dfrac{r_2}{r_1 r_3} M_0 - m_4 g}{\dfrac{1}{2}\left(\dfrac{r_2}{r_3}\right)^2 (m_1 + m_2) + \dfrac{1}{2} m_3 + m_4}.$$

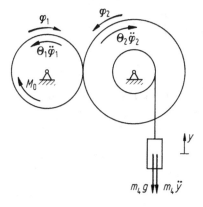

Lösung III.7.8 Das System hat zwei Freiheitsgrade. Wir wählen als generalisierte Koordinaten die Verschiebung x des Schlittens und den Drehwinkel φ der Scheibe. Für $x = 0$ und $\varphi = 0$ seien beide Federn entspannt.

Kinetische Energie:

$$E_k = M\,\dot{x}^2/2 + \Theta_S\,\dot{\varphi}^2/2 + m\,v_S^2/2\,.$$

Potentielle Energie:

$$E_p = c\,x^2/2 + c(r\,\varphi)^2/2\,.$$

Massenträgheitsmoment:

$$\Theta_S = m\,r^2/2\,.$$

Kinematik:

$$v_S = \dot{x} - r\,\dot{\varphi}\,.$$

Lagrange-Funktion:

$$L = E_k - E_p \quad \rightarrow$$

$$L = M\,\dot{x}^2/2 + m\,r^2\,\dot{\varphi}^2/4 + m(\dot{x} - r\,\dot{\varphi})^2/2 - c\,x^2/2 - c\,r^2\varphi^2/2\,.$$

Bewegungsgleichungen:

$$\frac{\mathrm{d}}{\mathrm{d}t}\left(\frac{\partial L}{\partial \dot{x}}\right) - \frac{\partial L}{\partial x} = Q_x\,, \qquad \frac{\mathrm{d}}{\mathrm{d}t}\left(\frac{\partial L}{\partial \dot{\varphi}}\right) - \frac{\partial L}{\partial \varphi} = Q_\varphi\,.$$

Virtuelle Arbeit:

$$\delta W = Q_x\,\delta x + Q_\varphi\,\delta\varphi = F(t)\delta x \quad \rightarrow \quad Q_x = F(t)\,, \qquad Q_\varphi = 0\,.$$

Differenzieren und Einsetzen liefert:

$$(M + m)\ddot{x} - m\,r\,\ddot{\varphi} + c\,x = F(t)\,,$$

$$-m\,\ddot{x} + \tfrac{3}{2}m\,r\,\ddot{\varphi} + c\,r\,\varphi = 0\,.$$

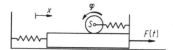

Lösung III.7.9 Das System hat zwei Freiheitsgrade. Wir wählen als generalisierte Koordinaten den Winkel φ_1 zwischen der Vertikalen und der Winkelhalbierenden und den Winkel φ_2 zwischen der Winkelhalbierenden und dem rechten Pendel.

Kinetische Energie:

$$E_k = m\,l^2(\dot{\varphi}_1 - \dot{\varphi}_2)^2/2 + m\,l^2(\dot{\varphi}_1 + \dot{\varphi}_2)^2/2 \quad \rightarrow \quad E_k = m\,l^2(\dot{\varphi}_1^2 + \dot{\varphi}_2^2)\,.$$

Potentielle Energie:

$$E_p = -m\,g\,l\,\cos(\varphi_1 - \varphi_2) - m\,g\,l\,\cos(\varphi_1 + \varphi_2) + c(2l\,\sin\varphi_2 - b)^2/2$$

$$\rightarrow \quad E_p = -2m\,g\,l\,\cos\varphi_1\,\cos\varphi_2 + c(2l\,\sin\varphi_2 - b)^2/2\,.$$

Lagrange-Funktion:

$$L = E_k - E_p$$

$$\rightarrow \quad L = m\,l^2(\dot{\varphi}_1^2 + \dot{\varphi}_2^2) + 2m\,g\,l\,\cos\varphi_1\,\cos\varphi_2 - c(2l\,\sin\varphi_2 - b)^2/2\,.$$

Bewegungsgleichungen:

$$l\,\ddot{\varphi}_1 + g\sin\varphi_1\,\cos\varphi_2 = 0\,,$$

$$m\,l\,\ddot{\varphi}_2 + m\,g\,\cos\varphi_1\,\sin\varphi_2 + c\,(2l\,\sin\varphi_2 - b)\,\cos\varphi_2 = 0\,.$$

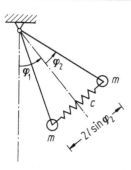

Lösung III.7.10

Kinetische Energie:

$$E_k = m[(2r\,\cos\varphi_1 - r)^2\,\dot\varphi_2^2 + (2r\,\dot\varphi_1)^2]/2\,.$$

Potentielle Energie:

$$E_p = 2m\,g\,r\,\sin\varphi_1 + c_T(\varphi_1 - \bar\varphi_1)^2/2\,.$$

Lagrange-Funktion:

$$L = m\,r^2(2\cos\varphi_1 - 1)^2\,\dot\varphi_2^2/2 + 2m\,r^2\,\dot\varphi_1^2 - 2m\,g\,r\,\sin\varphi_1$$

$$-c_T\,(\varphi_1 - \bar\varphi_1)^2/2\,.$$

Bewegungsgleichungen:

$$4m\,r^2\,\ddot\varphi_1 + 2m\,r^2\,\dot\varphi_2^2(2\cos\varphi_1 - 1)\sin\varphi_1 + 2m\,g\,r\,\cos\varphi_1 + c_T(\varphi_1 - \bar\varphi_1) = 0\,,$$

$$\ddot\varphi_2(2\cos\varphi_1 - 1) - 4\dot\varphi_1\,\dot\varphi_2\,\sin\varphi_1 = 0\,.$$

Lösung III.7.11 Wir wählen als generalisierte Koordinaten den Drehwinkel φ_1 der Scheibe ① und den relativen Drehwinkel φ_2 der Scheibe ② gegenüber der Scheibe ①. Für $\varphi_2 = 0$ sei die Drehfeder entspannt.

Kinetische Energie:

$$E_k = \Theta\,\dot\varphi_1^2/2 + \Theta(\dot\varphi_1 + \dot\varphi_2)^2/2\,.$$

Potentielle Energie:

$$E_p = c_T\,\varphi_2^2/2\,.$$

Lagrange-Funktion:

$$L = \Theta(2\dot\varphi_1^2 + 2\dot\varphi_1\,\dot\varphi_2 + \dot\varphi_2^2)/2 - c_T\,\varphi_2^2/2\,.$$

Bewegungsgleichungen:

$$\Theta(2\ddot{\varphi}_1 + \ddot{\varphi}_2) = M(t)\,,$$

$$\Theta(\ddot{\varphi}_1 + \ddot{\varphi}_2) + c_{\mathrm{T}}\,\varphi_2 = 0\,.$$

Umformung für $M \equiv 0$:

$$\ddot{\varphi}_1 = -\ddot{\varphi}_2/2\,,$$

$$\ddot{\varphi}_2 + \frac{2c_{\mathrm{T}}}{\Theta}\,\varphi_2 = 0\,.$$

Lösung:

$$\varphi_1 = -A/2\,\cos(\omega t + \alpha) + B\,t + C\,,$$

$$\varphi_2 = A\,\cos(\omega t + \alpha) \qquad \text{mit} \qquad \omega = \sqrt{\frac{2c_{\mathrm{T}}}{\Theta}}\,.$$

Die Lösung beschreibt die Überlagerung einer Starrkörperbewegung und einer Schwingung. Die Integrationskonstanten A, B, C und α können aus Anfangsbedingungen bestimmt werden.

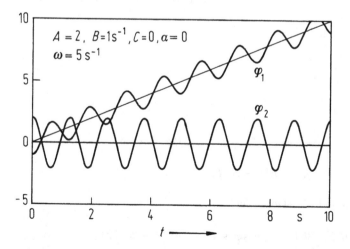

Lösung III.7.12

Masse und Massenträgheitsmoment der Scheibe:

$$M = \varrho(2R)^2\pi\,d - 2\varrho(R/2)^2\pi\,d \quad \rightarrow \quad M = 7\pi\,\varrho\,R^2\,d/2\,,$$

$$\Theta_A = \varrho(2R)^2\pi\,d(2R)^2/2 - 2[\varrho(R/2)^2\pi d(R/2)^2/2 + \varrho(R/2)^2\pi\,dR^2]$$

$$\rightarrow \quad \Theta_A = 17M\,R^2/8\,.$$

Kinematik:

$$v_A = 2R\,\dot\varphi\,.$$

Kinetische Energie:

$$E_k = M\,v_A^2/2 + \Theta_A\,\dot\varphi^2/2 \quad \rightarrow \quad E_k = 49M\,R^2\,\dot\varphi^2/16\,.$$

Potentielle Energie:

$$E_p = k(\Delta l)^2/2 \qquad\qquad \rightarrow \quad E_p = k\,R^2(1 - \cos\varphi)^2/2\,.$$

Lagrange-Funktion:

$$L = E_k - E_p \qquad\qquad \rightarrow \quad L = 49M\,R^2\,\dot\varphi^2/16 - k\,R^2(1-\cos\varphi)^2/2\,.$$

Bewegungsgleichung:

$$\frac{\mathrm{d}}{\mathrm{d}t}\left(\frac{\partial L}{\partial\dot\varphi}\right) - \frac{\partial L}{\partial\varphi} = Q_\varphi\,.$$

Virtuelle Arbeit:

$$\delta W = (F - c\,v_A)\,\delta x_A = (F - 2c\,R\,\dot\varphi)\,2R\,\delta\varphi = Q_\varphi\,\delta\varphi$$

$$\rightarrow \quad Q_\varphi = 2R(F - 2c\,R\,\dot\varphi)\,.$$

Differenzieren und Einsetzen liefert:

$$49\,M\,R^2\ddot\varphi + 8k\,R^2(1 - \cos\varphi)\sin\varphi = 16R(F - 2c\,R\,\dot\varphi)\,.$$

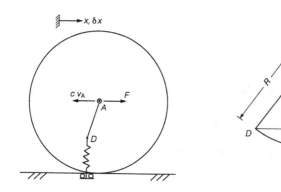

Lösung III.7.13

Kinematik:

$$x_A = -L \cos\alpha \quad \to \quad \dot{x}_A = L\dot{\alpha}\sin\alpha, \quad x_S = x_A/2,$$

$$y_B = L\sin\alpha \quad \to \quad \dot{y}_B = L\dot{\alpha}\cos\alpha, \quad y_S = y_B/2,$$

$$x_C = x_A + l\sin\varphi \quad \to \quad \dot{x}_C = \dot{x}_A + l\dot{\varphi}\cos\varphi,$$

$$y_C = -l\cos\varphi \quad \to \quad \dot{y}_C = l\dot{\varphi}\sin\varphi,$$

$$\delta x_C = L\sin\alpha\,\delta\alpha + l\cos\varphi\,\delta\varphi, \quad \delta y_C = l\sin\varphi\,\delta\varphi.$$

Kinetische Energie:

$$E_k = \Theta_S\,\dot{\alpha}^2/2 + M(\dot{x}_S^2 + \dot{y}_S^2)/2 + m(\dot{x}_C^2 + \dot{y}_C^2)/2$$

$$\to \quad E_k = M\,L^2\,\dot{\alpha}^2/6 + m(L^2\,\dot{\alpha}^2\sin^2\alpha + l^2\,\dot{\varphi}^2 + 2L\,l\,\dot{\alpha}\,\dot{\varphi}\sin\alpha\cos\varphi)/2.$$

Potentielle Energie:

$$E_p = M\,g\,y_S + m\,g\,y_C + k(x_A - x_{A_0})^2/2$$

$$\to \quad E_p = (M\,g\,L\sin\alpha)/2 - m\,g\,l\cos\varphi + k\,L^2(\cos\alpha - \cos\alpha_0)^2/2.$$

Virtuelle Arbeit:

$$\delta W = F_x \, \delta x_C + F_y \, \delta y_C \quad \text{mit} \quad F_x = -F \cos\varphi \,, \quad F_y = -F \sin\varphi \,.$$

Einsetzen und Zusammenfassen liefert:

$$\delta W = -F\,L \sin\alpha \cos\varphi \, \delta\alpha - F\,l\,\delta\varphi = Q_\alpha \, \delta\alpha + Q_\varphi \, \delta\varphi$$

$$\rightarrow \quad \boxed{Q_\alpha = -F\,L \sin\alpha \cos\varphi \,, \quad Q_\varphi = -F\,l \,.}$$

Lösung III.7.14 Die Lösung erfolgt mit den Lagrangeschen Gleichungen 2. Art. Wegen der Undehnbarkeit der Stange hat die Scheibe einen Freiheitsgrad. Als verallgemeinerte Koordinate wird ihr Drehwinkel φ um die Drehachse benutzt.

Scheibenradius:

$$R \sin\alpha = l/2 \quad \rightarrow \quad R = \frac{l}{2}\,\frac{\sqrt{1+\tan^2\alpha}}{\tan\alpha} = \frac{l}{4}\,\sqrt{5}\,.$$

Scheibenanhebung:

$$s = \frac{l}{2}\,2\sin\frac{\varphi}{2}\,, \quad \tilde{l}^2 = l^2 - s^2\,, \quad z = l - \tilde{l} \quad \rightarrow \quad z = l\left(1 - \cos\frac{\varphi}{2}\right)\,.$$

Geschwindigkeit der Scheibenanhebung:

$$\dot{z} = \frac{l}{2}\,\dot\varphi \sin\frac{\varphi}{2}\,.$$

Ungespannte Federlänge:

$$\frac{l}{l-f_0} = \tan\alpha \quad \rightarrow \quad f_0 = l/2\,.$$

Gespannte Federlänge und Federweg:

$$(f_0 - z)^2 + s^2 = f^2 \quad \rightarrow \quad f = l\sqrt{\frac{5}{4} - \cos\frac{\varphi}{2}}\,,$$

$$\Delta f = f - f_0 = l\left(\sqrt{\frac{5}{4} - \cos\frac{\varphi}{2}} - \frac{1}{2}\right)\,.$$

Massenträgheitsmomente in scheibenfesten Koordinaten ξ, η, ζ:

$$\Theta_\xi = \Theta_\eta = m\,R^2/4 = 5m\,l^2/16 = \Theta\,,$$

$$\Theta_\zeta = m\,R^2/2 = 5m\,l^2/8 = 2\Theta\,.$$

Massenträgheitsmoment in scheibenfesten Koordinaten $\tilde{\xi}, \eta, z$:

$$\Theta_z = \frac{\Theta_\xi + \Theta_\zeta}{2} - \frac{\Theta_\xi - \Theta_\zeta}{2}\cos 2\beta = \frac{\Theta}{2}(3 + \cos 2\alpha) = \frac{12}{10}\,\Theta = \frac{3}{8}\,m\,l^2\,.$$

Winkelgeschwindigkeit:

$$\omega_{\tilde{\xi}} = 0\,, \quad \omega_\eta = 0\,, \quad \omega_z = \dot{\varphi}\,.$$

Rotatorische kinetische Energie:

$$E_k^{\text{rot}} = \frac{1}{2}\,\Theta_z\,\omega_z^2 = \frac{3}{16}\,m\,l^2\,\dot{\varphi}^2\,.$$

Translatorische kinetische Energie:

$$E_k^{\text{trans}} = \frac{1}{2}\,m\,\dot{z}^2 = \frac{1}{8}\,m\,l^2\,\dot{\varphi}^2\sin^2\frac{\varphi}{2}\,.$$

Potentielle Energie des Gewichts:

$$E_p^{\text{G}} = m\,g\,z = m\,g\,l\left(1 - \cos\frac{\varphi}{2}\right)\,.$$

Potentielle Energie der Feder:

$$E_p^{\text{f}} = \frac{1}{2}\,c\,(\Delta f)^2 = \frac{1}{2}\,c\,l^2\left(\frac{6}{4} - \cos\frac{\varphi}{2} - \sqrt{\frac{5}{4} - \cos\frac{\varphi}{2}}\right)\,.$$

Lagrange-Funktion:

$$L = E_k^{\text{rot}} + E_k^{\text{trans}} - E_p^{\text{G}} - E_p^{\text{f}}$$

$$= \frac{3}{16}\,m\,l^2\,\dot{\varphi}^2 + \frac{1}{8}\,m\,l^2\,\dot{\varphi}^2\sin^2\frac{\varphi}{2} + m\,g\,l\left(\cos\frac{\varphi}{2} - 1\right) + \frac{1}{2}\,c\,l^2\left(\cos\frac{\varphi}{2} + \sqrt{\frac{5}{4} - \cos\frac{\varphi}{2}} - 1\right)\,.$$

Ableitungen der Lagrange-Funktion:

$$\frac{\partial L}{\partial \dot{\varphi}} = m\,l^2\,\dot{\varphi}\left(\frac{3}{8} + \frac{1}{4}\sin^2\frac{\varphi}{2}\right),$$

$$\frac{\mathrm{d}}{\mathrm{d}t}\left(\frac{\partial L}{\partial \dot{\varphi}}\right) = m\,l^2\,\ddot{\varphi}\left(\frac{3}{8} + \frac{1}{4}\sin^2\frac{\varphi}{2}\right) + \frac{1}{4}\,m\,l^2\,\dot{\varphi}^2\sin\frac{\varphi}{2}\cos\frac{\varphi}{2},$$

$$\frac{\partial L}{\partial \varphi} = \left[-\frac{m\,g\,l}{2} + \frac{c\,l^2}{8}\left(\frac{1}{\sqrt{5/4 - \cos\varphi/2}} - 2\right)\right]\sin\frac{\varphi}{2}.$$

Virtuelle Verrückungen:

$$\dot{z}\;\rightarrow\;\delta z\,,\;\dot{\varphi}\;\rightarrow\;\delta\varphi\!:\quad \delta z = \frac{l}{2}\,\delta\varphi\,\sin\frac{\varphi}{2}.$$

Kräfte und Momente ohne Potential:

$$K_z^{\mathrm{R}} = -\mathrm{sgn}(\dot{z})\,|K^{\mathrm{R}}| = -\mathrm{sgn}(\varphi\dot{\varphi})\,|K^{\mathrm{R}}|\quad \text{für}\quad -90° < \varphi < 90°\,,$$

$$M^{\mathrm{R}} = -\mathrm{sgn}(\dot{\varphi})\,|M^{\mathrm{R}}|\,.$$

Verallgemeinerte Kraft ohne Potential:

$$\delta W = K_z^{\mathrm{R}}\,\delta z + M^{\mathrm{R}}\,\delta\varphi = \left[-\mathrm{sgn}(\varphi\dot{\varphi})\,|K^{\mathrm{R}}|\,\frac{l}{2}\sin\frac{\varphi}{2} - \mathrm{sgn}(\dot{\varphi})\,|M^{\mathrm{R}}|\right]\delta\varphi$$

$$= Q^{\mathrm{R}}\,\delta\varphi\;\rightarrow\;Q^{\mathrm{R}} = -\mathrm{sgn}(\varphi\dot{\varphi})\,|K^{\mathrm{R}}|\,\frac{l}{2}\sin\frac{\varphi}{2} - \mathrm{sgn}(\dot{\varphi})\,|M^{\mathrm{R}}|\,.$$

Lagrangesche Gleichung 2. Art:

$$\frac{\mathrm{d}}{\mathrm{d}t}\left(\frac{\partial L}{\partial \dot{\varphi}}\right) - \frac{\partial L}{\partial \varphi} = Q^{\mathrm{R}}$$

$$\rightarrow\quad m\,l^2\,\ddot{\varphi}\left(\frac{3}{8} + \frac{1}{4}\sin^2\frac{\varphi}{2}\right) + \frac{1}{4}\,m\,l^2\,\dot{\varphi}^2\sin\frac{\varphi}{2}\cos\frac{\varphi}{2}$$

$$+ \left[\frac{m\,g\,l}{2} + \frac{c\,l^2}{8}\left(2 - \frac{1}{\sqrt{5/4 - \cos\varphi/2}}\right)\right]\sin\frac{\varphi}{2}$$

$$= -\mathrm{sgn}(\varphi\dot{\varphi})\,|K^{\mathrm{R}}|\,\frac{l}{2}\sin\frac{\varphi}{2} - \mathrm{sgn}(\dot{\varphi})\,|M^{\mathrm{R}}|\,.$$

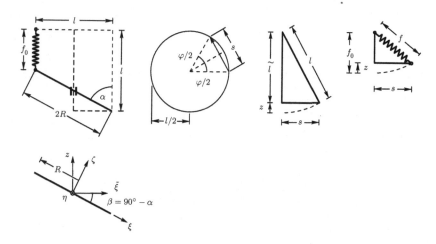

Erratum zu: Aufgaben zu Technische Mechanik 1–3

Werner Hauger, Christian Krempaszky, Wolfgang A. Wall und Ewald Werner

Erratum zu:
© Springer-Verlag GmbH Deutschland, ein Teil von Springer Nature 2020
W. Hauger et al., *Aufgaben zu Technische Mechanik 1–3*,
https://doi.org/10.1007/978-3-662-61301-6

Auf Seite II wurde der akademische Titel von Prof. Dr. Ewald Werner korrigiert:

Prof. Dr. mont. DDr. h.c. Ewald Werner studierte Werkstoffwissenschaften, promovierte und habilitierte an der Montanuniversität Leoben. Er forschte am Erich Schmid Institut für Festkörperphysik der österreichischen Akademie der Wissenschaften und an der ETH Zürich. Von 1997 bis 2002 war er Professor für Mechanik an der TU München, seit 2002 leitet er dort den Lehrstuhl für Werkstoffkunde und Werkstoffmechanik. Seine Arbeitsgebiete sind die Metallphysik und die Werkstoffmechanik. Er ist Koautor von Lehrbüchern und Mitherausgeber mehrerer internationaler Fachzeitschriften.

Auf Seite IV wurde die Affiliation von PD Dr.-Ing. Christian Krempaszky korrigiert:

Christian Krempaszky
Technische Universität München
Garching, Deutschland

Auf Seite IV wurde das Copyright-Jahr der vorhergehenden Edition korrigiert:

Die aktualisierte Version der Titeleiseiten dieses Buches finden Sie unter
https://doi.org/10.1007/978-3-662-61301-6

Auf Seite IV wurde der Markenrechtstext korrigiert:

Die Wiedergabe von allgemein beschreibenden Bezeichnungen, Marken, Unternehmensnamen etc. in diesem Werk bedeutet nicht, dass diese frei durch jedermann benutzt werden dürfen. Die Berechtigung zur Benutzung unterliegt, auch ohne gesonderten Hinweis hierzu, den Regeln des Markenrechts. Die Rechte des jeweiligen Zeicheninhabers sind zu beachten.

Printed in the United States
By Bookmasters